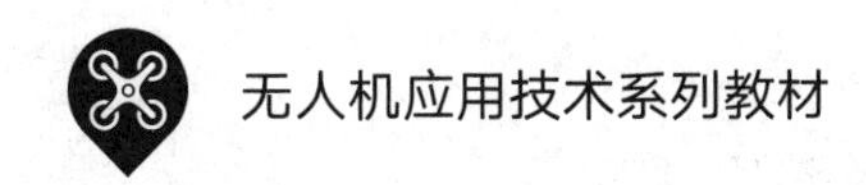

无人机技术原理

李发致 钟仲钢 昂海松 施维 朱亮 编

高等教育出版社·北京

内容简介

本书力求以浅显的语言比较全面地介绍无人机相关的技术原理，包括大气飞行环境及空气流动的基本规律，固定翼无人机、无人直升机与多旋翼无人机的飞行原理，无人机系统的动力技术、飞行控制技术、导航技术、数据链技术，无人机适航管理技术与无人机监管技术，此外还简要介绍无人机相关的发展方向与趋势，如无人机智能化技术、无人机编队飞行技术、反制无人机技术等。

本书可作为无人机应用职业教育培训的教材，也可作为全国职业院校无人机应用技术相关专业的教材。对于希望从事无人机领域应用的相关人员或无人机应用爱好者，本书也是一本较好的自学参考书。

图书在版编目(CIP)数据

无人机技术原理/李发致等编.--北京:高等教育出版社,2020.5

ISBN 978-7-04-053924-0

Ⅰ.①无… Ⅱ.①李… Ⅲ.①无人驾驶飞机-高等职业教育-教材 Ⅳ.①V279

中国版本图书馆CIP数据核字(2020)第050167号

Wurenji Jishu Yuanli

策划编辑 杜惠萍　责任编辑 杜惠萍　封面设计 张　楠　版式设计 徐艳妮
插图绘制 于　博　责任校对 商红彦　李大鹏　责任印制 赵义民

出版发行	高等教育出版社	网　址	http://www.hep.edu.cn
社　址	北京市西城区德外大街4号		http://www.hep.com.cn
邮政编码	100120	网上订购	http://www.hepmall.com.cn
印　刷	三河市春园印刷有限公司		http://www.hepmall.com
开　本	787mm×1092mm　1/16		http://www.hepmall.cn
印　张	11.25		
字　数	250千字	版　次	2020年5月第1版
购书热线	010-58581118	印　次	2020年5月第1次印刷
咨询电话	400-810-0598	定　价	23.10元

物 料 号　53924-00

无人机技术原理

李发致
钟仲钢
昂海松
施　维
朱　亮
编

1 计算机访问http://abook.hep.com.cn/1255925，或手机扫描二维码、下载并安装Abook应用。
2 注册并登录，进入“我的课程”。
3 输入封底数字课程账号（20位密码，刮开涂层可见），或通过Abook应用扫描封底数字课程账号二维码，完成课程绑定。
4 单击“进入课程”按钮，开始本数字课程的学习。

如有使用问题，请发邮件至abook@hep.com.cn。

http://abook.hep.com.cn/1255925

序

“十三五”时期是我国全面建成小康社会的决胜阶段，也是战略性新兴产业大有可为的战略机遇期。民用无人机制造业是近几年快速发展的新兴产业，在个人消费、农林植保、物流快递、地理测绘、环境监测、电力巡检、安全巡查、应急救援等众多行业正呈广泛应用之势，在国民经济和社会生活中发挥越来越重要的作用。2016 年国务院发布了《“十三五”国家战略性新兴产业发展规划》，明确提出要大力开发市场需求大的工业级无人机。目前，我国消费类无人机发展迅速，已经成为引领全球发展水平的高科技产品之一，成为中国制造新名片，从而对我国的工业级无人机产业的崛起和快速发展起到了强大的推进作用。当然，作为一个新兴产业，民用无人机（尤其是工业级无人机）在快速发展的同时，也存在一些问题需要积极面对和解决，比如，缺乏系统的无人机研发和应用人才的职业教育培训、教育培养的质量和数量远远不能满足日益增长的行业需求、行业法规标准体系不完善、检测认证体系不健全等问题。

国务院关于《加快发展现代职业教育的决定》指出，加快发展现代职业教育，是深入实施科教兴国战略和人才强国战略的必然要求，是保就业、惠民生、打造经济升级版的重要举措，是让人人成为有用之才、共享人生出彩机会、创造更大人才红利的有效途径，对于全面建成小康社会、实现中华民族伟大复兴的中国梦具有重要意义。该决定还指出，行业部门和组织要制订与产业发展规划配套的人才同步培养计划，履行好推进校企合作、参与指导教育教学、开展质量评价等职责。

教育部相关司局在《职业教育与继续教育 2018 年工作要点》中指出，要面向中国教育现代化 2035，细化落实职业教育提质升级攻坚战和“争先计划”的具体工作措施，围绕服务国家战略和区域经济社会发展需求，做好人才需求预测和专业设置管理工作，加强课程和教材建设。

我本人长期从事教育管理工作，对无人机这一新兴产业不很熟悉，但我对推广无人机应用教育培训这件事情很关注、很赞成，也很支持。党的十九大强调要加强我国在核心技术领域的竞争力，我觉得特别是在制造业的人才培养培训方面，我们确实有很多事情要做。

中国成人教育协会航空服务教育培训专业委员会，（简称为航空服务专委会）近年来充分关注了无人机应用教育培训的发展，认为这是未来职业教育乃至成人继续教育的一个重要方向。航空服务专委会发挥平台优势，整合了当前国内外无人机应用领域教育和培训的资源，组织国内高校和无人机企业的相关专家，率先编写了无人机应用技术系列教材，具有开创性的意义,为无人机应用教育培训工作在国内的普及和推广,做了一件实实在在的好事。编撰者准确把握住人才培育对于一个新兴产业的重要性,花大力气编撰这套教材,敢为人先,这种创新精神值得肯定。希望编撰者再接再厉,在实践中发现教材中的不足之处,继续用心修订完善,努力把这套教材打造成为精品,造福莘莘学子,为有志于学习无人机操作技术的年轻人和从业人员提供学习支持。也希望有更多的专家学者加入到这个队伍中来,为拓展无人机应用献计献策。

中国成人教育协会在这一领域应有更多作为,应在推动无人机应用技术这一新型职业教育的同时,着力抓好这个领域的教师能力提升及培训教材建设,积极与有关部门、协会一起,做好面向从业人员和有意愿学习无人机应用技术的年轻人的技术培训工作。这不仅是对新型职业教育发展的促进,对当代成人继续教育的发展也有很重要的意义。因为职业教育和成人继续教育是相互贯通的,加强成人继续教育也是对发展职业教育的有力推动。

习近平总书记在十九大报告中对办好继续教育的意义和目标作了重要阐述。我们要以此为指导,以无人机应用教育培训作为重要抓手之一,做好协会的组织、服务和创新工作,努力促进我国无人机应用行业健康、快速和持续发展,为新时代成人继续教育的改革发展做出新贡献,续写新的多彩篇章。

郑树山

2018 年 5 月

（序作者时任中国成人教育协会会长）

前 言

无人机应用是什么?

有人说就是在公园或广场不时可以看到的无人机航拍;有人说那是消费级无人机,仅仅是在"玩",谈不上"应用",无人机应用起码应该是采用工业级无人机进行各种行业作业;有人说无人机应用就是农业植保、电力巡检、工程测绘等有限的应用而已;有人说未来无人机应用将遍布各行各业……众说纷纭,莫衷一是。细究之,这些看法都有一定道理,但也都有其片面性,因为回答"是什么"有时会过于表面化,顾此失彼。我们不妨换一个角度来看看无人机应用的价值何在,思考一下无人机应用意味着什么。

我们认为,当前的无人机应用至少包含几层意思:第一,无人机应用的重点已经从单纯的军用发展到民用,包括工业级和消费级应用,并且不断扩展其应用的范围;第二,无人机应用已经进入商业化阶段,这明确了无人机应用的市场现状;第三,无人机应用开启了合理利用地表空间的平民化时代,这明确了无人机应用的广阔前景。无人机应用的空间维度拓展无疑具有革命性意义,它为我们展示了未来无人机应用的无限可能性。同时,无人机应用可以看作是未来人工智能应用的一扇新窗口,开辟出人工智能时代非常广泛的应用场景。

本书共 8 章。第 1 章介绍大气飞行环境及空气流动的基本规律,第 2 章介绍固定翼、直升机与多旋翼无人机等的飞行原理,第 3~6 章分别介绍无人机系统的动力性能分析、飞行控制技术、导航技术、数据链技术等,第 7 章介绍无人机适航与监管,第 8 章介绍无人机前沿技术,如无人机智能化技术、无人机编队飞行技术、反制无人机技术等,帮助学习者比较全面地掌握无人机相关的技术原理。

本书针对无人机应用职业教育培训,编写时遵循"有用、有理、有趣"三个基本原则:"有用"是说,职业教育培训以应用为主线,更加侧重"怎么做",通过合理组织实训案例,少问"为什么",把应用的工作流程和规范传授给学生;"有理"是说,理论学习有助于激发学生的创新精神,激活学生的创造力,少问"为什么"不等于不问"为什么",要合理安排理论知识点,让学生掌握必要的工作思路和方法,把理论学习的"度"掌握在够用即可;"有趣"是说,要注重课程载体多样化,不能只习惯于传统的授课方式,要关注新生代的思维和学习方式,更加强调用各种信息载体形式展示知识点,充分挖掘碎片化时间学习的潜力。

本书由李发致、钟仲钢共同确定编写大纲,昂海松提供第 1、2、8 章初稿,施维提供第 3~6 章初稿,朱亮提供第 7 章初稿,李发致负责对初稿内容进行增删整理,并统稿润色,钟仲钢负责插图的编辑整理。

本书在编写时,得到许多专家、同行的鼓励和支持,中国成人教育协会郑树山会长为系列教材作序,同济大学航空航天与力学学院李军教授审阅了全书,并提出了宝贵意见,在此谨致以最衷心的感谢! 编写时还参考了大量国内外文献资料,在此也对原作者表示感谢!

我们看到了一个新时代的序幕正在拉开,并怀抱理想投身到这一时代潮流中来。在编写过程中,我们用"落笔惶尤窘,回思慨以慷。心耕无日夜,奋勉领新航"来激励自己,全力以赴。限于作者水平,书中不妥之处在所难免,恳请读者不吝指正。

作　者

2019 年 7 月 9 日

目 录

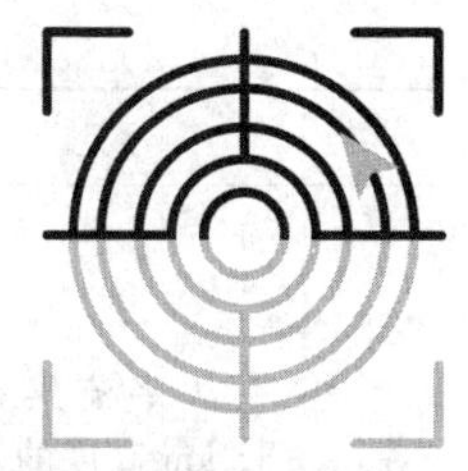

第1章　大气飞行环境和空气流动的基本规律

1.1　大气飞行环境及性质

1.1.1　大气的组成与分层

在地球引力作用下,大量气体聚集在地球周围,形成大气层。据科学家估算,大气质量约6 000万亿吨,差不多占地球总质量的百万分之一。大气层的成分主要有78.1%氮气,20.9%氧气,0.93%氩气,还有少量的二氧化碳、稀有气体(氦气、氖气、氩气、氪气、氙气、氡气)、水蒸气和尘埃等。大气层的空气密度随高度而减小,海拔越高空气越稀薄。

大气层的厚度大约为1 000 km,但没有明显的界线。探空火箭在3 000 km高空仍发现有稀薄大气,有人认为,大气层的上界可能延伸到离地面6 400 km左右。

根据大气温度随高度分布的特征,把大气层分为五层:对流层(变温层)、平流层(同温层)、中间层(高空对流层)、电离层(热层)和散逸层(外层),如表1.1和图1.1所示。

表1.1　大气的分层

层次	高度	特点	形成原因
对流层	① 低纬度17~18 km ② 中纬度10~12 km ③ 高纬度8~9 km	① 气温随高度的增加而降低,平均每上升100 m,气温约降低0.6 ℃。 ② 空气存在水平运动和垂直运动。 ③ 天气现象复杂多变,不利于飞行器的飞行。 ④ 包含了大气层质量$\frac{3}{4}$的大气,气体密度最大,大气压力也最高	① 对流层大气的热量直接来自地面,因此离地面愈高的大气,受热愈少,温度愈低。 ② 对流层上部冷下部热,有利于空气的对流运动(热空气密度小,可以被周围冷空气“浮”起来,形成对流)
平流层	从对流层顶到50~55 km高度的范围	① 气温起初不随高度变化或变化很小,到30 km以上,气温随高度增加迅速上升。 ② 约为大气质量的$\frac{1}{4}$。 ③ 上部热,下部冷,大气稳定,不易形成对流,大多以水平运动为主。水汽含量极少,能见度好,天气晴朗,对高空飞行有利。目前的喷气式客机通常都在对流层顶到平流层内飞行	平流层气温基本上不受地面的影响,到30 km以上的平流层中的臭氧层,臭氧能大量吸收太阳紫外线而使气温升高

续表

层次	高度	特点	形成原因
中间层	从平流层顶到85 km高度的范围	① 气温随高度增加而迅速降低。 ② 上部冷、下部暖,空气的垂直对流运动相当强烈,又称高空对流层。 ③ 载人的高空飞行器可以达到这一层的底部,不载人的气球可以更高一些	因为这一层几乎没有臭氧吸收太阳紫外线,因此热量主要来自平流层,离平流层愈高的大气,受热愈少,气温愈低。这一层大气又称为高空对流层或上对流层
电离层	从中间层顶到1 000 km高度的范围	① 气温随高度增加上升很快。 ② 大气处于高度电离状态	该层中的大气物质(主要是氧原子)吸收了所有波长小于0.175 μm的太阳紫外线的缘故
散逸层	电离层顶以上的大气	一些高速度运动的空气质点,经常散逸到星际空间去,是地球大气向星际空间过渡的层次	受地球引力场的束缚很弱

对流层在大气层的最低层,紧靠地球表面,其厚度为10至20 km。对流层的大气受地球影响较大,云、雾、雨等现象都发生在这一层内,水蒸气也几乎只在这一层内存在。这一层的气温随高度的增加而降低,大约每升高1 000 m,温度下降5~6 ℃。动、植物的生存,人类的绝大部分活动都在这一层内。因为这一层的空气对流很明显,故称为对流层。对流层以上是平流层,范围为从对流层顶到50~55 km高度。平流层的空气比较稳定,大气是平稳流动的,故称为平流层。在平流层内水蒸气和尘埃很少,并且在对流层顶到30 km的范围是同温层,其温度在-55 ℃左右。平流层以上是中间层,范围为从平流层顶到85 km高度,这里的空气已经很稀薄,突出的特征是气温随高度增加而迅速降低,空气的垂直对流强烈。中间层以上是电离层,范围为从中间层顶到1 000 km高度。电离层是高空中的气体被太阳光紫外线照射,电离成带电荷的正离子和负离子及部分自由电子而形成的。电离层对电磁波影响很大,可以利用电磁短波能被电离层反射回地面的特点,来实现电磁波的远距离通信。中间层顶以上到离地面800 km的高度范围称为热层。热层最突出的特征是当太阳光照射时,太阳光中的紫外线被该层中的氧原子大量吸收,因此温度升高,故称热层。散逸层在电离层之上,为带电粒子所组成。

除此之外,还有一个特殊的层,即臭氧层。臭氧层距地面20~30 km,实际介于对流层和平流层之间。这一层主要是由于氧分子受太阳光紫外线的光化作用造成的,使氧分子变成了臭氧。

大气的绝大部分质量集中在对流层和平流层这两层大气内,目前大部分的大气航空器也只在这两层内活动。

1.1.2 大气的基本性质

在研究地球大气的运动规律时,常把大气视作连续介质,即把由离散的气体分子构成的实际流体,当作是由无间隙连续分布的无数流体质点构成的,故在大气中形成各种

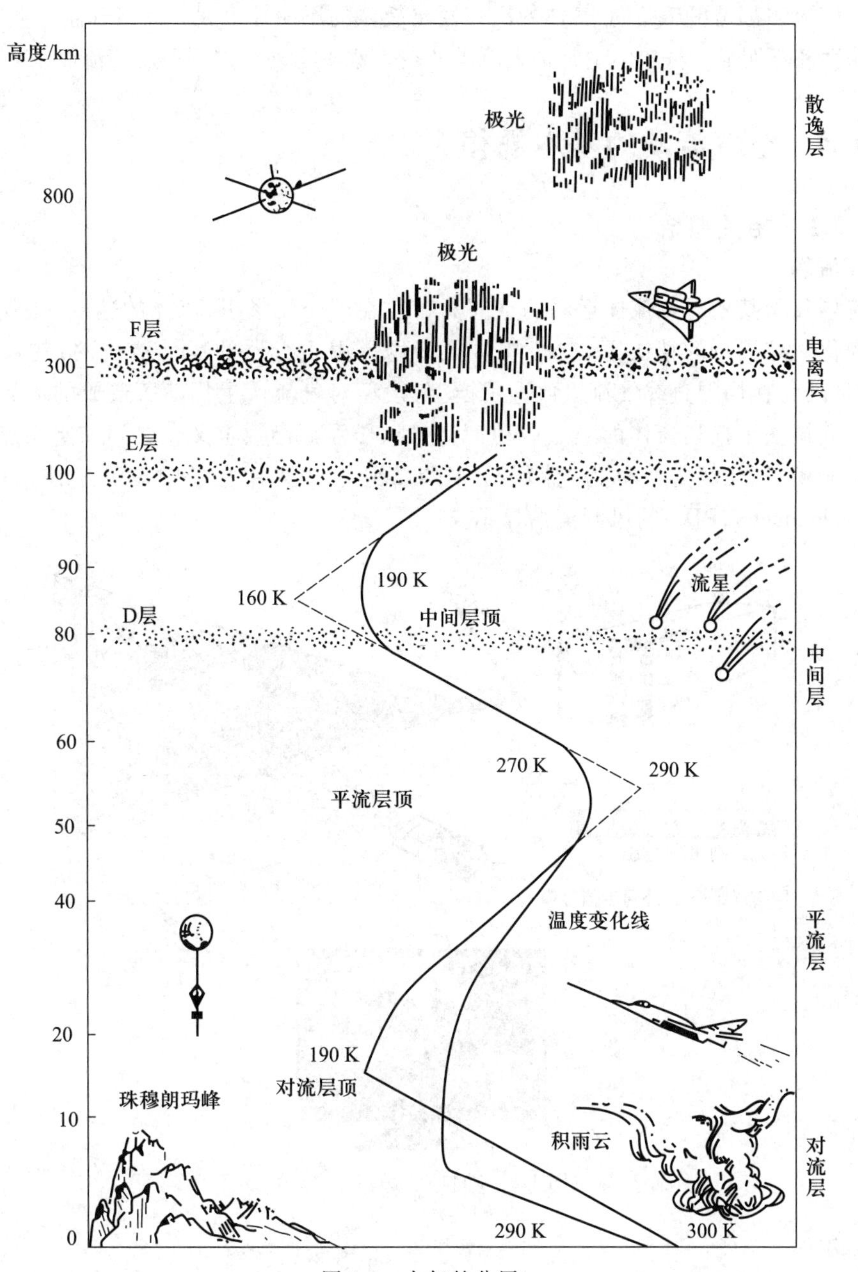

图 1.1 大气的分层

物理量场,并能使用数学分析,对流体力学问题进行理论求解。关于连续介质的假设,在对流层和平流层中均能满足。但相对于飞机在空气中飞行,当出现空气动力学中的激波区时,只要把激波考虑成物理量场的间断面或不连续面,此时仍可采用连续介质的假设。

流体分子之间存在着黏性,表现为在两层流体间有相对运动时,因分子热运动的动量交换作用,在流体层之间存在一种相互牵制的作用力,称为分子黏性力。当运动速度较小时,黏性力对流体的运动不起主导作用,尤其是大气,常可把它视作无黏性的理想流体,例如自由大气就是一种近似的理想流体。

一般流体都是可压缩的,气体的压缩性比液体的压缩性更大。但当气流速度较小时,其压缩性并不明显。气象学中常把大范围的空气水平运动当作不可压缩流体来处理。

1.2 空气流动的基本规律

1.2.1 相关概念

1. 流场

流场就是某一时刻流体运动的空间分布。在一个流场里,流体的速度、压强等都会发生变化。在飞行的情况下,空间气体的流场是由飞行器的运动造成的;在风洞实验里,则是因为在均匀直线气流里放进了模型,模型对气流产生扰动所造成的流场。流场通常用欧拉法来描述流体的质点运动,其流速、压强等函数定义在时间和空间点坐标场上的流速场、压强场等统称为"流场"。图 1.2 所示为采用粒子图像测速技术(particle image velocimetry,PIV)的风洞流场显示。

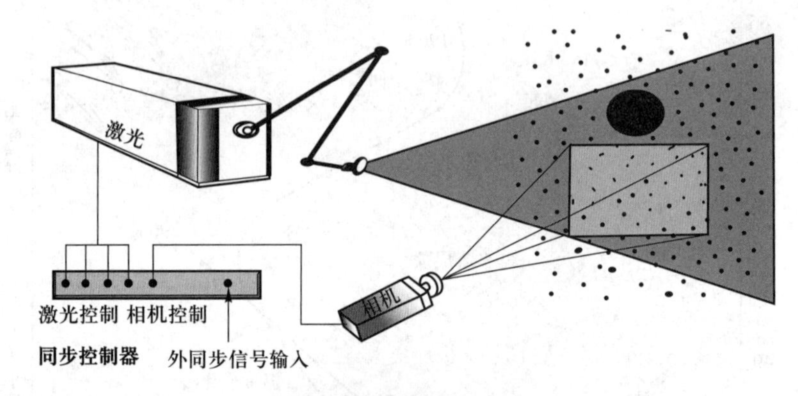

图 1.2 风洞流场的 PIV 显示

2. 流线

任一时刻流体的速度在空间上是连续分布的,如果时刻 t 空间有一条曲线,在该曲线上任何一点的切线和该点处流体质点的速度方向相同,则称这条曲线为时刻 t 的流线。换一种说法,流线是某一相同时刻在流场中画出的一条空间曲线,在该时刻,曲线上所有质点的速度矢量均与这条曲线相切。流线是同一时刻不同流体质点所组成的曲线,它给出该时刻不同流体质点的速度方向,如图 1.3 所示。

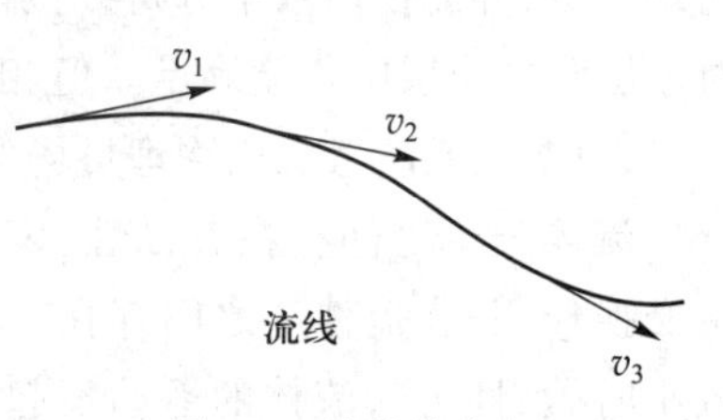

图 1.3 流线的定义

在运动流体的整个空间可绘出一系列的流线,

称为流线簇。流线簇构成的流线图称为流谱。

流体中某质点在空间运动时所描绘出来的曲线称为迹线,它给出同一流体质点在不同时刻的速度方向。

流线具有以下性质:

1）对于非定常流,流线的形状随时间改变;对于定常流,流线的形状和位置不随时间而变化。

2）对于定常流,流线和迹线重合。

3）一般情况下,流线不能相交,不能折转,只能是一条光滑曲线。

3. 无旋流与有旋流

无旋流又叫位势流、有势流,是均匀流场在流经物体的边界层外无旋流的简化描述,即流场中各点的速度(大小与方向)只与该点的位置有关,并且流线按照各自的路径走,流线之间没有相互穿插的。从数学上来说,无旋流的速度场是一标量函数(即速度势)的梯度的流,势流的无旋性用数学描述就是梯度的旋度始终为零。

有旋流亦称涡流,是流体质点(微团)在运动中不仅发生平动(或形变),而且绕着自身的瞬时轴线作旋转运动,即有旋流中如有流体微团的旋转,角速度则不全为零。有旋运动是指流体微团绕轴旋转的角速度,可用当地速度的旋度来表征(即涡量)。有旋量常可理解为流体微团绕其中心转动角速度的 2 倍。但涡量并不代表流体微团表现出旋转,比如边界层中的涡量,主要表现在剪切率上。

无旋流动是一种理想的运动状态,在实际流体中,由于黏滞性的作用,一般为有旋流。

4. 黏性流体与理想流体

自然界中存在的流体都具有黏性,统称为黏性流体或实际流体。对于完全没有黏性的流体称为理想流体。这种流体仅是一种假想,实际并不存在。但是,引进理想流体的概念是有实际意义的。因为,黏性的问题十分复杂,影响因素很多,这给研究实际流体带来很大的困难。因此,对于低速、扰动小的流动可以近似简化为理想流体,找出规律后再考虑黏性的影响进行修正。

由于黏性作用,流体质点黏附在物体表面上,形成流体不滑移现象(即相对速度为零),因而产生摩擦阻力和能量耗散。同时,当流体流过钝体时,物体后部表面附近的流体受到阻滞、减速,并从表面分离,从而形成低压旋涡区(即尾流)和压差阻力。此外,黏性流动内部也有内摩擦和能量耗散。黏性流动是自然界和工程技术中普遍存在的流动过程,例如近地面和水面的大气边界层中的空气流动、空气绕过飞行器边界层内的流动等都是黏性流动。

1.2.2 空气相对运动原理

有风的时候,你只要静静地站在风中就可以感受到空气迎面扑来,你的衣服和头发也随风飘起;没有风的时候,你骑上自行车"兜风",依然可以有同样的感觉——空气迎面扑来,吹动了你的衣服和头发。这说明了一个简单的道理:不论你是静止站着还是骑自行车向前行驶,只要你和空气之间有相对运动,你就会有相同的感觉。很明显,如果飞机也像人一样有"感觉"的话,那么飞机停止不动,疾风吹过时它的"感觉"和它在空气中飞行的“感觉”也应该一样。这就是空气相对运动原理。

空气相对运动原理可以表述为：空气不动、飞机飞行时作用在飞机上的空气动力和飞机不动、空气吹过时作用在飞机上的空气动力是等效的。

空气相对运动原理给研究问题带来很大的方便。在研制新型飞机的时候，需要确定作用在飞机上的空气动力的大小和分布，由于飞机还没有造出来，不可能去天上飞，只能根据相对运动的等效原理，将飞机的模型安放在风洞中，当风洞中高压气流的风速和飞机将来的飞行速度相同时，模型的受力情况就和飞机相同。通过研究模型的受力，就可以近似确定飞机的受力了。这就是风洞实验的原理。

1.2.3 连续性定理

连续性定理通常用如图 1.4 所示的管道流体实验来说明。在一个容器中充满液体，把进口和出口的开关同时打开，让液体从容器中经过剖面不等的管道流出，同时保持容器内液体表面的位置不变。这时流体的流动不随时间而变化，是稳定的。如果流动的速度不太高，那么流体可以认为是不可压缩的，即在流动过程中流体密度不发生变化。同时流体也不会中断，必须维持连续的流动。这样在单位时间内流过管道内不同剖面处的流体质量应该相同，否则有的地方必然产生堆积或出现流体中断。

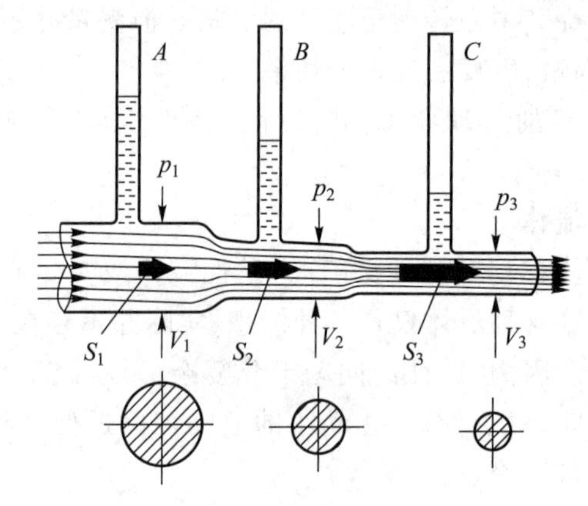

图 1.4 管道流体实验

若单位时间内流过剖面 S_1 处的流体质量为 m_1，流过 S_2 处的为 m_2，流过 S_3 处的为 m_3。于是有

$$m_1=m_2=m_3=\text{const}(\text{常数})$$

如果用 m 表示单位时间内流过的流体质量，ρ 表示流体密度，V 表示流体在管道内的流速，S 为管道剖面面积，l 为时间 t 内流体流过的路程，M 表示这段流体的质量，则

$$m_1=\frac{M_1}{t}=\frac{\rho_1(S_1l_1)}{t}=\frac{\rho_1S_1V_1t}{t}=\rho_1S_1V_1,m_2=\rho_2S_2V_2,m_3=\rho_3S_3V_3$$

因为假设了流体不可压缩，所以 $\rho_1=\rho_2=\rho_3$，于是有

$$S_1V_1=S_2V_2=S_3V_3=\text{const} \tag{1-1}$$

该式称为连续方程式，其实质是质量守恒定律。

低速流体连续性定理表述为：低速流体以稳定的流速在管道内流动时，管道剖面小的地方流速大，而管道剖面大的地方流速小，即 $S_1>S_2>S_3$时，$V_1<V_2<V_3$。

1.2.4 伯努利定理

伯努利定理反映流体中流速与流体压力之间的关系，是瑞士物理学家丹尼尔·伯努利在 1738 年发现的。伯努利定理的内容表述为：由不可压、理想流体沿流管作定常流动时，流动速度增加，流体的静压将减小；反之，流动速度减小，流体的静压将增加。但是流体的静压和动压之和（称为总压）始终保持不变。

伯努利定理在水力学和空气动力学中有着广泛的应用，是飞机升力原理的根据，而且由于它是有限关系式，常用它来代替运动微分方程，因此在流体力学的理论研究中也有重要意义。伯努利原理的实质是流体的机械能守恒，即动能+重力势能+压力势能=常数。

如图 1.5 所示的吹气实验，用两张纸，平行放着，然后往两张纸的中间吹气，纸就会往中间贴近。这是由于向两纸中间吹气，气流速度快，而纸的外侧没有气流，因此中间的部分气体流速快、压力低，外侧空气没有流动、压力高，纸就往中间压。

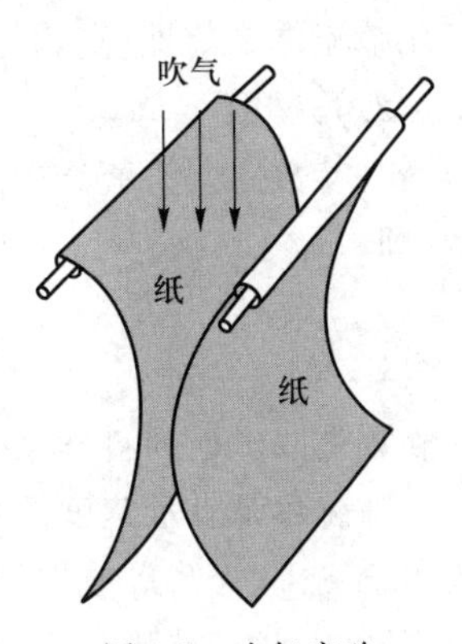

图 1.5 吹气实验

再以如图 1.4 所示的管道流体实验为例，如在不同剖面的管道上装流体压强计，从压强计内液面的高低可以读得粗细不同的管道内流体静压的大小。实验表明：在管道剖面大的地方，流体的静压大，在管道剖面小的地方，静压小。用 p 表示静压，于是上述关系定性表示为：若 $S_1>S_2>S_3$，则 $V_1<V_2<V_3$，且 $p_1>p_2>p_3$。

1738 年，瑞士物理学家伯努利首先导出不同剖面的管道内流体的流速和静压的定量关系：

$$p_1+\frac{1}{2}\rho_1 V_1^2=p_2+\frac{1}{2}\rho_2 V_2^2=p_3+\frac{1}{2}\rho_3 V_3^2=\text{const}$$

或

$$p+\frac{1}{2}\rho V^2=p_0 \tag{1-2}$$

式(1-2)称为伯努利方程，是升力原理的基本方程，也是风速管的测速原理。式中 p_0称为总压，p 为静压，$\frac{1}{2}\rho V^2$ 称为动压。伯努利方程的实质是能量转化和守恒定律，即静压代表的势能和动压代表的动能之间可以相互转化，但它们的总量保持不变。

由伯努利方程也可得到伯努利定理：对于低速流体，流速越大，压强越小；流速越小，压强越大。伯努利定理是无黏性正压流体在有势外力作用下作定常运动时，表达总能量沿流线守恒的一个定理。

1.2.5 流体可压缩性与马赫数

1. 流体可压缩性

空气流动在低速情况下，可以简化近似认为是不可压缩的，但是真实的空气流动是有可压缩性的。

流体的可压缩性是流体在一定压力差或温度差的条件下，其体积(V)或密度可以改变的性质用压缩系数 k 表示，其定义为：

$$k=-\frac{1}{V}\frac{\mathrm{d}V}{\mathrm{d}p} \tag{1-3}$$

其物理意义是：单位体积流体的体积对压力 p 的变化率，等式右边的负号表示压力增大时体积减小。

流体的可压缩性所表现的是流体受压，体积缩小，密度增大，除去外力后能恢复原状的性质。可压缩性实际上是流体的弹性。液体在通常的压力或温度下，压缩性很小。气体的压缩性比液体大。气体流速变化时，会引起气体的压强和密度发生变化。在低速气流中，由于气流速度变化而引起的气体密度的相对变化量很小，可以把气体看作不可压缩流体来处理；高速气流压缩性的影响不能忽略，必须按可压流体来处理。

2. 马赫数

马赫数定义为流场中某点的速度 V 同该点的当地声速 c 之比，通常用 Ma 符号来表示，即

$$Ma=\frac{V}{c} \tag{1-4}$$

马赫数是以奥地利科学家 E.Mach 的姓氏命名的。

马赫数是表示速度的量词。声速为压力波(声波)在流体中传递的速度。马赫数一般用于飞机、火箭等航空航天飞行器。由于声音在空气中的传播速度随着不同的条件而不同，因此马赫数并不等同于速度，它只是一个相对的单位。1 马赫的具体速度并不固定，在低温下声音的传播速度小一些，1 马赫对应的具体速度也就小一些。因此相对来说，在高空比在低空更容易达到较高的马赫数(摄氏零度之海平面声速约为 1 193 km/h；一万米高空的声速约为 1 062 km/h)。另外，飞行器上不同位置处的马赫数也不相同，这是飞行器表面的流速并不相同以及流体的可压缩性的缘故。

当马赫数很小时(如 $Ma<0.3$)，流体密度随压力的变化改变很小，此种流场可视为不可压缩流场。当马赫数 $0.3\leqslant Ma\leqslant 0.8$ 时，流体密度会随压力而改变，此时流场称为亚声速流；当马赫数 Ma 在 0.8 左右时，飞行器表面的局部流速可达到声速，开始出现激波，随着 Ma 的增大，超声速区域逐渐扩大，一直持续到马赫数 Ma 等于 1.2 左右，流动呈现亚声速和超声速共存的局面。通常把 $0.8\leqslant Ma\leqslant 1.2$ 的飞行称为跨声速飞行。在跨声速区域内，气流分离现象严重，空气阻力剧增，飞行稳定性变坏。当飞行器附近流场所有马赫数 $Ma>1.2$ 时，这时称为超声速流，流动的性质与亚声速相比有本质上的不同。

流体密度会随压力而改变，此时气流称为可压缩流。流体力学中马赫数也是表征流体可压缩程度的一个重要的量纲一参数。马赫数的平方与气体可压缩性关系可表示为：

$$Ma^2=-\frac{\mathrm{d}\rho}{\rho}\bigg/\frac{\mathrm{d}V}{V} \tag{1-5}$$

其中：V 为流场内一点速度，ρ 为气体密度。空气密度与声速有某种对应关系，密度大声速也大，密度小声速也小，所以空气密度可以用声速来衡量。施加于空气的压力与在空

气中运动的物体速度有关,速度越大压力也越大,速度越小压力也越小。因此,可以用物体运动速度与声速之比来衡量空气被压缩的程度,这个比值就是马赫数。飞行速度越大,飞机施加给空气的压力也越大,空气被压缩得就越厉害;声速越大,表示空气的密度越大,空气就越难压缩。

1.2.6 空速管的测速原理

航空器的飞行高度和速度变化后,航空器周围的大气参数(如密度、温度、压力等)也随之而发生变化,于是人们想到了通过大气参数的测定来间接测量高度和速度的办法。在大气参数的测定中,气流总压和气流静压是两个最重要的参数,用于收集这两个参数的装置主要是空速管(又称为皮托管或全静压管),如图 1.6 所示。

空速管是一个表面十分光滑的双层圆管,管的头部正中有一圆孔,称为全压口,后面连接全压室。使用时,全压口对准气流方向,流入全压口的气流完全被阻滞,流速降为零,因此全压室的气体压力等于气流总压。

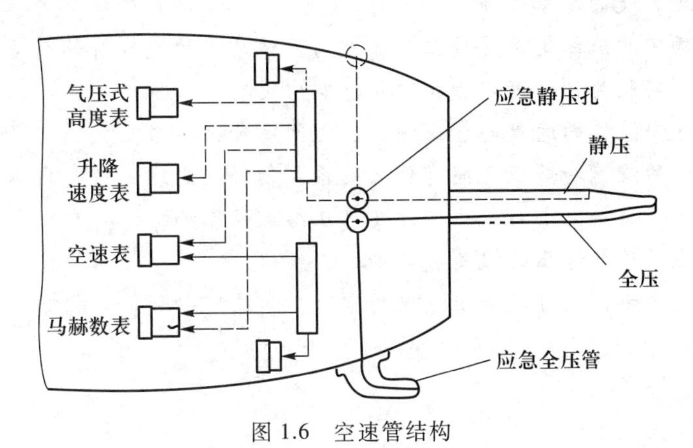

图 1.6 空速管结构

在离头部相当远的截面上,围绕圆管开通若干个小孔,小孔轴线与圆管轴线垂直,这些小孔称为静压孔,静压孔后面连接静压室。理论上要求静压孔周围气流应不受扰动、不存在紊流,这样静压孔内气体的压力即等于自由气流的静压。

可见,在正确设计和安装的情况下,空速管通过全压室和静压室分别送出气流的总压和静压。空速管在飞机上一般都安装在机头或翼尖前方气流扰动最小的部位,以保证所收集的总压、静压的准确度。有了总压和静压测量值,就不难计算出空速。由式(1-2)可以得到空速 V:

$$V=\sqrt{\frac{p_0-p}{\frac{1}{2}\rho}} \tag{1-6}$$

式中:p_0为总压,p 为静压,ρ 为气流密度。

空速管测量出来的速度并非是飞机真正相对于地面的飞行速度,而只是相对于大气的速度,所以称为空速。如果有风,飞机相对地面的速度(称为地速)还应加上风速(顺风飞行)或减去风速(逆风飞行)。

另外,空速管测速原理利用了动压,而动压与大气密度有关。同样的相对气流速度，如果大气密度低，动压就小，所以相同的空速，在高空的指示值比在低空的低，这种空速表上显示的飞行速度一般称为表速。它是空速表通过测量气流总压与静压之差而间接测出的航空器相对于未扰动大气的飞行速度，即仪表速度。空速表的刻度是针对大气的标准状态设计的，没有考虑大气密度随高度的变化。表速是对气流动压（速压）的度量。飞机在起飞、着陆时，为保证安全，动压不得低于某一极限值。

以空速管为基础形成的全静压系统（空速管系统）通过空速管收集气流的全压（总压）和静压，并输送给需要全压和静压参数的仪表及有关设备，如空速表、高度表、升降速度表、马赫数表等。

复习题

1. 对流层与平流层的大气特性有什么不同？哪种类型的航空器适合在这两个大气层中飞行？
2. 简述大气的基本性质。
3. 流场中的流线定义是什么？流线与流体质点的速度有什么关系？
4. 风洞实验为什么可以模拟飞机在空中飞行的特性？
5. 管道中流体的速度与管道截面积之间有什么关系？
6. 流体的流速和静压之间有什么关系？伯努利定理的意义在哪里？
7. 简述马赫数大小对流体密度及可压缩性的影响。
8. 简述动压与静压的概念和区别。
9. 空速管为什么可以测出飞机的空速？

第2章　无人机的飞行原理

2.1　无人机系统概述

2.1.1　无人机系统

“无人机”的名词从严格意义上是一种习惯性的叫法,与国外将无人机俗称为 Drone (嗡嗡声)或 RPA(remotely piloted aircraft,遥控驾驶飞行器)类似。

“无人机”是“无人驾驶航空器”的简称,英文简称 UAV(unmanned aerial vehicle)。无人机是一种机上无人驾驶、通过无线电遥控或自动程序控制飞行、具有一定的执行任务能力、可重复使用的航空器。我们要体会这无人机定义的四个要素:一是空中飞行器平台上没有人;二是遥控或自主控制导航;三是有执行某种任务的能力;四是能返回重复使用。

“无人机”并不是指所有无人驾驶的航空器或飞行器,如人造卫星、气球,尽管机上无人操纵,但并不能称之为“无人机”。导弹、制导炮弹也不能称之为“无人机”。这里特别要提到“无人机”与巡航导弹的区别。如图 2.1 所示,巡航导弹与无人机形状相似,有弹翼和尾翼,也具有自主无人驾驶导航机动飞行的功能。二者关键的区别是:① 无人机在飞行结束后可以进行回收,而巡航导弹则不能回收;② 无人作战飞机虽然可携带弹药,但弹药与无人机机体是分开独立的,而巡航导弹的作战弹头则被整合在弹体内。

(a) 巡航导弹

(b) 无人机

图 2.1　巡航导弹与无人机

“无人机”主要指的是空中飞行平台,从实际使用技术方面考虑,更重要的是“无人机系统”概念。所谓“系统”,是由若干个相互联系、相互作用、相互依存的组成部分(要素)结合而成的、具有特定功能的有机整体。具体从组成上来说,是指相关部件(子系统)、软件与功能的有机集合;从技术上来说,是指具有相互依存功能的机械结构、电器、电子的一种集合。需要提出的是,从广义上讲,无人机系统也并非“无人”,因为地面站有测控等操作人员,即使是具有全自动控制功能的无人机,其设备展开、起飞指令、任务指令和着陆回收的执行通常也需要专门人员操作。

2005年美国在《无人机系统线路图2005—2030(Unmanned Aircraft System Roadmap 2005—2030)》报告中,不再单纯提“无人飞行器(UAV)”,而是采用“无人机系统(unmanned aircraft system,UAS)”作为基本概念。即UAS不仅是无人飞行器本身,还包括无人机通信、地面站和其他任务功能设备等。从更广意义上,无人机系统还包括地面测控无人机的操作人员等。

无人机系统的组成通常可由如图2.2所示的框图表示。

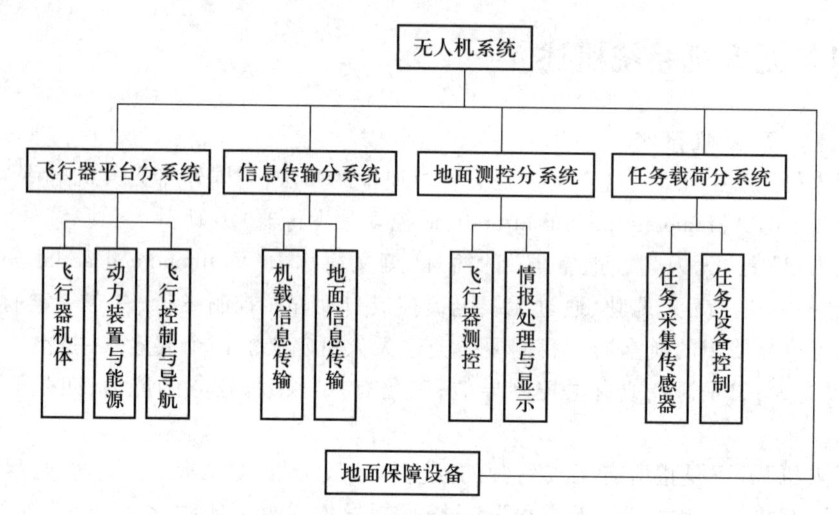

图2.2 无人机系统的组成框图

2.1.2 无人机系统的组成

1. 飞行器平台分系统

飞行器平台分系统通常由以下几部分组成:

1)无人飞行器机体,包括机身、机翼(或翼身融合体)或旋翼、尾翼。

2)动力装置,包括喷气发动机或燃油活塞发动机或无刷电动机、螺旋桨。

3)能源装置,包括油箱、电池、电源分配器。

4)飞行控制与导航控制系统,包括集多种传感器与微处理器于一体的控制,卫星导航接收机,执行飞行器姿态控制和规划路线导航控制。

5)伺服机构,包括伺服舵机、连杆、摇臂,或其他驱动机构(如旋翼操纵机构)。

6)辅助着陆装置(降落伞或其他着陆气囊等)。

2. 信息传输分系统

信息传输分系统通常又称为数据链,实际功能比数据传输更广,包括机载信息和地面信息的数据处理,如图2.3所示。

机载信息传输包括机载天线、机载无线信号接收机和信号发射机,接收地面遥控指令,向地面发送飞行器信息和任务载荷信息(如视频图像信息及其压缩、编码处理)。

地面信息传输包括天线、地面无线信号接收机和信号发射机，发送地面遥控指令，接收飞行器传回的飞行器信息和任务载荷信息（如视频图像信息及其解压、解码处理）。

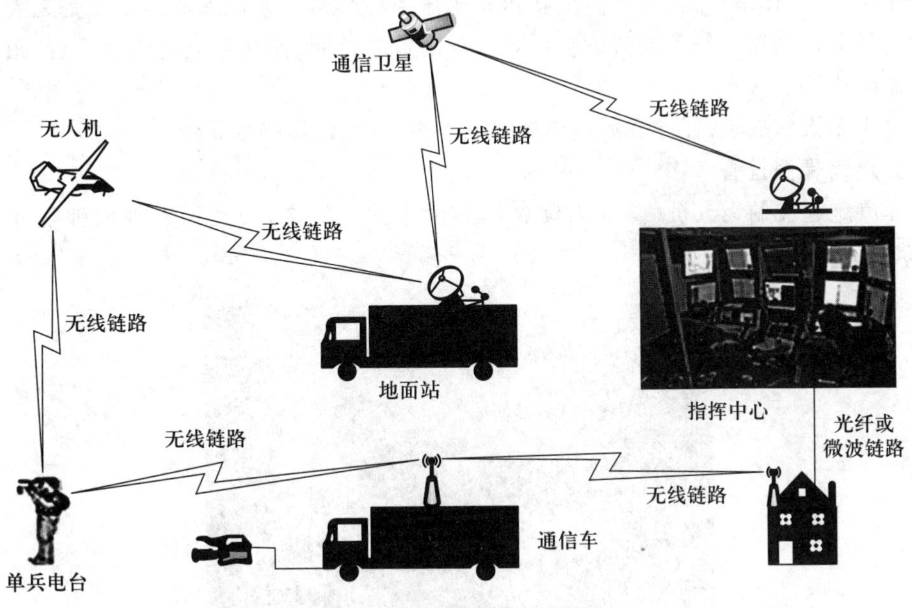

图 2.3 无人机信息传输链路

3. 地面测控分系统

地面测控分系统如图 2.4 所示，通常有以下组成：

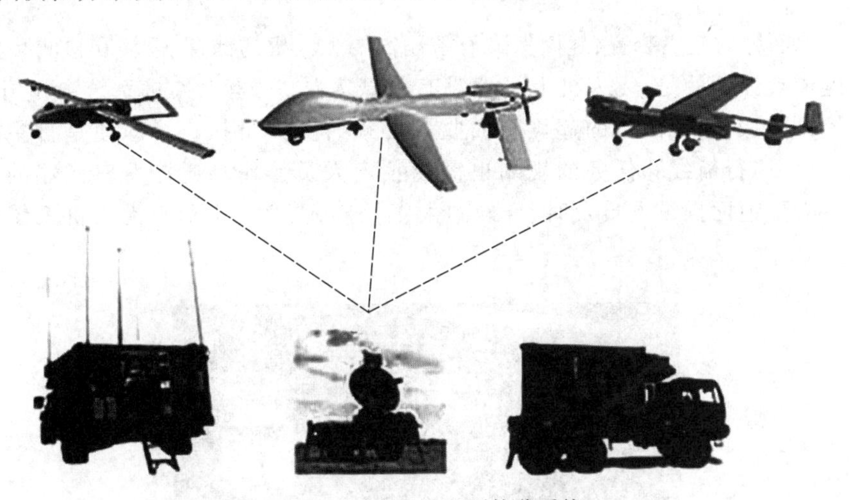

图 2.4 无人机地面测控分系统

1）监控平台，包括显示器、遥控操纵杆和按钮、飞行器信息与情报信息显示。

2）数据处理系统，包括微型计算处理系统、上传与下传信息处理、情报处理与存储。

3）地面能源装置，包括电池、电源分配器、电缆。

4. 任务载荷分系统

任务载荷是根据不同任务使命的无人机而设计的不同机载任务设备，如侦察设备、电子干扰器、气体采集器、声音传感器和其他任务传感器。通常视觉传感器是无人机最基本的任务传感器。任务载荷还包括对任务设备的控制，如任务设备转动平台、跟踪目标控制模块等。

对于无人作战机，任务载荷还包括机载发射导弹、武器瞄准系统。

5. 地面保障设备

非滑跑起飞的无人机(除无人旋翼机和微小无人机之外)还需有地面弹射起飞装置，如图2.5所示。

图2.5　无人机弹射装置

除了地面弹射起飞装置，地面保障设备还需要无人机的储存、运输和检测装置等。

这里还要强调的是，无人机上虽然没有机载人员，但是无人机系统离不开“人”。地面测控站的操作、无人机的起飞与回收都必须有关人员执行。即使是自主能力很高的无人机，飞行航线和任务的规划也需要技术人员操作。遥控发射武器的无人作战飞机更需要地面操纵人员及时、准确的人工控制，图2.6所示为无人机系统的地面测控人员。

图2.6　无人机系统的地面测控人员

2.2 翼型与机翼

航空器与地面和水面交通工具最大的不同之处在于,要克服航空器自身的重力才能升空飞行,而要克服重力,只能依靠空气产生的升力。航空器产生升力的主要部件就是机翼,而机翼的基本几何特征就是翼剖面(翼型)和机翼平面形状。旋翼可以看作旋转的机翼。

2.2.1 翼型的定义

翼型是翼剖面,但不一定是垂直于机翼前缘的翼剖面,而是指平行于航空器对称面方向的机翼翼剖面形状。图 2.7 所示为常见的翼型样式。一般翼型的前端圆钝,后端尖锐。翼型的几何形状决定了它的空气动力特性。平行均匀流动的空气接近翼型前缘时,气流开始折转,一部分空气向上绕过前缘流经上表面,另一部分空气由机翼下表面流过。这两部分空气最后在机翼后缘的后方会合,恢复到平行均匀流动的状态。翼型的空气动力特性是指翼展为无限长的等剖面直机翼的空气动力特性。由于绕这种机翼的流动沿翼展没有速度分量,流动参数只在与展向垂直的平面内变化,属于二维平面流场,因而又称为二维机翼。

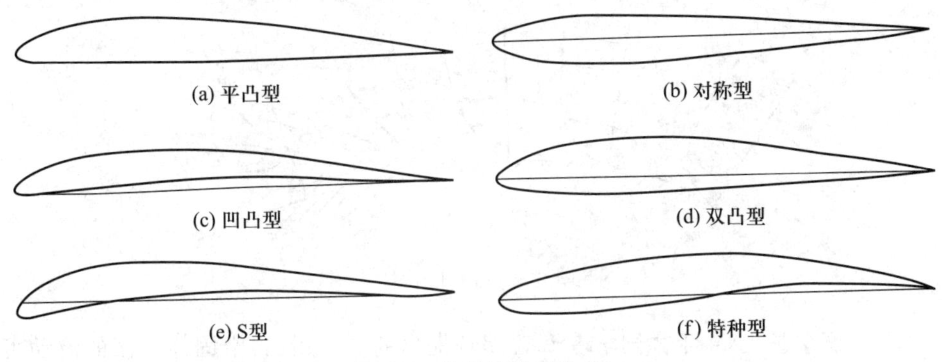

图 2.7 常见的翼型样式

1. **翼型的几何特征**(图 2.8)

1) 弦长(c):连接翼型前、后缘的直线称为弦线。弦线的长度称为弦长。

2) 厚度(t):垂直于翼型中弧线测得的上、下弧线间的距离,一般指最大厚度,即翼型的最大内切圆的直径。

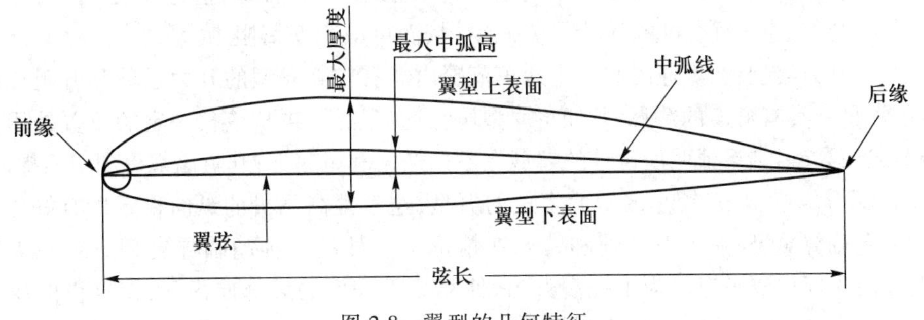

图 2.8 翼型的几何特征

3）中弧线：翼型上、下表面之间垂直于弦线的线段的中点的连线（从前缘到后缘）。

4）弯度（f）：中弧线与弦线之间垂直于弦线的线段长度。一般指最大弯度，即最大线段长度。

5）相对厚度（$\bar{t}$）：翼型最大厚度与弦长的比值，$\bar{t}=t/c$。

6）相对弯度（$\bar{f}$）：翼型最大弯度与弦长的比值，$\bar{f}=f/c$。如果相对弯度为零，则中线和翼弦重合，如对称翼型。

2. 翼型的气动特性

翼型的气动特性可为机翼的选择提供基础。

当翼型相对于空气运动时，翼型表面会受到气流的作用力，其合力在翼型运动方向或来流方向上的分力是翼型所受到的阻力，垂直于上述方向的分力是翼型的升力。这些作用力对前缘（或对距前缘 1/4 弦长点）的力矩称为俯仰力矩。

3. 边界层特性

边界层又称附面层，表示流体中紧邻飞行器表面或管壁的部分。边界层是由黏滞力产生的效应。一般提到的边界层是指速度的边界层。如图 2.9 所示，在边界层外，流体的速度接近定值，不随位置而变化；在边界层内，在固定表面上流速为 0，距固定表面越远，速度会趋近一定值。

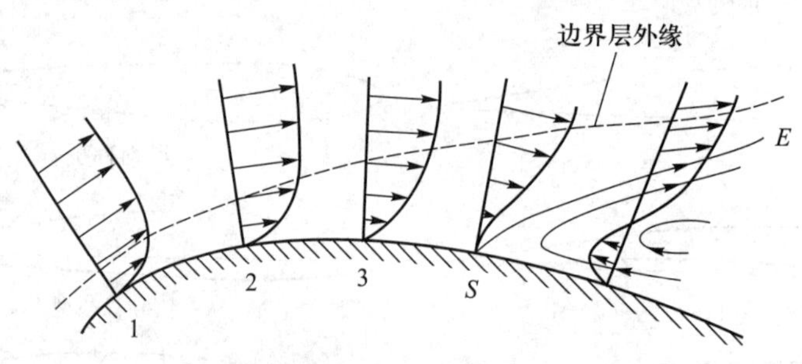

图 2.9 边界层特性

边界层概念是 1904 年德国学者 L.普朗特提出的。他指出：沿固体壁面的流动可分成两个区域，在表面附近的薄层部分，流体中的内摩擦即黏性起重要作用；在该层以外的其余部分，黏性可以忽略。也就是说，在边界层以内的流体是黏性流体；在边界层以外的流体，可视为无黏性的理想流体。

4. 特种翼型

1）层流翼型：层流翼型是一种为使翼表面保持大范围的层流，以减小阻力而设计的翼型。与普通翼型相比，层流翼型的最大厚度位置更靠后缘，前缘半径较小，上表面比较平坦，能使翼表面尽可能保持层流流动，从而可减小摩擦阻力。

2）高升力翼型：在低速时和一定迎角范围内能有较高翼型的升力系数和升阻比的翼型。通常是一类有弯度的薄翼型，如将原型尾缘适当加厚，再从弦长一定的位置处用光滑曲线形成新翼型，结果证明所设计的翼型在不同迎角和风速下，升阻比都得到明显提高。

3）低力矩翼型：有较小的俯仰力矩的翼型，这对提高飞机的纵向稳定性有好处。

4）超临界翼型：在高亚声速和跨声速情形下设计的一种超临界翼型。它的头部较钝，上表面中部比较平坦。为了提高升力，使翼型下表面的后部向内凹，使这里的压强增加。这种翼型的翼面上一般只产生压缩波和膨胀波,间或有弱激波,因而波阻较小。

5)超声速翼型:以超声速飞行的航空器,为了减小波阻常采用尖前缘的对称翼型。常见的翼型有菱形、六面形和由上、下两圆弧组成的双凸翼型。由于不少超声速飞机要在低速到高速的整个范围内使用,翼型的选用必须兼顾高、低速特性,因此一些超声速飞机仍采用小钝头的亚声速翼型。而主要以超声速飞行的航空器多采用超声速翼型。

5. 翼型系列

随着航空科学的发展,世界各主要航空发达的国家建立了各种翼型系列。如美国有 NACA 系列、德国有 DVL 系列、英国有 RAE 系列、苏联有 ЦАГИ 系列等。

下面对 NACA 系列做简要介绍。该系列每个翼型的代号由"NACA"这四个字母与一串数字组成,将这串数字所描述的几何参数代入特定方程中即可得到翼型的精确形状。

NACA 4 位数翼型族,这是最早建立的一个低速翼型族。例如 NACA2415 翼型,这 4 位数字的意义是:第一个数字"2"表示最大相对弯度为 2%,第二个数字"4"表示最大弯度位于翼弦前缘的 40%处,末两位数 15 表示相对厚度为 15%。这一族翼型的中线由前、后两段抛物线组成,厚度分布函数由经验的解析公式确定。

NACA 5 位数翼型族,这是在 4 位数翼型族的基础上发展的。这一族翼型的中线有两种类型:一类是简单中线,它的前段为三次曲线,后段为直线;另一类是 S 形中线,前、后两段都是三次曲线,后段上翘的形状能使零升力矩系数为零。这族翼型的厚度分布与 4 位数翼型族的相同。

NACA 6 位数翼型族,适用于较高速度的一些翼型族。这种翼型又称为层流翼型,它的前缘半径较小,最大厚度位置靠后,能使翼型表面上尽可能保持层流流动,以便减小摩擦阻力。

此外,NACA 还有 1 族、7 族、8 族等翼型族和各种修改翼型。

6. 无人机的翼型选择

1)对于高空长航时无人机,需要选择升阻比较大的翼型,最好有适应高空低密度的新层流翼型。

2)对于低速固定翼无人机,需要选择高升力的翼型,通常为有弯度翼型。

3)对于高速无人机,需要选择对称型的翼型,随着马赫数的提高易于选择较薄的翼型。但对于高亚声速和跨声速无人机,则应选择超临界翼型。

4)对于微型无人机,应选择低雷诺数翼型,如有弯度薄翼型。出于任务挂载与结构方面的考虑,适当选用较厚一点的翼型也是一种设计选择。

2.2.2 机翼几何形状

固定翼无人机的机翼的平面形状基本可分为平直翼和后掠翼两类,如图 2.10 所示。

低速无人机选择的是平直翼,常见的有矩形平直翼、梯形平直翼或椭圆平直翼。平直翼的升阻比较高。

高速无人机选择的是后掠翼,常见的有后掠梯形翼或三角翼。机翼前缘后掠可以减弱激波强度。

描述机翼平面形状的主要参数有机翼展弦比、机翼根梢比、机翼后掠角、机翼上反角等,如图 2.11 所示。

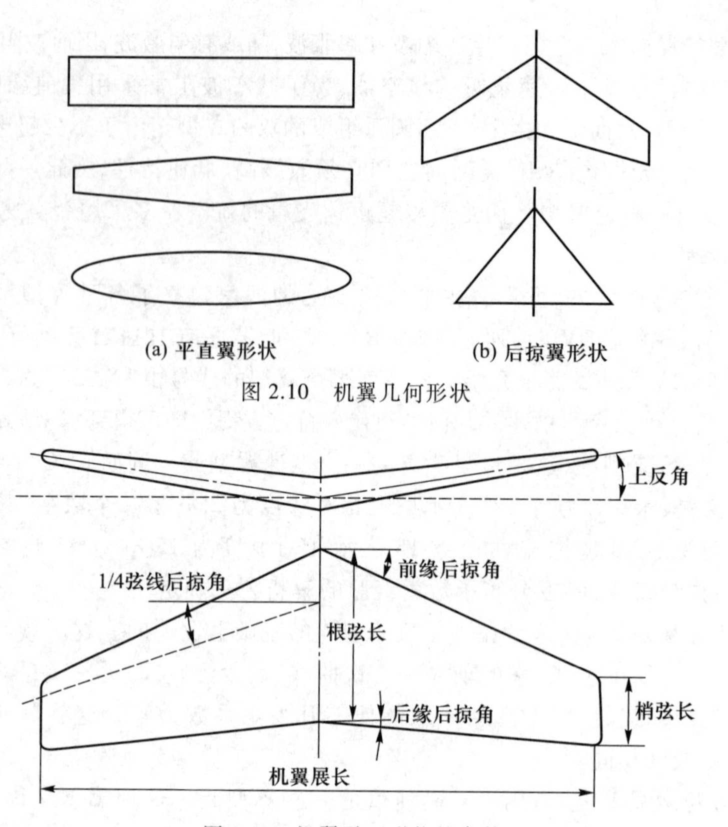

图 2.10 机翼几何形状

图 2.11 机翼平面形状的参数

机翼展弦比(A):机翼展长(b)与平均几何弦长(c_G)之比,$A=b/c_G$。机翼展长是指在机翼外刚好与机翼轮廓线接触,且平行于机翼对称面的两个平面之间的距离。弦长有不同的定义方法,常用的是机翼的平均几何弦长($c_G=S_W/b$,S_W 为机翼面积)。

机翼梢根比(λ):翼梢弦长与翼根弦长的比值,$\lambda=c_t/c_r$。

机翼后掠角(Λ_W):机翼等百分比弦点之连线在飞机参考轴系的 $x_R y_R$ 平面中的投影与 $y_R z_R$ 平面间的夹角。后掠角又包括前缘后掠角、后缘后掠角、1/4 弦线后掠角。如果飞机的机翼向前掠,则后掠角就为负值,变成了前掠角。

机翼上反角(Γ_W):对于半翼展的弦平面在一个平面内的机翼,其等百分比弦点之连线在飞机参考轴系的 $y_R z_R$ 平面中的投影与 $x_R y_R$ 平面间的夹角。

2.3 升力与阻力

2.3.1 升力产生的原理

1. 升力的产生

空气流过物体或物体在空气中运动时,空气对物体的作用力称为空气动力(R)。飞机上的空气动力 R 包括升力 L 和阻力 D 两部分。很显然,人们总是希望飞机的升力大,阻力小,即升阻比 K($K=C_L/C_D$。C_L 为升力系数,$C_L=\dfrac{L}{\frac{1}{2}\rho V^2 S}$;$C_D$ 为阻力系数,$C_D=$

$\frac{D}{\frac{1}{2}\rho V^2 S}$。其中:$\rho$ 为自由流密度;V 为自由流速度;S 为参考面积,通常取机翼面积或机身最大横截面积。)越大越好。飞机产生升力的主要部件是机翼,产生阻力的部件是机身、机翼和尾翼等。旋翼类飞行器产生升力的主要部件是旋翼桨叶,产生阻力的部件是机身、旋翼和尾翼等。

机翼产生升力的关键在于机翼翼型的形状、迎角和机翼面积。一般翼型的前端圆钝,后端尖锐。平行均匀流动的空气接近翼型前缘时,气流开始折转,一部分空气向上绕过前缘流经上表面,另一部分空气由机翼下表面流过。这两部分空气最后在机翼后缘的后方会合,恢复到平行均匀流动的状态。在气流被翼型分割为上、下两部分时,由于有弯度翼型上表面凸起较多而下表面凸起较少(有的翼型甚至是凹的),加上机翼有一定的迎角(机翼弦线与来流之间的夹角),使流过翼型上表面的管道面积比通过翼型下表面的管道面积小,翼型上表面的空气流速也比下表面的大。由伯努利定理可知,翼型上表面的静压比翼型下表面的静压小,所以上、下翼面之间产生一个压力差,这个压力差在垂直于气流方向上的分量就是机翼产生的升力,如图 2.12 所示。

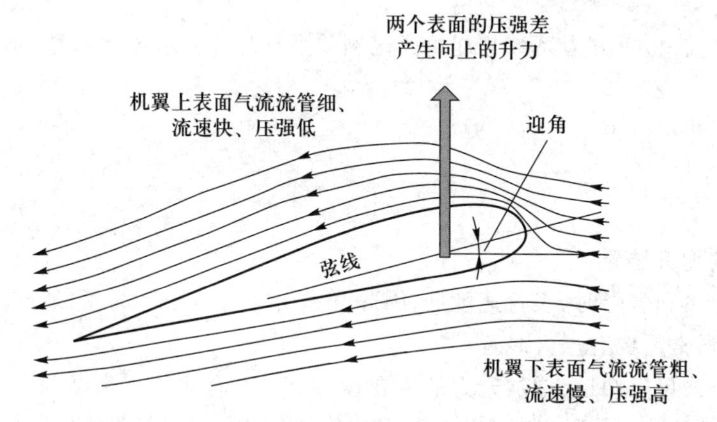

图 2.12 翼型升力的产生

2. 升力的表达式

实际上,作用在机翼上的力并不像图示那样作用在一点的集中力,而是分布在整个机翼表面的分布力。通过实验和理论研究,给出如下升力公式,可以用来计算飞机升力的大小:

$$L=C_L\left(\frac{1}{2}\rho V^2\right)S \tag{2-1}$$

其中:$\frac{1}{2}\rho V^2$是所谓动压,它与飞机所具备的能量有关;ρ 为自由流密度;V 为自由流速度;S 为参考面积,通常取机翼面积或机身最大横截面积;C_L为升力系数,与机翼的形状以及迎角的大小有关,可由风洞实验测定或计算获得。

对于某一种机翼,可以得出一条升力系数与迎角的关系曲线,如图 2.13 所示。曲线中的升力系数为零时的迎角称为零升力迎角。对于不对称翼型,零升迎角一般为负;对于对称翼型，零升力迎角为0°。

升力系数随着迎角的增大而增大，达到最大值 $C_{L\max}$ 时的迎角为临界迎角。当迎角超过临界迎角后，升力系数就很快下降，这是因为迎角过大，机翼上表面的气流不能维持附着平滑的流动，气流绕过前缘点很快就开始分离，分离后的上表面产生杂乱无章的流动，使机翼上表面的压力加大，升力很快下降。这种现象叫作“失速”，如图2.14所示。

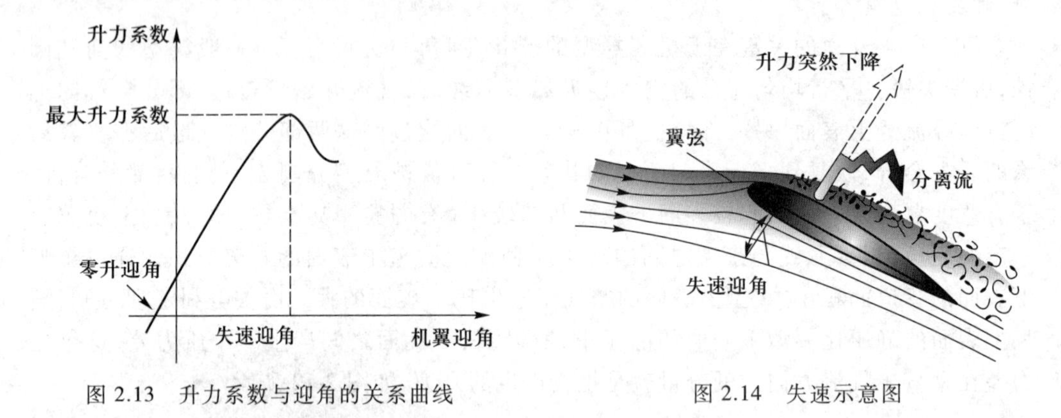

图2.13 升力系数与迎角的关系曲线　　图2.14 失速示意图

在失速之前，机翼升力系数与迎角成比例关系，以 C_L^α 表示比例系数（升力线斜率），则 $C_L=C_L^\alpha\alpha$。

升力的大小可以进一步表示为

$$L=C_L^\alpha\alpha\left(\frac{1}{2}\rho V^2\right)S \tag{2-2}$$

3. 机翼的增升装置

飞机在起飞和着降时，飞行速度低，因此升力会大大减小。为了保证飞机起降时有足够的升力，通常需要有增升装置。

由升力公式可以知道，增加升力的主要途径有：① 利用增升装置增加机翼面积 S；② 利用增升装置增大翼型弯度 f，以增加升力线斜率 C_L^α；③ 利用增升装置改善气流，即延缓附面层的气流分离，增大失速迎角。

机翼上常用的增升装置主要有各种襟翼和前缘缝翼，如图2.15所示。

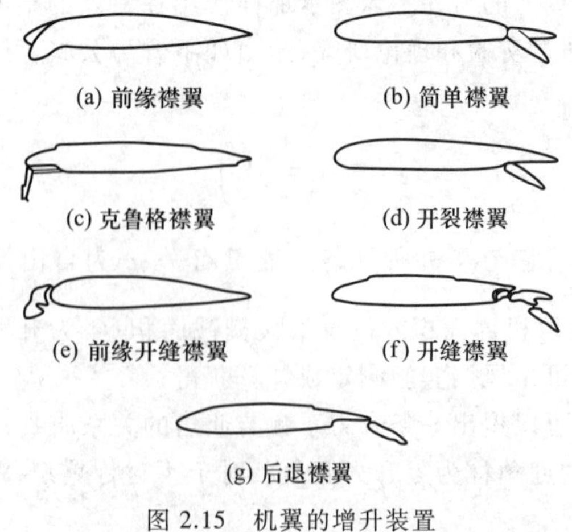

图2.15 机翼的增升装置

1）简单襟翼：简单襟翼的形状与副翼的相似，其构造比较简单。简单襟翼向下偏转时，相当于增大了机翼翼型的弯度，从而使升力增大。简单襟翼能使升力系数增大65%～75%。

2）开裂襟翼：也称为分裂襟翼，是紧贴于机翼后缘下表面的一块薄板。分裂襟翼向下偏转时，在后缘与机翼之间形成一个低压区，对机翼上表面的气流起吸引作用，使气流流速增大，从而增大了机翼上、下表面的压强差，使升力增大。除此之外，襟翼下放后，也增大了机翼翼型的弯度，同样可提高升力。这种襟翼一般可把机翼的升力系数提高 75%～85%。

3）开缝襟翼：由简单襟翼改进而成，除了具有简单襟翼的增升效果以外，还具有前缘缝翼的增升效果。因为在开缝襟翼与机翼之间有一道缝隙，下面的高压气流通过这道缝隙高速流向上面，延缓气流分离，从而达到增升目的。开缝襟翼的增升效果较好，一般可使升力系数增大 85%～95%。

4）后退襟翼：后退襟翼平时作为机翼后缘的一部分。在使用时，后退襟翼一边向下偏转，一边向后移动，既加大了机翼翼型的弯度，又增大了机翼面积，从而使升力增大。此外，它显然还具有开裂襟翼的增升效果。这种襟翼的增升效果比前三种后缘襟翼都好，一般可使翼型的升力系数增加 110%～140%。

5）前缘襟翼：后缘襟翼移到机翼的前缘，就变成了前缘襟翼。前缘襟翼可以看作是可偏转的前缘。在大迎角下，前缘襟翼向下偏转，前缘与气流之间的角度减小，使翼型上部分的气流流动比较光滑，避免发生局部气流分离，同时也可增大翼型的弯度。前缘襟翼与后缘襟翼配合使用可进一步提高增升效果。

6）克鲁格襟翼：与前缘襟翼作用相同，一般位于机翼前缘根部，靠作动筒收放。克鲁格襟翼打开时，伸向机翼下前方，既增大机翼面积，又增大翼型弯度，具有较好的增升效果，同时构造也比较简单。

7）前缘开缝襟翼：安装在机翼前缘的一段或者几段狭长小翼，靠延缓气流分离以增大失速迎角来增加升力。前缘缝翼打开时与机翼前缘表面形成一道缝隙，下翼面压强较高的气流通过这道缝隙得到加速而流向上翼面，增大了上翼面附面层中气流的速度，消除了这里的分离旋涡，从而延缓了气流分离，避免了大迎角下的失速，从而提高升力系数，如图 2.16 所示。

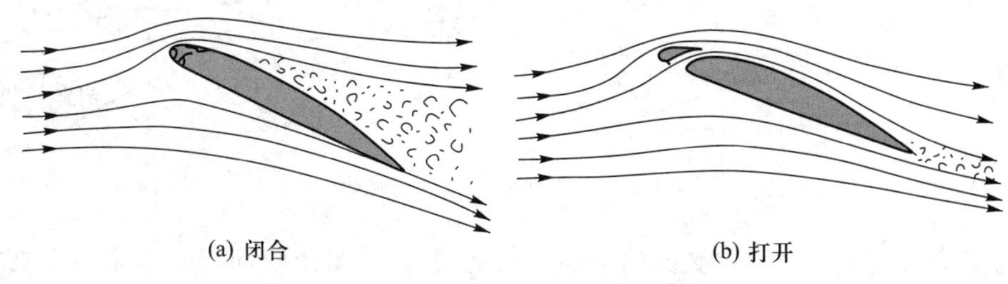

图 2.16 前缘开缝襟翼的增升原理

2.3.2 阻力产生的原理

除了升力 L 以外还有与飞行方向平行且方向相反的阻力 D。飞机上不但机翼会产生阻力，其他部分如机身、起落架、尾翼等都会产生阻力。现代飞机在巡航飞行时，机翼阻力占总阻力的 25%～35%。

通常，飞机飞行时应该尽可能减小阻力，但有时也需要利用阻力。例如，当歼击机同敌机在空中格斗时，为了提高机动性，有时突然打开阻力板（又叫减速板）来迅速增大阻力，降低速度，绕到敌机后方有利位置进行攻击。另外，某些高速飞机在着陆时依靠减速板和阻力伞来缩短滑跑距离。

阻力同升力一样，也是总空气动力的一部分，所以同样可以得到阻力公式

$$D=C_D\left(\frac{1}{2}\rho V^2\right)S \tag{2-3}$$

其中：C_D 为阻力系数，与机翼形状、迎角大小、飞机表面的粗糙程度等因素有关，由风洞实验测定；S 为参考面积，由该公式使用的部件而定，对于机翼，S 仍然是机翼平面面积，而对于机身，S 则代表机身的最大横截面积。如果用该公式来计算全机阻力，那么在选定的参考面积下由风洞实验测得阻力系数 C_D，使用该阻力系数和相应的参考面积来计算阻力。

飞行时飞机上的阻力包括摩擦阻力、压差阻力、干扰阻力和诱导阻力；跨声速和超声速飞机上除具有上述四种阻力外，还会产生激波阻力，简称波阻。其中，诱导阻力是由升力引起的，升力为零，则诱导阻力也为零。摩擦阻力、压差阻力、干扰阻力和激波阻力在升力为零时依然存在，并不是由升力诱导产生的，故称为零升阻力。

1. 摩擦阻力

当气流流过飞机表面时，由于黏性，空气与飞机表面发生摩擦而产生的阻力就称为摩擦阻力。

如图 2.17 所示，靠近机翼表面的空气附面层中，气流的流动情况有两种：附面层的气流各层不相混杂而呈分层流动，称为层流附面层；层流附面层后面，气流的活动转变为杂乱无章，称为湍流附面层。层流转变为湍流的那一点称为转捩点。

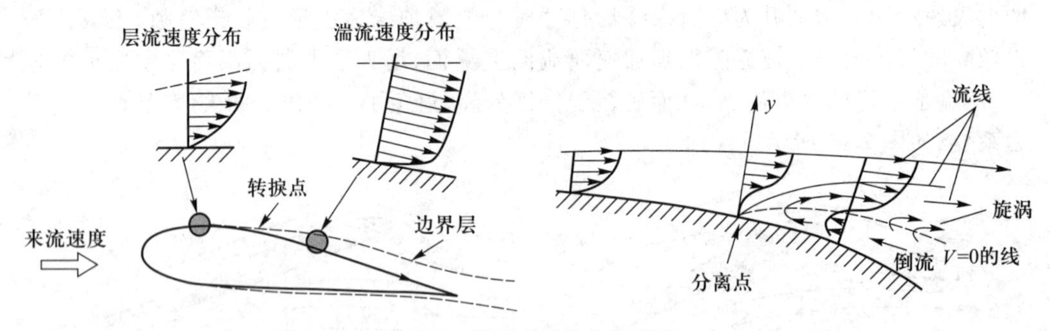

图 2.17　翼型表面的空气流动

虽然湍流附面层内空气微团的运动是紊乱的，但是整个附面层仍然紧贴在机翼表面流动。在湍流附面层之后，如果附面层脱离了翼面，则会形成大量的宏观旋涡。附面层开始分离的那一点称为分离点。

附面层内的摩擦阻力与气流的流动情况有很大关系。实践证明，层流附面层的摩擦阻力小，而湍流附面层的摩擦阻力大。因此，尽可能在机翼和飞机其他部件表面保持层流流动。层流翼型上部分的层流附面层的区域比一般翼型的要大，所以它的摩擦阻

力要小得多。

为了降低飞机的摩擦阻力必须尽可能减小飞机的表面积，同时使飞机表面尽量光滑。

2. 压差阻力

空气中运动的物体由于前、后的压强差所产生的阻力称为压差阻力。对于飞机机体后部发生气流分离的情况，会产生较大的压差阻力。

如果把一块平板垂直地竖立在气流中，它后面的气流分离区形成了很多分离旋涡，压强减小，而平板前面的空气由于受到压缩，压强很大。平板前、后形成巨大的压强差，产生巨大的压差阻力。

压差阻力的大小同物体的迎风面积有关。所谓迎风面积，就是物体上垂直于气流方向的最大截面面积。通常物体的迎面面积越大，压差阻力也就越大。如果把平板平行地放在气流中，则产生的压差阻力就很小。

压差阻力的大小还与物体的形状有关，如图 2.18 所示。为了减小机翼的压差阻力，应该尽量采用流线型的翼型。流线型之所以能大幅度降低压差阻力，实际上是流线型的头部占据了平板前面气流滞止所形成的高压区，同时流线型的尾部又填满了物体后面气流分离后充满旋涡的低压区，使气流能平滑地流过物体表面来降低物体前、后的压力差。

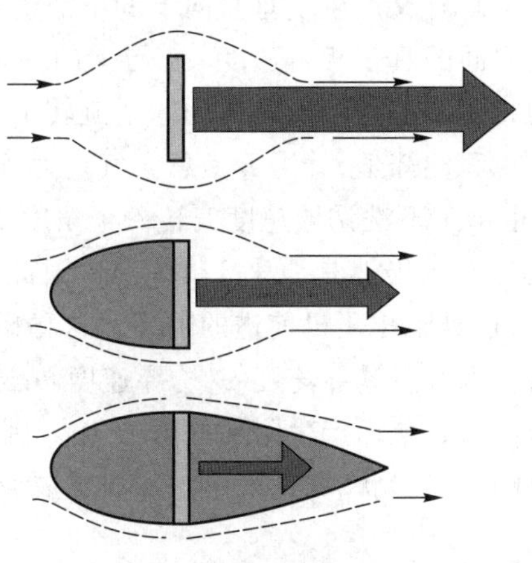

图 2.18 不同形状物体的压差阻力

为了降低压差阻力，飞机的迎风面积要尽可能小，同时所有飞机部件都要加以整流形成流线型形状。

机翼上的摩擦阻力和压差阻力合称翼型阻力，简称型阻。

3. 诱导阻力

除翼型阻力外，机翼上还有诱导阻力。因为这种阻力是伴随着机翼上升力的产生而产生的，所以也可以说诱导阻力是为了产生升力而付出的一种“代价”，有时也称作升致阻力。

当飞机飞行时，下翼面压强大、上翼面压强小。上、下翼面的压强差使得气流从下翼面绕过两端翼尖，向上翼面流动。当气流绕过翼尖时，在翼尖处不断形成旋涡。从飞机的正前方看去，这种旋涡右边（飞机的左机翼）是逆时针旋转的，左边（飞机的右机翼）是顺时针旋转的。旋涡可以带动周围的空气随之旋转，离旋涡中心越近，旋转越快；离旋涡中心越远，旋转越慢。空气由旋涡带动而具有的速度，称为诱导速度。如图 2.19 所示，机翼上气流除了向后流去的速度外，还具有旋涡诱导产生的向下的附加速度，这种现象称为气流下洗，该附加速度称为下洗诱导速度。

有意思的是，自然界中雁群在生物长期进化中也具有了利用这种旋涡诱导现象的本领。当雁群随着气候的变化而迁徙时，往往排成“人”字形或斜“一”字形。领队的大雁排在最前面，幼弱的小雁常排在斜后方。前面的大雁翅膀尖端所形成的旋涡带动翅膀外侧的空气向上运动，形成上升气流。这样就使后面幼弱的大雁处于上升气流中，飞行比较省力,这对于雁群作长途飞行十分有利。

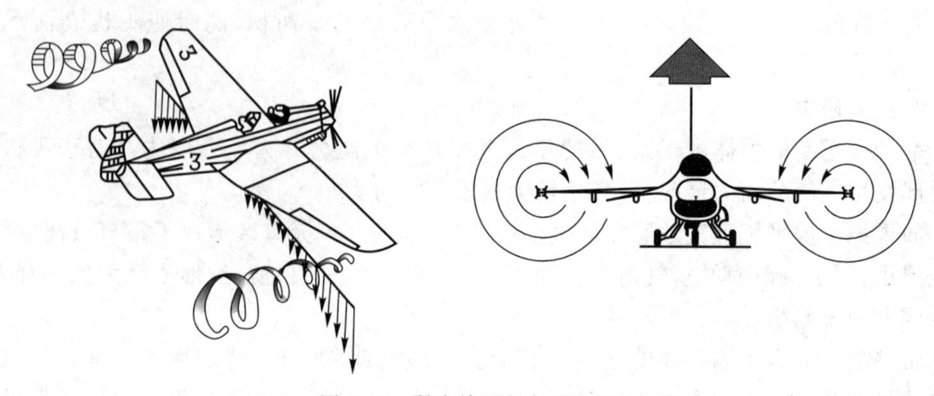

图 2.19 翼尖旋涡与气流下洗

由于气流下洗现象的存在,如图 2.20 所示,流过翼型的气流除了原来向后的相对速度 V 之外又产生了垂直向下的下洗诱导速度 ω。由 V 和 ω 叠加的合速度 u,是气流和翼型之间的真正相对速度。u 与 V 的夹角 $\Delta\alpha$ 称为下洗角。可见,下洗诱导速度 ω 使原来的相对气流速度 V 的方向向下旋转下洗角 $\Delta\alpha$,而成为 u 的方向。

我们知道,升力 L 是总空气动力 R 在垂直于相对速度 V 的方向上的分力,因此升力 L 也由于下洗诱导速度偏转一个角度 $\Delta\alpha$,而变成与 u 垂直的新的升力 L_1。然而飞机的飞行方向仍然是原来 V 的方向,因此 L_1 就产生一个与飞机前进方向相反的水平分力 D_1,这是阻止飞机前进的阻力。这种阻力的产生过程可概括为:升力引起旋涡运动,再由旋涡产生诱导速度 ω,诱导速度 ω 与原来的气流速度 V 叠加,使升力的方向改变一个角度 $\Delta\alpha$,从而产生附加的阻力 D_1。因此,这种附加阻力称为诱导阻力。诱导阻力同机翼的平面形状、翼剖面形状和机翼展弦比有关。

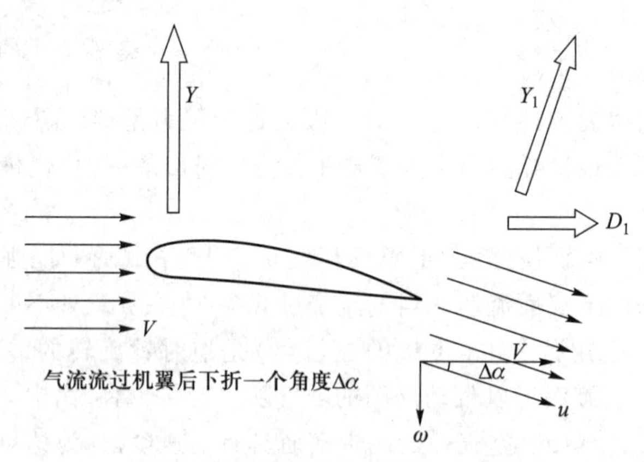

图 2.20 诱导阻力的产生原理

为了减小机翼的诱导阻力,可以通过改变机翼形状来实现。如对于低速飞机,研究发现椭圆形平面形状的机翼平面形状诱导阻力最小。加大机翼的展长,即增加机翼展弦比,使翼尖处气流下洗严重区(即靠近旋涡中心下洗诱导速度大的区域)在机翼展长中所占的比例下降。同时还可以采用机翼翼梢减阻装置(翼梢小翼、翼梢帆片、翼梢涡扩展器等)，部分地阻断上绕气流，使旋涡减弱，从而减小飞机的诱导阻力。

4. 干扰阻力

低速飞机上除了摩擦阻力、压差阻力和诱导阻力以外，发现还有一种阻力。实践表明，低速飞机的各个部件如机翼、机身、尾翼等，单独放在气流中所产生的阻力的总和并不等于飞机的总阻力，而往往是小于飞机的总阻力，于是发现一种“干扰阻力”。

所谓“干扰阻力”，就是飞机各部分之间由于气流相互干扰而产生的一种额外阻力。机翼和机身的连接处、机身和尾翼的连接处以及机翼和发动机吊舱的连接处都可能产生干扰阻力。干扰阻力数值上等于飞机总阻力减去各个部件的阻力之和所得到的差值。

现在我们以机翼和机身之间的干扰为例，看看这种额外阻力是怎样产生的。机翼和机身的连接处形成了一个截面由大到小、再由小到大的气流通道：翼面前缘处截面比较大，到翼面最高点处时气流通道收缩到最小，翼面后缘处通道又逐渐扩大。根据流体的流动特性，气流经过机翼和机身的连接处的通道时，通道最窄处的速度大而压强小，翼面后缘处的速度小而压强大，所以在这一段通道中气流有从高压区回流到低压区的趋势，这就形成了一股逆流。但飞机前进时不断有气流沿通道向后流，遇到了后面这股逆流就形成了气流的阻塞现象，使气流开始分离并产生很多旋涡。这些杂乱无章的旋涡耗散掉气流的一部分动能，动能的消耗表明产生了一种额外的阻力。这一阻力是由气流相互干扰而产生的，所以称为干扰阻力。

从干扰阻力产生的原因来看，它显然和飞机不同部件之间的相对位置有关。如果在设计飞机时，仔细考虑它们的相对位置，使得连接处压强的增加不大也不急剧，干扰阻力就可减小。另外，还可采取不同部件连接处加装流线型的“整流片”的办法，使连接处圆滑过渡，尽可能减少旋涡的产生，从而减小干扰阻力。

5. 激波阻力

20 世纪 40 年代，飞机的时速达到 700 km/h 以上，俯冲时已经接近声速。当接近声速时，飞机会发生剧烈的抖振，而且变得很不稳定，几乎无法操纵，甚至出现过飞机坠毁的事故。科学家调查发现，有的失事飞机在空中裂成了几块，好像撞上了山一样。这就是所谓的“声障”。后来人们认识到，声障其实就是一层极薄的、高度压缩的空气堆聚成一层薄薄的波面，称为激波。激波产生的阻力称为波阻。

为了说明激波和波阻的问题，先要研究声波和声速的物理本质。声源在空气中振动，使周围的空气发生周期性的压强和密度的变化，形成一疏一密的疏密波，这种传播声音的空气疏密波就称为声音或声波。可见声音的本质是空气的扰动，声音在空气中传播的速度就是声速。在海平面标准大气状态下，声速约为 340 m/s。

飞机飞行时也压缩前面的空气造成疏密波，这种疏密波与声波本质一样。空气被压缩的程度与空气的密度和施加于空气的压力有关。空气的密度越大(例如在低空或海平面处)，则空气越难以压缩，其压缩程度就越小；施加于空气的压力越大，空气被压缩的程度也越大。

根据马赫数的大小可以把飞行速度分为五类：低速、亚声速、跨声速、超声速、高超声速。不同马赫数下空气扰动的传播情况如图 2.21 所示。飞机亚声速飞行时，被扰动的空气作为“通信员”，跑在飞机前头，“通知”前面的空气预先为飞机“让路”。而飞机超声速飞行时,这个“通信员”已经落在飞机后面了,无法预先通知前面的空气为飞机“让路”,飞机引起的扰动波产生积聚,空气被强烈压缩而形成激波。应该注意的是,虽然激波随着飞机一起高速前进,但是组成激波的空气层是不断更新的。只有在空气微团进入激波时才形成激波,然后获得变化后的物理参数向飞机后方流去。

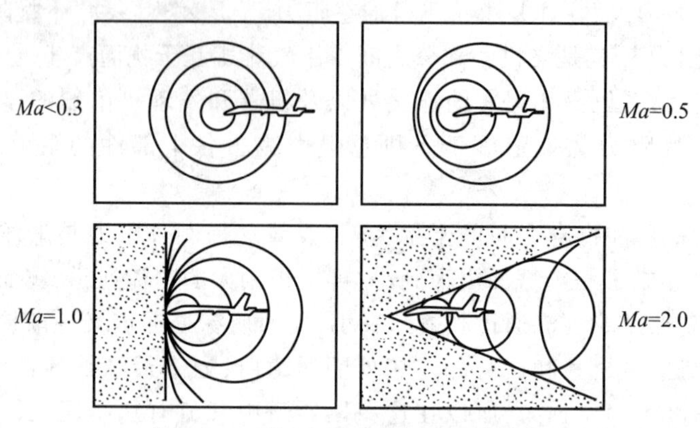

图 2.21 不同飞行速度下声音的传播

空气在通过激波时,受到一薄层稠密空气的阻滞,流速急剧降低,由阻滞而产生的热量使空气加温,加温所消耗的能量来自动能。动能的消耗表示产生了一种新的阻力,该阻力由于激波而产生,所以就称为波阻。

波阻的大小与激波的强度有关,而激波的强弱又取决于飞机外形,尤其是飞机和机翼等部件的头部形状。头部圆钝产生的是与飞机脱开的、与飞行方向垂直的脱体正激波,这种激波的强度大,波阻也大。头部尖锐产生的是附着在飞机上的斜激波,斜激波的强度较弱,波阻也较小。因此,超声速飞机的头部都是很尖的,机翼采用前缘半径很小的并且很薄的翼型,超声速翼型通常有双弧形、菱形或楔形。

波阻对飞机的飞行性能影响很大,不仅消耗了发动机的功率,而且对升力和压力中心的位置都有影响。在跨声速范围内,飞机的阻力突然增大许多,升力起伏不定,作用在机翼上空气动力的压力中心也发生前后振荡。

其实在飞机飞行速度接近声速但还未达到声速的时候,飞机机体的某些部位,例如机翼上表面的气流速度就可能已经达到或超过声速了。于是在这些局部超声速区首先开始形成激波,称为局部激波。飞机开始产生局部激波的马赫数,称为临界马赫数。临界马赫数是亚声速和跨声速的分界点,此时所产生的局部激波同样也对飞机有的不利影响,尤其是局部激波后面的附面层很容易分离。机翼上表面的局部激波导致的附面层分离会使机翼升力下降,造成激波失速。

采用后掠角和薄翼型可以有效延迟激波失速,如图2.22所示。当 V 已经超过临界马赫数的速度时,垂直于机翼前缘的有效速度(V 的分量)$V\cos\Lambda_W$ 可能仍然低于临界马赫数时的速度,因此不会过早产生激波失速。现代大型客机的马赫数已达0.9以上,超过了临界马赫数(0.8左右),由于采用后掠角,这就延缓了激波阻力的产

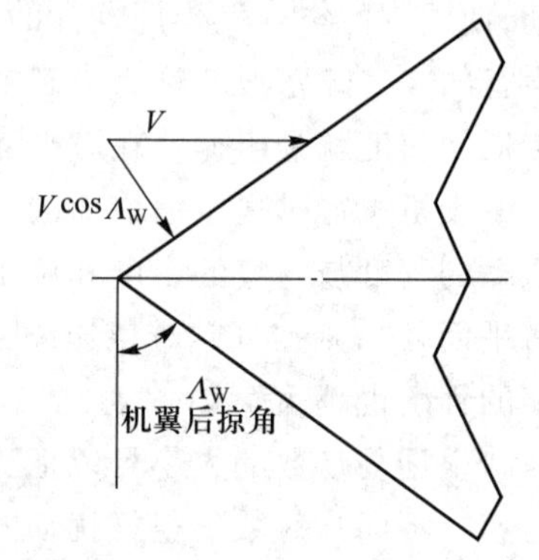

图 2.22 后掠翼的减小波阻作用

生,降低了飞行阻力。对于超声速飞机,采用大后掠角机翼会有效减弱激波强度,从而实现超声速飞行。

2.3.3 升阻比

升阻比是衡量一架航空器综合空气动力特性最基本的参数。升阻比是指航空器在飞行过程中,在同一飞行状态下的升力系数与阻力系数的比值,用 K 表示。由于升力系数与阻力系数的计算都有一个相同的动压(又叫速度头)$\frac{1}{2}\rho V^2 S$,所以升阻比也就是同一迎角下的升力与阻力之比。

$$K=\frac{C_L}{C_D}=\frac{L}{D} \tag{2-4}$$

对一般的固定翼飞机而言,低速和亚声速飞机的升阻比可达 17~18,超声速飞机的升阻比为 4~8。

2.3.4 极曲线

当飞机以一定的构型和速度(或马赫数)在一定的高度上飞行时,把不同迎角 α 所对应的升力系数 C_L、阻力系数 C_D绘制在同一坐标系上,所得到的曲线称为飞机的极曲线,如图 2.23 所示。

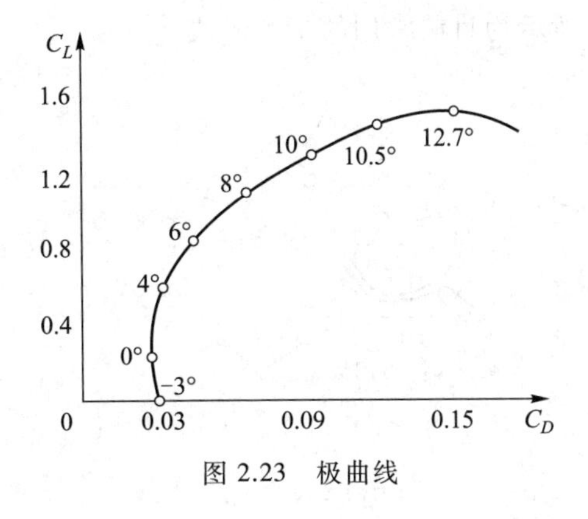

图 2.23 极曲线

过原点作极曲线的切线,就得出飞机的最大升阻比,显然这是飞机最有利的飞行状态。

无人机的极曲线是指用来表示无人机的升力系数对阻力系数关系的曲线。极曲线是衡量无人机气动特性的最重要的原始数据,空气动力学仿真软件(CFD)计算、风洞实验和飞行实验是获取无人机极曲线的主要途径。在计算或实验过程中,动力、飞行高度、重心、迎角是影响极曲线的关键因素,必须要考虑不同构型和飞行条件下的极曲线特性。

2.4 直升机飞行原理

2.4.1 直升机的旋翼系统和尾桨

直升机的旋翼系统由桨叶和桨毂组成,其主要功用是产生升力(旋翼拉力)、推力和操纵力。旋翼首先具有机翼的功能，产生向上的力；其次具有类似于飞机动力系统的功能，产生向前的推力；还具有类似于飞机操纵面的功能，产生改变机体姿态的俯仰力矩或滚转力矩。因此，旋翼系统是直升机上最复杂的部件，如图2.24所示。

图2.24 直升机的旋翼系统

由于发动机让主旋翼旋转，产生了对机身的反作用力，使得机身向反方向转动。为了避免机身不停地打转，就在尾巴上加个小的螺旋桨，称为尾桨，其方向和机身扭转方向相反。这样尾桨转动的时候，就能平衡机身的反扭。如果力量刚好一样大，机身保持直行方向，如果偏大或者偏小，机身就会向左或者向右转向。所以，尾桨可以平衡机身，还可以用来转向。

1. 桨叶

桨叶是提供升力的重要部件，对桨叶设计除去气动力方面的要求之外，还有动力学和疲劳方面的要求。旋翼桨叶的发展是建立在材料、工艺和旋翼理论基础上的。依据桨叶发展的先后顺序，它有混合式桨叶、金属桨叶和复合材料桨叶三种形式。

2. 桨毂

桨毂是桨叶和旋翼操纵系统的连接装置，桨毂的形式在很大程度上决定了旋翼系统的工作性能。图2.25所示为目前常用的桨毂形式。

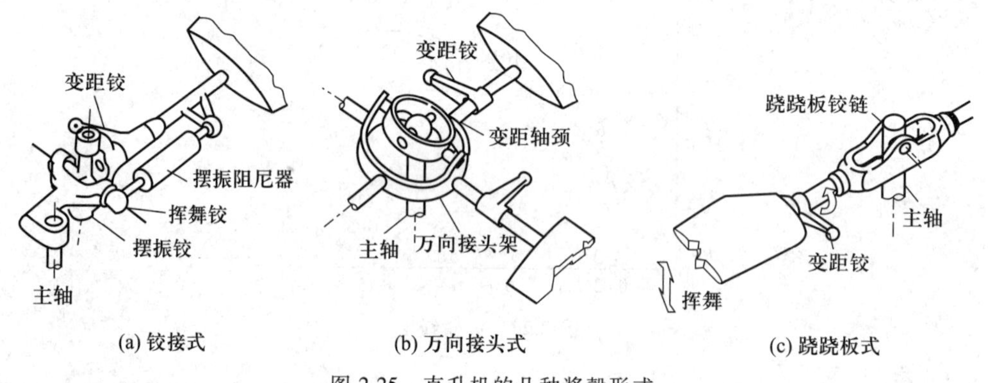

(a) 铰接式　(b) 万向接头式　(c) 跷跷板式

图2.25 直升机的几种桨毂形式

铰接式（又称全铰接式）旋翼桨毂是通过桨毂上设置挥舞铰（水平铰）、摆振铰（垂直铰）和变距铰（轴向铰）来实现桨叶的挥舞、摆振和变距运动。典型的铰接式桨毂铰的布置顺序（从里向外）是挥舞铰、摆振铰、变距铰。铰接式桨毂构造复杂，维护检修的工作量大，疲劳寿命低。

万向接头式旋翼桨毂的两片桨叶通过各自的轴向铰和桨毂壳体互相连接，而桨毂壳体又通过万向接头与旋翼轴相连。分别通过万向接头上不同的轴实现变距和挥舞运动。

跷跷板式旋翼桨毂由万向接头式旋翼桨毂发展而来，主要区别是桨毂壳体只通过一个挥舞铰与旋翼轴相连，这种桨毂构造比万向接头式简单一些，但是周期变距也是通过变距铰来实现。

万向接头式旋翼桨毂和跷跷板式旋翼桨毂与铰接式旋翼桨毂相比,其优点是桨毂构造简单,去掉了摆振铰、减摆器,两片桨叶共同的挥舞铰不负担离心力,只传递拉力及旋翼力矩,轴承载荷比较小,没有“地面共振”问题。

3. **自动倾斜器**

自动倾斜器一般由与操纵线系相连的不旋转件和与桨叶变距拉杆相连的旋转件组成。不旋转件通过轴承与旋转件相连。由操纵线系输入的操纵量,经过不旋转件转换成旋转件的上下移动和倾斜运动,再由旋转件通过与桨叶变距摇臂相连的桨叶变距拉杆去改变桨叶变距,使旋翼拉力的大小和方向改变,从而实现直升机的飞行操纵。倾斜器旋转件的转动由与旋翼桨毂相连的扭力臂带动。倾斜器在结构上要保证纵向、横向和总距操纵的独立性。

自动倾斜器无倾斜时,各片桨叶在旋转时桨距保持恒定;当它被操纵倾斜时,每片桨叶在旋转中周期性地改变桨距。变距拉杆转至倾斜器上位时桨距加大,桨叶向上挥舞;转至下位时桨距减小,桨叶向下挥舞。这样就形成旋翼旋转面的倾斜,使旋翼合力倾斜,产生一水平分力。直升机的前后和左右方向的飞行运动就是通过这种操纵实现的,称为周期变距操纵。当操纵(提或压)总距操纵摇臂相连的总距杆使自动倾斜器沿旋翼轴平行向上或向下滑动时,各片桨叶的桨距将同时增大或减小,使旋翼的升力增大或减小,直升机随之上升或下降,这种操纵称为总距操纵。直升机自动倾斜器的操纵原理图如图 2.26 所示。

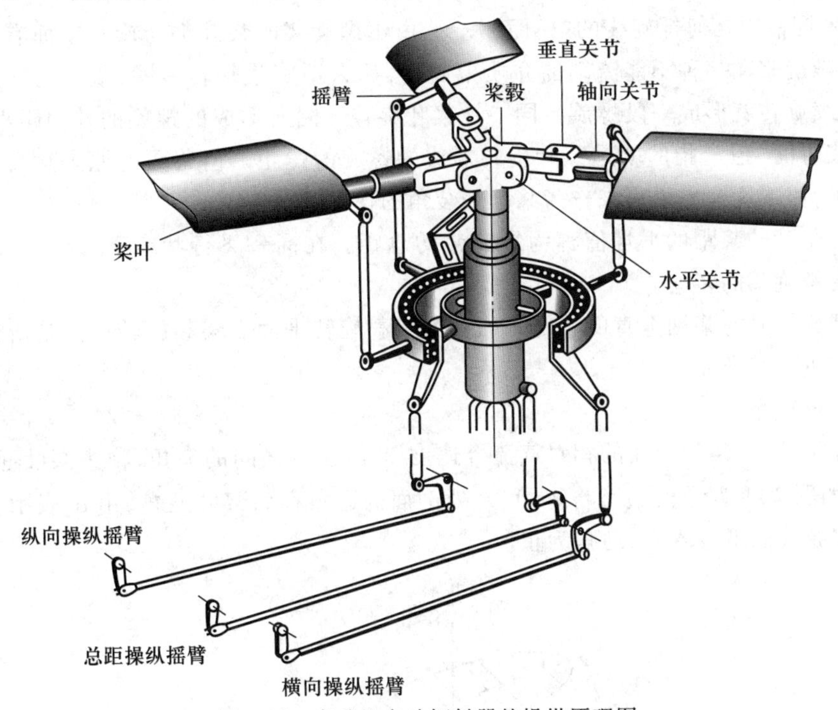

图 2.26 直升机自动倾斜器的操纵原理图

4. **尾桨**

尾桨是用来平衡反扭矩和对直升机进行航向操纵的部件,旋转着的尾桨还相当于一个垂直安定面，能对直升机航向起稳定作用。虽然尾桨的功用与旋翼的不同，但是它们都是由旋转而产生空气动力，在前飞时都处于不对称气流中工作的状态，因此尾桨结构与旋翼结构有很多相似之处，如尾桨的结构形式也包括跷跷板式、万向接头式、铰接式等。现代直升机还有一种较常用的涵道式尾桨。

2.4.2　桨叶的工作状态参数

1. 桨叶安装角

桨叶剖面的形状就是翼型。任意半径处桨叶剖面的弦线与桨毂旋转平面之间的夹角，称为该剖面的桨叶安装角(φ)，如图 2.27 所示。相对于桨毂旋转平面，桨叶前缘高于后缘，φ 为正。桨叶安装角随半径变化，其变化规律是影响螺旋桨工作性能最主要的因素。由于常用旋翼的桨叶剖面安装角多呈线性变化，因此把桨尖安装角与桨根安装角之差称为桨叶扭度，通常为 −5° ~ −10°。桨叶安装角过大，容易发生气流分离；桨叶安装角过小，螺旋桨容易发生超速，惯性离心力增大，使结构载荷过大，而且会降低螺旋桨的效能。

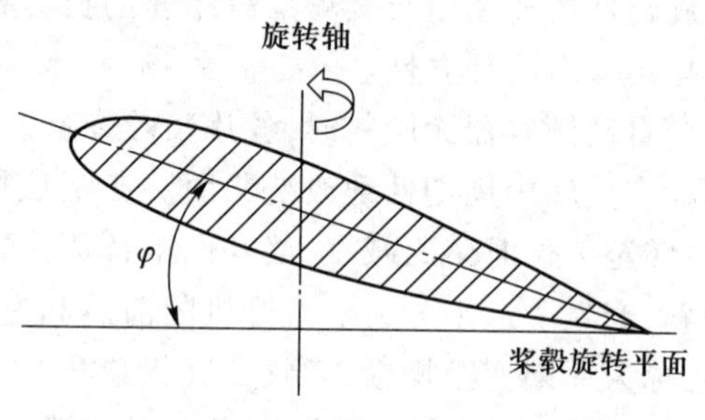

图 2.27　桨叶安装角

习惯上，把桨叶半径等于 $0.7R$ 处的剖面的安装角称为该桨叶的桨距，用 φ_7 表示。“桨距”一词借用几何螺旋线的“螺距”概念，由于螺旋桨的桨叶都与旋转平面有一个倾角，假设螺旋桨在一种不能流动的介质中旋转，那么螺旋桨每转一圈，就会向前进一个距离，连续旋转就形成一段螺旋。同一片桨叶旋转一圈所形成的螺旋的轴向距离，称为螺距。桨距的“距”，指的就是桨叶旋转形成的螺旋的螺距。但桨距的原来意义现在已经失去了，留下这个术语用来作为桨叶安装角的代词。

各片桨叶的桨距的平均值称为螺旋桨的总距。在同一飞行状态下，改变总距会相应地改变螺旋桨的转速。

桨毂旋转时与桨轴垂直的旋转平面称为桨毂旋转平面。桨毂旋转平面是研究旋翼和桨叶的重要基准面。

2. 桨叶迎角

桨叶旋转时，桨叶剖面的相对气流合速度 W 与弦线之间的夹角，称为桨叶迎角，用 α 表示，如图 2.28 所示。通常将 $r=0.7R$ 处剖面的迎角称为桨叶迎角，用 α_7 表示。相对气流从翼弦线的下方吹来，迎角为正。

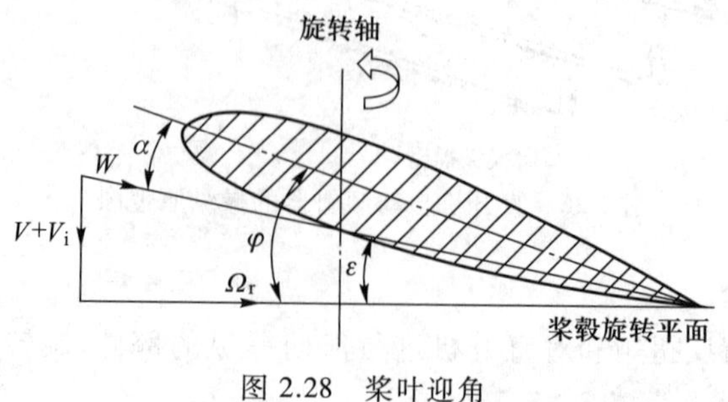

图 2.28　桨叶迎角

桨叶剖面的相对气流合速度由旋转相对气流速度(Ωr)和桨毂旋转平面的相对气流速度来确定。利用速度合成的方法,可以确定相对气流合速度的大小和方向。

3. **入流角**

相对气流合速度 W 与桨毂旋转平面一般是不平行的,它与桨毂旋转平面的夹角,称为入流角或来流角,用 ε 表示。合速度 W 从上方吹向桨毂旋转平面时,ε 为正;反之,从下方吹向桨毂旋转平面时,ε 为负。

安装角 φ、桨叶迎角 α、入流角 ε 三者之间的关系为

$$\alpha=\varphi-\varepsilon \tag{2-5}$$

当安装角一定时,入流角的大小和方向直接影响桨叶迎角的大小,因此它是影响螺旋桨空气动力的一个重要参数。

2.4.3 旋翼的工作状态参数

1. **旋翼直径与半径**

旋翼直径是指旋翼旋转时忽略挥舞,叶尖所画圆圈的直径,用 D 表示,如图 2.29 所示。它是旋翼性能的基本参数。一般情况下,旋翼直径增大,拉力随之增大,效率随之提高。所以,在结构允许的情况下尽量选直径较大的旋翼。此外,还要考虑旋翼桨尖气流速度不应过大($<0.7c$,c 为声速),否则可能出现激波,导致效率降低。

桨尖离桨毂中心的距离称为旋翼半径,$R=D/2$。任一桨叶剖面距离桨毂中心的半径则表示为 r,在桨叶上 $r=0.7R$ 处剖面的空气动力特性很有代表性,该剖面称为特征切面,r_7 即为特征切面半径。

2. **桨盘面积**

此外,旋翼旋转起来桨叶所掠过的面积称为桨盘面积,$A=\pi R^2$。桨盘面积的大小关系到产生旋翼拉力的大小,旋翼拉力的大小与桨盘面积成正比。

旋翼工作时,整个桨盘面积并不都能有效地产生拉力。因为空气从高压区自下而上绕过桨尖流向低压区,桨叶尖部的压差减小,旋翼桨盘外部一个狭窄的圆环处可以认为不产生拉力,如图 2.30 所示,在计算桨盘有效面积时应减去。

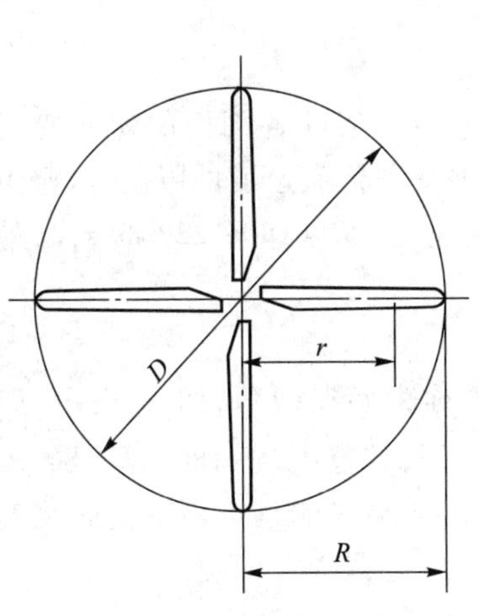

图 2.29 旋翼的直径与半径

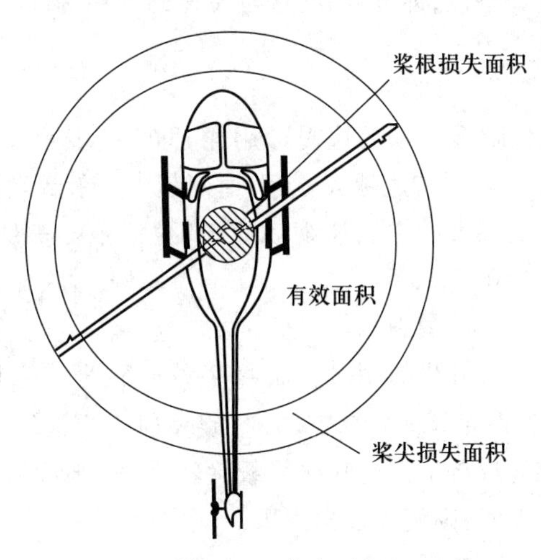

图 2.30 桨盘面积

此外，旋翼桨毂也不产生拉力。在前飞中，由于气流斜吹旋翼，桨盘中心部分不产生拉力。在180°到360°方位的桨叶靠近根部的某些部分，气流是从桨叶后缘吹来的，也不产生拉力。所以，在计算有效面积时也应减去旋翼桨盘面积的中心部分。

对旋翼产生拉力起作用的面积，称为桨盘有效面积。它比整个桨盘面积稍小，一般为整个旋翼桨盘面积的92%~96%。

3. 旋翼桨盘载荷

旋翼桨盘载荷就是旋翼单位桨盘面积所需承受的直升机的重量，即

$$P_{\mathrm{d}}=\frac{G}{\pi R^2} \tag{2-6}$$

其中：G为直升机的重量，R为旋翼半径。从式中可见，相同的重量下，旋翼直径越小，意味着直升机旋翼桨盘载荷越大。但是，旋翼桨盘载荷越大，需要的诱导功率也就增大，这对于直升机的悬停工作状态是十分不利的。

旋翼桨盘载荷是直升机飞行性能的一个重要参数。在选择直升机旋翼桨盘载荷时，一般要符合最大速度状态、悬停状态和旋翼自转飞行状态的要求。

4. 旋翼桨叶数目与实度

桨叶数目是指一个旋翼具有桨叶的数量，用B表示。可以认为旋翼的拉力系数和功率系数与桨叶数目成正比。在旋翼直径受到限制时，可采用增加桨叶数目的方法使旋翼与发动机获得良好的配合。增加桨叶数目必须考虑两个问题：① 增加桨叶数目会降低旋翼的效率，这是因为当旋翼旋转时，对于包围桨叶的扰流，数目多的桨叶要比数目小的桨叶大；② 每增加一片桨叶，旋翼的质量要增加。

旋翼全部桨叶实占面积与整个桨盘面积的比值，称为旋翼实度，也称为桨盘固态性或填充系数，用σ表示。它的影响与桨叶数目的影响相似。随着实度增加，拉力系数和功率系数也增大。

5. 旋翼转速与角速度

旋翼每分钟旋转的圈数，称为旋翼转速，用n表示。角速度是以每秒钟所转过的弧度为单位，即rad/s。它与转速的关系为

$$\Omega=2\pi\frac{n}{60}=\frac{\pi n}{30} \tag{2-7}$$

旋翼转动的快慢可用角速度Ω表示，桨尖速度为ΩR，桨叶各剖面的切向速度为Ωr。旋翼转速越大，桨尖速度越大。旋翼转速的增加要受到桨尖速度的限制，以避免桨尖出现大的空气压缩效应，产生激波。一般限制桨尖速度$\Omega R=180\sim220$ m/s，马赫数$Ma=0.55\sim0.6$。

6. 旋翼迎角

直升机的相对气流与桨毂旋转平面之间的夹角，称为旋翼迎角，用α_R表示，如图2.31所示。飞行状态不同，旋翼迎角的正负和大小也不同，其范围从-180°到+180°。如果气流自下而上吹向桨毂旋转平面，则旋翼迎角为正。如果气流自上而下吹向桨毂旋转平面，则旋翼迎角为负。

7. 旋翼锥角

旋翼锥角是桨叶与桨尖轨迹平面之间的夹角，用α_0表示。锥角的产生是由于桨叶

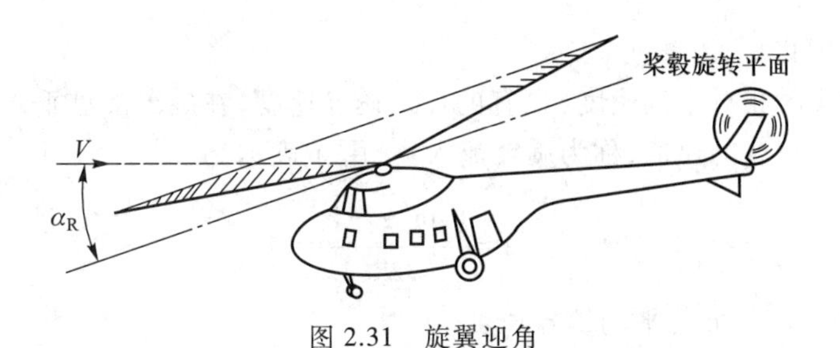

图 2.31 旋翼迎角

承受大载荷而引起的,实际上锥角并不大,仅有 3°~5°。旋翼锥角对桨盘面积有影响,旋翼锥角小,桨盘面积大;旋翼锥角大,桨盘面积小。

旋翼不旋转时,桨叶收到自身重力的作用而下垂,如图 2.32a 所示。旋翼旋转时,每片桨叶上的作用力除自身重力外,还受到空气动力和惯性离心力的综合作用,使得桨叶保持在与桨毂旋转平面成某一角度的位置上,旋翼形成一个倒立的锥体,如图 2.32b 所示。

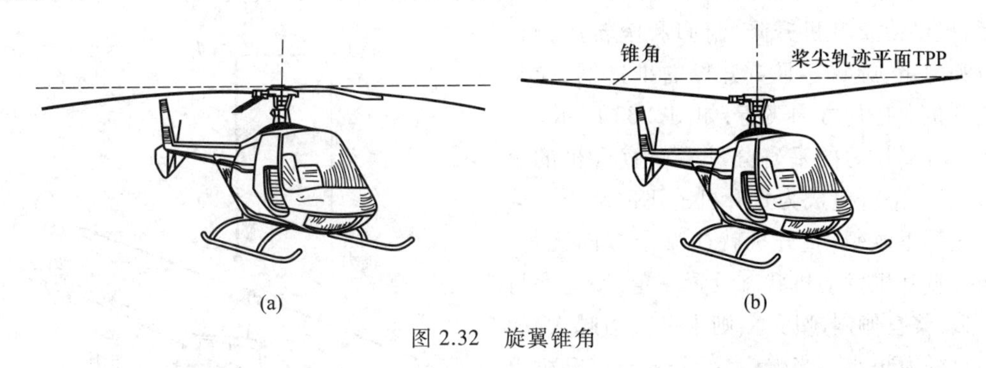

图 2.32 旋翼锥角

直升机悬停状态时,桨叶从桨毂旋转平面扬起的角度也是旋翼锥角。

旋翼旋转时,桨尖划过的圆面称为桨尖轨迹平面(tip path plane,TPP),也称为桨盘,如图 2.32b 所示的锥体底面。桨尖轨迹平面也是研究旋翼和桨叶的重要基准面。

8. 前进比

直升机前飞时相对来流速度在旋翼桨盘上的投影与桨尖的旋转线速度之比,称为前进比,也称为旋翼工作状态特性系数,用 μ 表示,即

$$\mu=\frac{V\cos\ \alpha_{\mathrm{R}}}{\Omega R} \tag{2-8}$$

水平飞行中,旋翼迎角较小,其余弦值接近于 1,可近似地把飞行速度与桨尖切向速度的比值当作 μ,即

$$\mu=\frac{V}{\Omega R} \tag{2-9}$$

前进比 μ 表示流过旋翼的气流不对称的程度,是确定旋翼工作条件的一个重要的特征参数,也是空气动力计算的一个基本参数。

前进比 μ 的大小随飞行速度大小的改变而改变。在垂直飞行或悬停状态中,$\mu=0$。以最大速度平飞时,μ 可达 0.35~0.4。μ 值增大,就意味着飞行速度增大,或者旋翼转速减小。μ 值过大会引起旋翼拉力降低,这对旋翼的工作是不利的。

9. **旋翼入流比**

直升机前飞时相对来流速度(也有的计入诱导速度)在旋翼桨盘垂直方向上的投影与桨尖的旋转线速度的比值,称为旋翼流入比,用 λ 表示。

$$\lambda = \frac{V\sin \alpha_R - \overline{V}_i}{\Omega R} \tag{2-10}$$

式中:V_i 为桨毂旋转平面的平均诱导速度。

入流系数 λ 也是表示直升机飞行状态的一个重要的特性系数。

直升机在平飞和上升状态时,旋翼迎角是负值,故 λ 总为负值。此时,轴向气流自上往下流入旋翼。如果直升机在下降状态,旋翼迎角为正,则 λ 可能为正,也可能为负。

2.4.4 旋翼的气动力特性

1. **旋翼的作用**

旋翼不仅是直升机的升力面,产生使直升机升空的升力,旋翼又是直升机的操纵面,提供使直升机升降、俯仰和滚转的操作力和力矩,旋翼还是直升机的推进器,拉动直升机向任何方向飞行,如图 2.33 所示。

旋翼拉力的垂直分量平衡直升机的重力,而水平分量成为直升机前飞的动力。桨盘往哪里倾斜,直升机就往哪个方向飞行。如果直升机发动机状态设置一定,空速保持一致,桨盘倾斜越厉害,则水平分力越大,而垂直分力越小。当然,水平分力与直升机阻力方向相反,水平分力大于阻力时,直升机水平加速;阻力增加到大于水平分力时,直升机就减速,最终直升机在水平分力和阻力相等的情况下保持匀速飞行。同理,如果直升机保持高度飞行,此时需要垂直分力与直升机重力相等,否则就会使直升机爬升或下降。

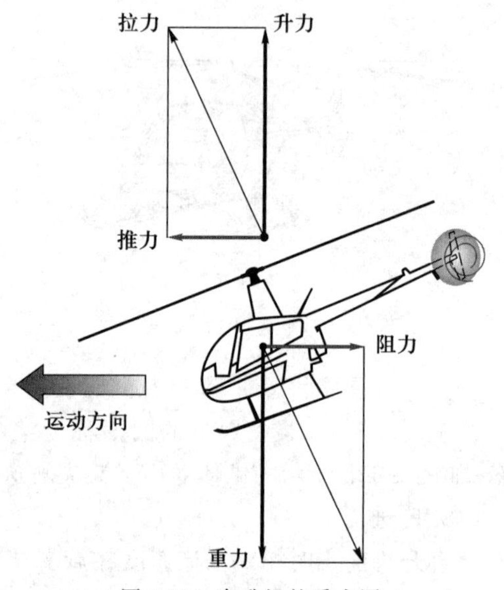

图 2.33 直升机的受力图

2. **旋翼拉力**

旋翼的运动方式与固定翼飞机的机翼的区别在于,旋翼的桨叶除了随机体一起作直线或曲线运动外,还绕旋翼轴不断旋转,因此桨叶的空气动力现象比机翼的复杂得多。旋翼桨叶旋转会产生相对旋转气流,其特点是平行于桨盘,与旋翼旋转方向相反。要分析旋翼拉力,必须分析桨叶的受力情况。空气在旋翼作用下向下排压,引起气流下洗而产生诱导气流,作用在桨叶上的合成气流就是相对旋转气流和诱导气流的合成。桨叶升力的大小与合成相对气流的大小和方向有关,这直接影响旋翼拉力。

以直升机垂直飞行为例分析,从旋翼上截取一小段长度为 Δr 的桨叶(桨叶微元称为叶素)来研究桨叶上的气动特性。如果直升机以速度 V 垂直上升,桨叶以角速度 Ω 旋转,桨叶不同半径处的圆周速度为 Ωr,旋转轴处 $r=0$,则无圆周速度,桨尖处的圆周速度

为 ΩR。如图 2.34 所示，在某段处桨叶剖面的相对合成气流 W 为 $V+V_i$（上升速度 V 和诱导速度 V_i 之和）与 Ωr 的矢量和，由此可见，不同 r 处合成速度 W 的大小和方向都是变化的。

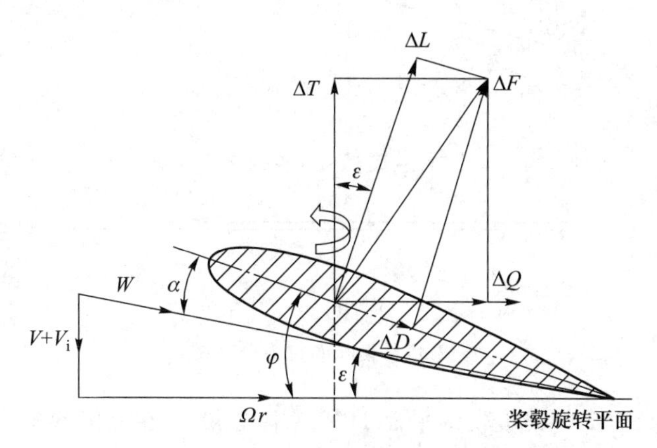

图 2.34 垂直上升时的叶素空气动力

类似机翼翼型的升力公式，作用在叶素上的升力表示为

$$\Delta L=\frac{1}{2}C_L\rho W^2 c\Delta r \tag{2-11}$$

可以看出，当空气密度 ρ 和叶素的投影面积 $c\Delta r$ 一定时，作用在叶素上的升力大小与相对气流速度 W 的平方成正比，方向垂直于相对气流方向；同时与该段桨叶的迎角成正比（在临界迎角范围内，C_L 与 α 成正比）。根据空气动力学特点，平行于相对气流方向，且作用方向相反的气动力，就是叶素的气动阻力 ΔD。

对于旋翼具有实际意义的是空气动力在旋转轴方向的作用力，叶素的升力 ΔL 和叶素的阻力 ΔD 的合力为 ΔR，其在旋转轴上的分力 ΔT 称为叶素拉力。而各段叶素的拉力方向一致，与旋转轴平行。由图 2.34 可知，叶素升力和叶素拉力的关系表示为

$$\Delta T=\Delta L\cos\varepsilon-\Delta D\sin\varepsilon \tag{2-12}$$

通常，入流角 ε 较小时（一般 $\varepsilon<10°$），可近似认为 $\cos\varepsilon=1$，即可以近似认为各翼型的拉力 $\Delta T=\Delta L$。建立在叶素基础上的多段桨叶拉力的总和就是该桨叶的拉力 T_b。

必须说明，各叶素拉力大小是不相等的。一般来说，越靠近桨尖，相对气流速度越大，产生的拉力也越大。但对于带有一定扭角的桨叶来说，因桨叶的安装角小，加之受桨尖涡流的影响，故有效迎角减小，造成桨尖产生的拉力并非最大，一般桨叶拉力的分布情况如图 2.35 所示。因此，桨叶拉力的着力点，通常位于距旋转轴为旋转半径的 70%~75%处，可以认为旋翼拉力作用在桨叶的特征切面处。

然后，可以将每片桨叶的拉力视作桨叶半径由 0 至 R 的叶素升力的定积分，同时考虑损失系数 k，则

$$T_b=k\int_0^R\Delta L=k\int_0^R \mathrm{d}L \tag{2-13}$$

旋翼所有桨叶拉力 T_b 之和就是该旋翼的总拉力 T，可表示为

$$T=BT_b \tag{2-14}$$

式中，T 为旋翼拉力，B 为桨叶数目，T_b 为桨叶拉力。

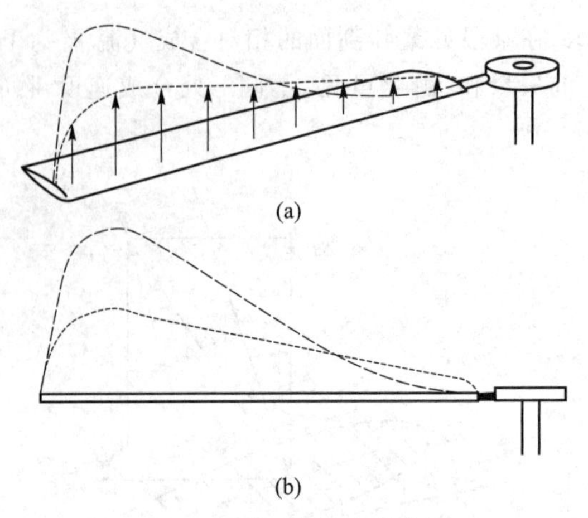

图 2.35 桨叶的拉力分布图

直升机旋翼拉力 T 与桨尖轨迹平面 TPP 基本成 90°。在悬停状态下，旋翼还受到一个近似水平方向的力，即惯性离心力，它与旋翼拉力一起使旋翼形成倒立锥体，如图2.36 所示。如果直升机前飞或侧飞，桨尖轨迹平面 TPP 倾斜，则旋翼拉力 T 也随之倾斜。

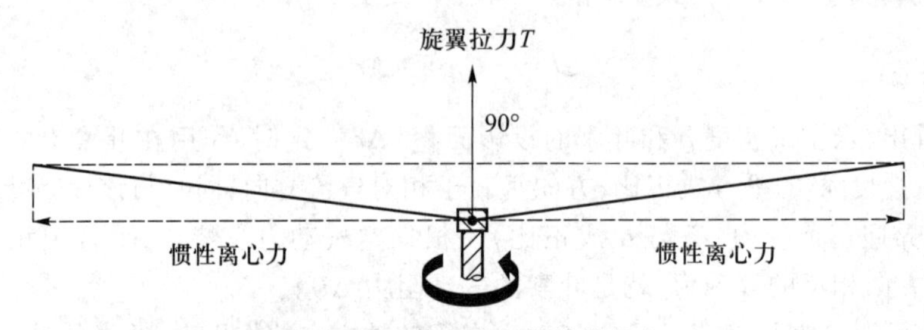

图 2.36 悬停状态下的旋翼状态

在旋翼转速一定的情况下，惯性离心力也保持固定，如果直升机重量小，只需要小的旋翼拉力来平衡重力，旋翼的锥角小；如果重量大，则锥角也大。

当直升机前飞时，相对气流与旋转轴不平行，出现斜流。为了进一步分析，引入旋翼构造轴系 $O_S x_S y_S z_S$，如图 2.37 所示。斜流的方向可在旋翼构造轴系中表示，构造轴系的 O_S 取桨毂中心，y_S 取旋转轴方向，向上为正，x_S 在旋转平面内，其方向与直升机纵轴 Ox

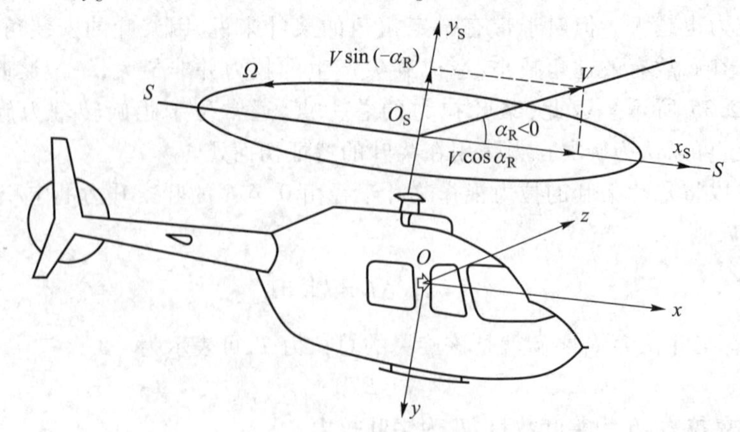

图 2.37 直升机前飞时旋翼上的外力及其分解

平行，z_S轴垂直于$x_SO_Sy_S$面，其方向当旋翼左旋时由左手定则决定，右旋时用右手定则决定，旋转平面用$S—S$表示。

相对气流速度V与构造平面之间的夹角即为旋翼迎角α_R。直升机垂直上升时，$\alpha_R=-90°$；垂直下降时，$\alpha_R=90°$；平飞时，一般$\alpha_R=-5°\sim-10°$，即低头平飞。将V分解后可得沿x_S轴的速度分量为$V\cos\ \alpha_R$，沿转轴方向在y_S轴上的分量为$V\sin(-\alpha_R)$。

直升机前飞时，桨叶的气动特性可采用类似于垂直飞行时的状态进行描述。图2.38a描述了前飞时作用于桨叶的周向来流速度及径向来流速度。桨叶径向来流速度为$V\cos\ \alpha_R\cos\ \Psi$，周向来流速度为$(\Omega r+V\cos\ \alpha_R\sin\ \Psi)$。沿旋转方向桨叶的周向来流速度是直升机空气动力的重要因素之一，可表示为V_x，即

$$V_x=\Omega r+V\cos\ \alpha_R\sin\ \Psi \tag{2-15}$$

式中，V_x与旋转桨叶的方位角ψ密切相关。当方位角$\Psi=90°$时，V_x值最大；当方位角$\Psi=270°$时，V_x值最小。

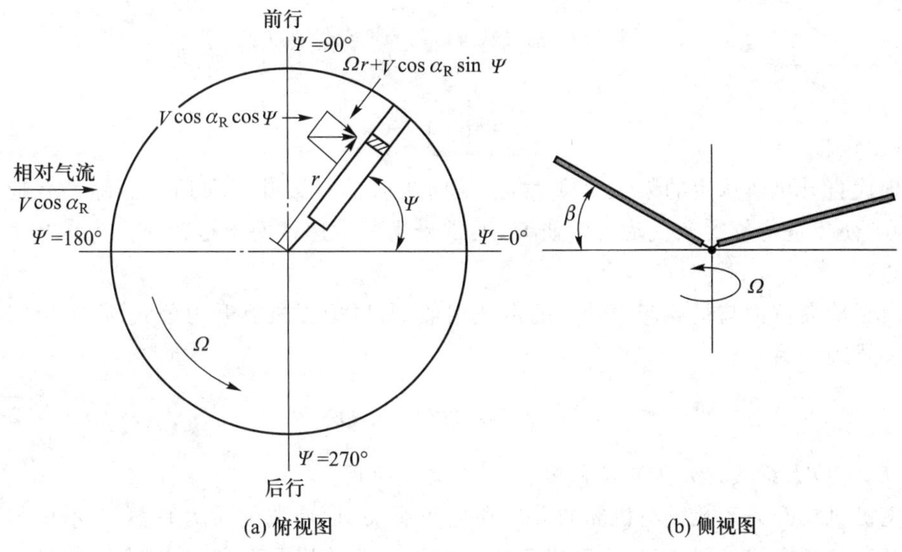

(a) 俯视图　(b) 侧视图

图 2.38　桨叶的相对速度

图2.38b所示为旋转中的旋翼侧视图，可以确定桨叶的挥舞角β，挥舞角随着直升机飞行状态以及桨叶方位角的变化而变化。

在了解直升机前飞时的周向来流速度分布之后，就可以分析前飞状态时作用于桨叶上的空气动力，如图2.39所示。

与y_S方向相反的速度称为桨叶轴向来流速度，用V_y表示，即

$$V_y=V\sin(-\alpha_R)+V_i+V_\beta \tag{2-16}$$

式中，$V\sin(-\alpha_R)$为前飞速度引起的轴向来流速度，V_i为构造旋转平面的诱导速度，V_β为挥舞时相对气流速度。

可以看出，前飞时的旋翼拉力与垂直飞行状态的旋翼拉力表达式一致，只是叶素升力和阻力在旋转轴上的分量不一样而已。

前飞时桨叶的入流角可以表示为

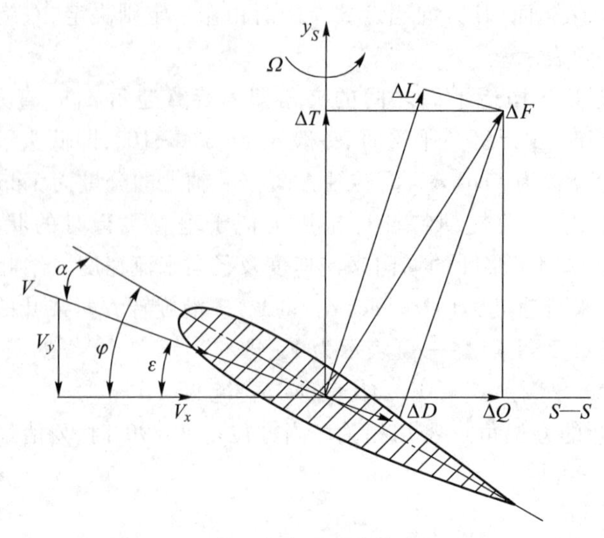

图 2.39 前飞状态时的叶素空气动力

$$\varepsilon=\arctan\frac{V_y}{V_x} \tag{2-17}$$

现代直升机所选定的桨尖速度大小，是前飞时前行桨叶不会遇到压缩性效应。所以，为了便于进行旋翼空气动力学研究，通常采用桨尖速度而不是转速作为参数来衡量旋翼速度。

由于旋翼拉力与机翼产生升力的道理相似，所以根据机翼升力公式，也可以将旋翼拉力公式表示为

$$T=\frac{1}{2}C_T\rho(\Omega R)^2(\pi R)^2 \tag{2-18}$$

式中：C_T为拉力系数，ΩR 为桨尖速度，πR^2为桨盘面积。

飞机机翼升力系数只与机翼的翼型和迎角有关，而旋翼的拉力系数 C_T不仅与桨叶的翼型和迎角有关，还与旋翼实度成正比。对于一般的旋翼而言，其拉力系数可采用以下近似计算公式：

$$C_T=0.3\sigma C_{y7} \tag{2-19}$$

式中：C_{y7}为各桨叶的特征切面（$r=0.7R$）处的升力系数平均值，取决于桨叶翼型和该切面平均迎角的大小；σ 为旋翼实度。

固定翼飞机在平飞时，为了保持足够的升力来平衡其重力，在其他飞行条件不变的情况下，飞行速度和机翼迎角为一一对应关系，迎角大，升力系数大，平飞所需速度小；迎角小，升力系数小，平飞所需速度大。对于直升机来说，飞行速度不论是增大还是减小，旋翼的拉力系数 C_T应保持基本不变，才能保持旋翼的拉力与直升机的重力基本相等。由于同型直升机的旋翼实度、半径一定，旋翼转速不变时，要保持旋翼拉力，必须使拉力系数 C_T不变，这就要求桨叶的平均迎角不随飞行速度变化。如果外界因素导致桨叶迎角发生改变，则必须改变旋翼总距，促使桨叶的平均迎角基本保持不变。

3. 旋翼阻力

当旋翼转动时，不仅产生拉力，而且还会产生阻止旋翼旋转的阻力。为了保证旋翼

作稳定旋转,必然要消耗一定功率。因此,了解旋翼旋转阻力和所需功率产生的原因、影响因素和不同情况下旋翼所需功率的变化,对正确选择旋翼工作状态是很重要的。

阻止旋翼旋转的空气动力,称为旋翼旋转阻力,简称旋翼阻力,用 Q 表示。旋翼阻力与桨毂旋转平面平行、而方向与旋转方向相反。按产生原因的不同,旋翼阻力可分为翼型旋转阻力 Q_b、诱导旋转阻力 Q_i、上升旋转阻力 Q_c、废阻旋转阻力 Q_p。图 2.40 所示为某飞行状态下总阻力和各阻力与空速之间的关系曲线。

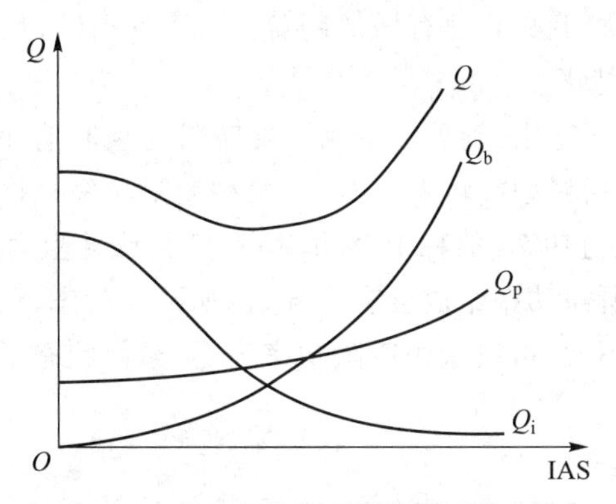

图 2.40 某飞行状态下的旋翼阻力曲线

旋翼旋转时,空气沿着相对气流合速度的方向流过桨叶。在气流流过桨叶表面时,由于空气具有黏性,贴近桨叶表面受到挤压而形成一层很薄的附面层。附面层中气流速度由外层主流速度向内层逐渐降低到零。在附面层内,之所以气流越贴近翼面其速度越小,原因是流动的空气受到桨叶表面沿旋转方向给它作用力的结果。根据作用力与反作用力定律,这些被减慢的空气必然要给桨叶一个沿着旋转方向相反的反作用力。这个反作用力就是桨叶表面产生的摩擦阻力,用 Q_b 表示,等于附面层中流体动量的损失。

旋翼旋转产生拉力时,桨毂旋转平面内就有诱导速度 V_i,诱导速度会使入流角 ε 增大一角度 ε_i。这时相对气流合速度 W 偏离桨毂旋转平面,会引起桨叶升力向桨叶后缘倾斜,由此产生的旋转阻力称为诱导旋转阻力,用 Q_i 表示。如果桨叶的相对气流越快,入流角变化值越小,诱导旋转阻力越小。在固定转速下,桨叶下洗程度受到桨叶迎角的影响,桨叶迎角越大,下洗程度越强,则产生的诱导旋转阻力越大。

直升机上升时,其上升引起的相对气流与诱导速度相同,引起桨叶的相对气流合速度 W 更加偏离桨毂旋转平面,使桨叶升力向后的倾斜角增大,旋转阻力增加。由此原因所增加的旋转阻力称为上升旋转阻力,用 Q_c 表示。

以直升机平飞为例,为了克服机身、起落架等装置所产生的空气阻力,旋翼锥体必须向前倾斜一个角度。这时,相对气流 V 在旋翼锥体轴线方向的分速,其方向与旋翼的诱导速度的方向一致,使桨叶的入流角增大,桨叶的相对气流合速度 W 更加偏离桨毂旋转平面而引起旋转阻力增大。由此原因所产生的旋转阻力称为废阻旋转阻力,用 Q_p 表示。

综上所述,旋翼旋转阻力为所有桨叶的翼型旋转阻力 Q_b、诱导旋转阻力 Q_i、上升旋转阻力 Q_c、废阻旋转阻力 Q_p 之和,可表示为

$$Q = Q_b + Q_i + Q_c + Q_p \tag{2-20}$$

显然,式中第一项 Q_b 是由桨叶空气阻力 D_b 在桨毂旋转平面上的分力形成,后三项则是由桨叶升力 L_b 在桨毂旋转平面上的分力形成。

由旋转桨叶产生的旋转阻力所形成的力矩称为旋转阻力矩,其大小与旋转阻力着力点到旋翼轴的距离大小有关,其方向与桨叶旋转方向相反。旋翼的旋转阻力矩是所有桨叶的旋转阻力矩之和,用 M_D 表示。这个力矩通常由发动机曲轴产生的旋转力矩 M_T 来平衡。当 $M_D < M_T$ 时,旋翼转速有增加趋势;当 $M_D > M_T$ 时,旋翼转速有减小趋势;当 $M_D = M_T$ 时,旋翼转速保持不变。

直升机的各种飞行状态中,旋翼为了克服旋转阻力矩所消耗的功率,称为旋翼所需功率。旋翼所需功率包括翼型旋转阻力功率(简称型阻功率)、诱导旋转阻力功率(简称诱导功率)、上升旋转阻力功率(简称上升功率)和废阻旋转阻力功率(简称废阻功率)。对某些飞行状态,旋翼所需功率组成会有差异,例如平飞状态下,上升功率为零;垂直飞行状态时,因飞行速度不大,可以认为废阻功率为零;悬停状态下,上升功率和废阻功率都为零。

2.5 多旋翼无人机飞行原理

靠桨叶在空气中旋转将发动机转动功率转化为推进力或升力的装置,简称螺旋桨。它由多个桨叶和中央的桨毂组成,桨叶好像一扭转的细长机翼安装在桨毂上,发动机轴与桨毂相连接并带动它旋转。喷气发动机出现以前,所有带动力的航空器多以螺旋桨作为产生推动力的装置。螺旋桨至今仍用于装活塞式螺旋桨和涡轮螺旋桨发动机的亚声速飞机。直升机旋翼和尾桨也是一种螺旋桨。

多旋翼无人机与直升机应该都属于“旋翼类”航空器,但多旋翼无人机一般采用结构简单的双叶桨,如图2.41所示。由于只使用简单的螺旋桨作为“旋翼”的小型多轴垂直起降无人机的迅速发展,人们已习惯将这类多旋翼无人机与传统的直升机区分,另立为一类“多旋翼无人机”。尽管直升机也有双旋翼型和四旋翼型的,但是直升机的旋翼系统通常要比螺旋桨复杂得多,所以与单纯的螺旋桨无人机分立也是有道理的。

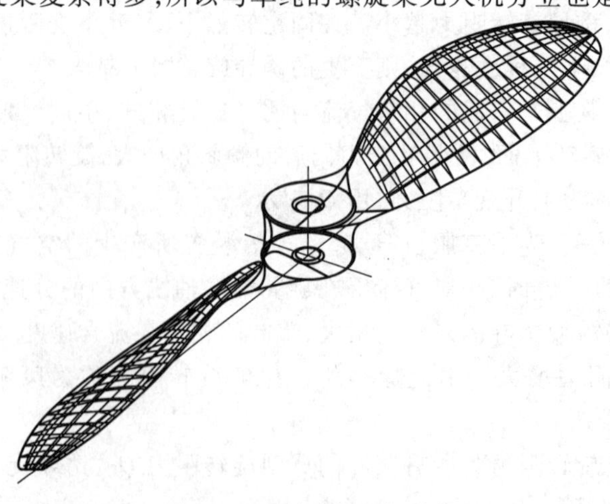

图2.41 双叶桨的几何形状

我们常说的“多旋翼无人机”实际上是多轴螺旋桨无人机。常规的单轴直升机是依靠一个轴的主旋翼旋转产生的拉力以及控制转轴的方向来进行升降和水平飞行运动的。为了避免主旋翼产生的转矩而使机身不停地打转，就在机身尾巴上加个小的尾桨来平衡主旋翼的反扭矩。直升机的前进后退，左右移动，也必须靠主旋翼的倾斜来完成。

多旋翼无人机的转动力矩平衡就比直升机方便得多，可利用一对螺旋桨的正、反转动产生反方向的扭矩来实现平衡，因此多旋翼无人机通常设计成偶数多轴旋翼机，如四旋翼、六旋翼或八旋翼等。同时，多旋翼无人机也省去了直升机长长的尾梁和尾桨，因此体积很小。

多旋翼无人机通过调节各个旋翼的转速实现升力的变化，从而控制飞行器的姿态和位置。如图 2.42 所示的四旋翼无人机，当飞行器悬停时，拉力正好抵消重力，四个螺旋桨拉力产生的滚转力矩、俯仰力矩、偏航力矩均为零，四个螺旋桨反扭矩效应均被抵消。如果同时同量地增加四个螺旋桨的转速，则螺旋桨产生的总拉力增大，因此拉力大于重力，而力矩的矢量和依然为零，四旋翼就会上升；反之则下降。

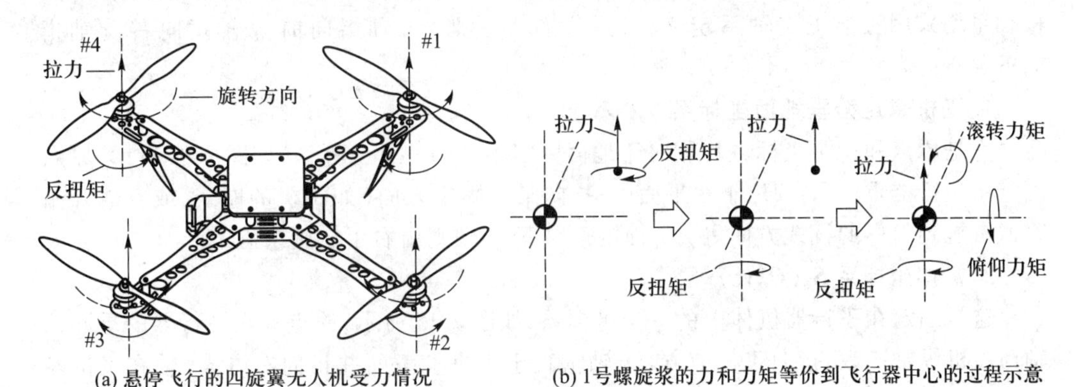

图 2.42 四旋翼无人机悬停时的气动力

如图 2.43 所示，当飞行器前后飞行时，同时同量降低螺旋桨#1、#4 的转速，同时同量提高螺旋桨#2、#3 的转速，会引起四旋翼俯仰。然后，拉力会产生向前或向后的分量，操纵飞行器前后运动。可以看到，改变俯仰后，倾斜拉力的垂直分量会减小，将不再等于多旋翼的重力，因此需要增加拉力，使其垂直方向的分力足以抵消重力。

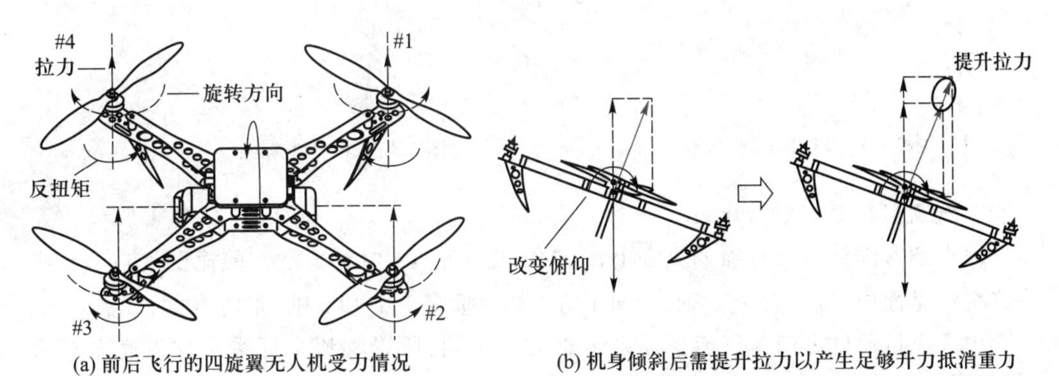

图 2.43 四旋翼无人机前后飞行时的气动力

同理,如果同时同量降低螺旋桨#1、#2 的转速,同时同量提高螺旋桨#3、#4 的转速,这将产生不平衡力矩使机身侧向滚转倾斜,拉力会产生侧向的分量操纵飞行器侧向运动;如果同时同量降低螺旋桨#2、#4 的转速,同时同量提高螺旋桨#1、#3 的转速,这将使俯仰力矩和滚转力矩为零,但顺时针或逆时针的偏航力矩增加,将操纵飞行器偏航运动。

2.6 固定翼无人机的受力平衡

2.6.1 无人机运动的坐标系

无人机在空中飞行,为了描述飞机的运动状态,必须选择适当的坐标系。例如,飞机相对于地面的位置,就必须采用地面惯性坐标系;飞机的转动用机体坐标系表示;飞机的轨迹运动可采用速度坐标系表示。

目前国内普遍使用的有欧美和苏联两种坐标系,这里介绍的是欧美坐标系。其坐标轴系均采用三维正交轴系定义,且遵守右手法则。x 轴指向前,y 轴指向右,z 轴指向下。

1. 飞机牵连铅垂地面坐标系 $S_g(Ox_gy_gz_g)$

它是原点和三个坐标轴均相对于地面固定不动的一种坐标系,如图 2.44 所示,原点固定于飞行器重心,x_g轴位于水平面内,指向某一固定方向(如飞机的航线,或空战开始时截击机到目标的视线方向等),z_g轴铅垂向下,y_g轴则由右手定则来确定。

2. 机体坐标系 $S_b(Oxyz)$

这是固定在飞行器机体上的一个坐标系,如图 2.45 所示,原点取在飞行器的重心,x 轴与飞机纵轴一致,指向飞机前方。y 轴垂直于飞机参考面并指向右方。z 轴在飞机参考面内并且垂直于纵轴,指向下方。

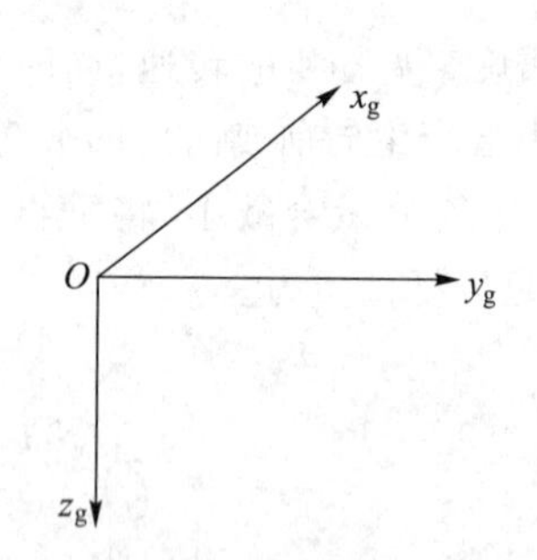

图 2.44 飞机牵连铅垂地面坐标系

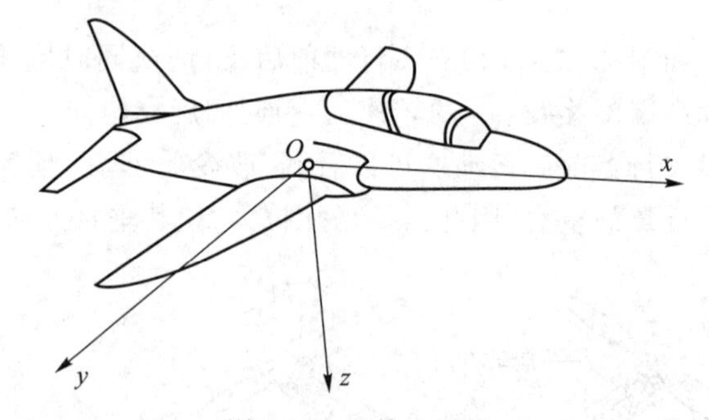

图 2.45 机体坐标系

3. 气流坐标系 $S_a(Ox_ay_az_a)$

原点通常固连在飞行器的重心上,x_a轴沿飞行速度(相对于空气的速度)方向,z_a轴在飞机参考面内,且垂直于 x_a轴,指向下方。y_a轴垂直于 x_a和 z_a轴,指向右方。

由于飞机速度方向与气流坐标系 x_a轴方向相同,所以气流坐标系又称为速度坐标系,如图 2.46 所示。

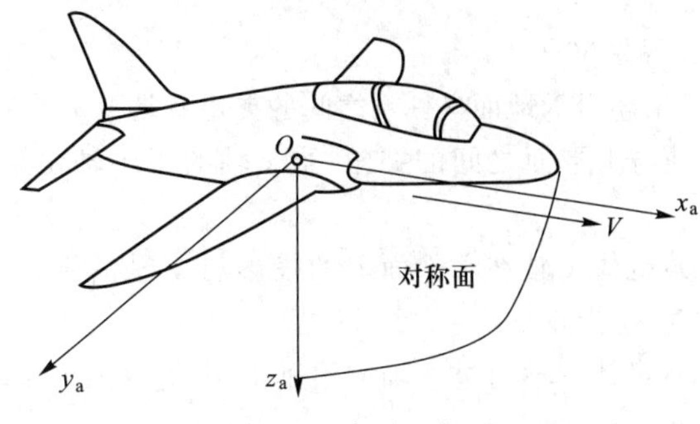

图 2.46 气流坐标系

4. 稳定性坐标系 $S_s(Ox_sy_sz_s)$

如图 2.47 所示,原点 O 取在飞机重心处,坐标系与飞机固连;x_s 轴与飞行速度 V 在飞机参考面内的投影重合一致;z_s 轴在飞机参考面内与 x_s 轴垂直,并指向下方;y_s 轴垂直于参考面指向右方。

5. 航迹坐标系 $S_k(Ox_ky_kz_k)$

航迹坐标系又称弹道固连坐标系,如图 2.48 所示。它的原点 O 位于飞行器重心,坐标系与飞机固连。x_k 轴沿航迹速度方向;z_k 轴在包含 x_k 轴的铅垂平面内垂直于 x_k 轴并指向下方;y_k 轴垂直于平面 x_kOz_k,指向右方。

由定义可知,当风速不等于零时,航迹坐标系的坐标轴与气流坐标系的坐标轴的方向是不同的;只有风速等于零时,两者方向才一致。

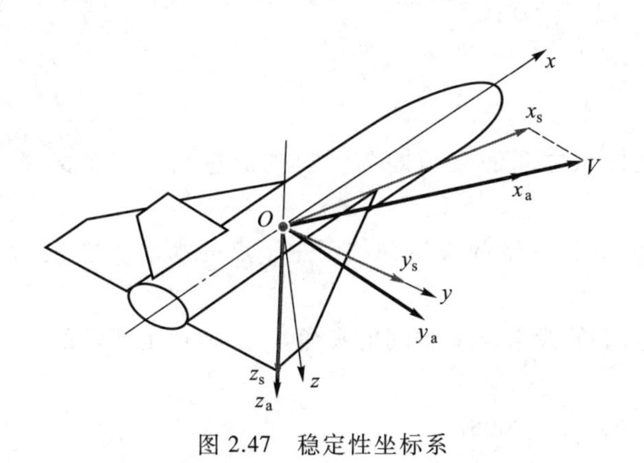

图 2.47 稳定性坐标系

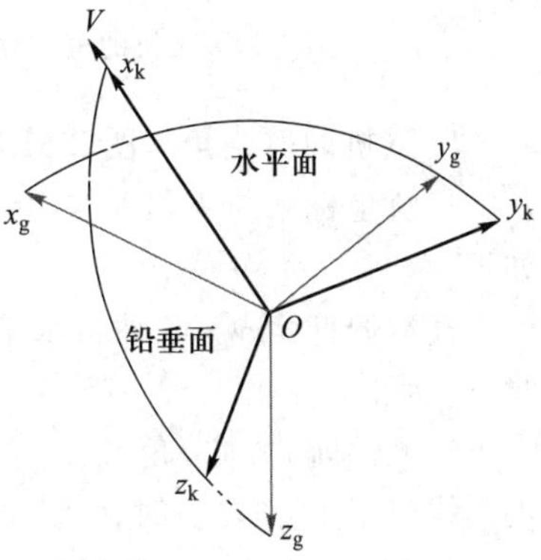

图 2.48 航迹坐标系

2.6.2 无人机坐标系的转换

1. 飞机的气动角

机体坐标系与气流坐标系之间的角度就是飞机运动的气动角,即迎角 α 和侧滑角 β,如图 2.49 所示。

迎角 α:飞行速度在飞机参考面上的投影与机体坐标系 x 轴的夹角,当飞行速度沿 z 轴的分量为正时迎角为正。

侧滑角 β:飞行速度与飞机参考面的夹角,当飞行速度沿 y 轴的分量为正时侧滑角为正。

2. 飞机的姿态角（图 2.50）

机体坐标系与飞机牵连铅垂地面坐标系之间的夹角就是飞机的姿态角，又称欧拉角。

俯仰角 θ：机体 x 轴与水平面之间的夹角，当 x 轴的正半轴位于过原点的水平面之上时，θ 为正。

偏航角（方向角）ψ：机体 x 轴在水平面上的投影与 x_g 轴的夹角，当 x 轴正半轴的投影线位于 x_q 轴的右侧时，ψ 为正。

滚转角（倾斜角）ϕ：机体 z 轴与过 x 轴的铅垂平面的夹角。当 z 轴的正半轴位于该铅垂平面之左时，ϕ 为正。

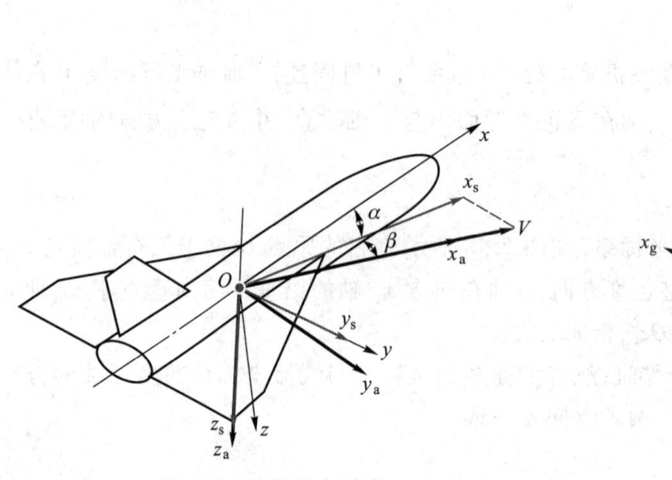

图 2.49 飞机的气动角

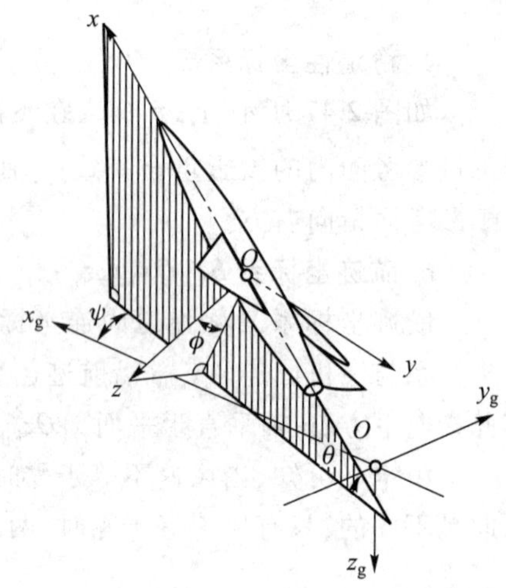

图 2.50 飞机的姿态角

3. 飞机的航迹角（图 2.51）

气流坐标系与飞机牵连铅垂地面坐标系之间的夹角即为飞机的航迹角。其定义如下：

气流俯仰角 γ_a：x_a 轴与水平面的夹角。当 x_a 轴的正半轴位于过原点的水平面之上时，γ_a 为正。

气流偏航（方向）角 χ_a：x_a 轴在水平面上的投影与 x_g 轴间的夹角。当 x_a 轴正半轴的投影线位于 x_g 轴之右时，χ_a 为正。

气流倾侧角 μ_a：定义可参考 GB/T 16638. 2—2008。

4. 不同坐标系的关系（图 2.52）

飞机牵连铅垂地面坐标系和机体坐标系的关系：定义了三个欧拉角，由飞机牵连铅垂地面坐标系先绕 z 轴右转偏航角，再绕 y 轴转俯仰角，再绕 x 轴转滚转角得机体坐标系。

稳定性坐标系和机体坐标系的关系：稳定性坐标系和机体坐标系差一个迎角，机体坐标系绕 y_s 轴向下转一个迎角得稳定性坐标系。

稳定性坐标系和气流坐标系的关系：稳定性坐标系绕 z_a 轴向右转一个侧滑角即得气流坐标系。

航迹坐标系和气流坐标系的关系：航迹坐标系 x_k 轴和气流坐标系的相同，航迹坐标

系绕 x_a 轴转动一个航迹滚转角得到气流坐标系。

航迹坐标系和飞机牵连铅垂地面坐标系的关系：飞机牵连铅垂地面坐标系绕 z_k 轴转一个航迹偏航角，再绕 y_k 轴转一个航迹倾斜角得航迹坐标系。

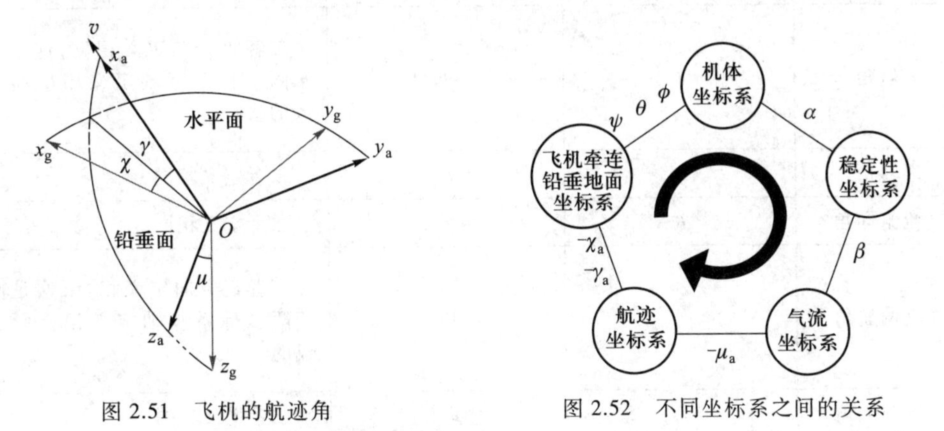

图 2.51　飞机的航迹角　　　　图 2.52　不同坐标系之间的关系

2.6.3　苏联坐标系与欧美坐标系的异同

与欧美坐标系一样，苏联坐标系也采用三维正交轴系定义，且遵守右手法则。但苏联坐标系定义 y 轴向上，z 轴则垂直于平面 xOy 向右，如图 2.53 所示，$Ox_ty_tz_t$ 为机体坐标系，$Ox_qy_qz_q$ 为气流坐标系。各坐标系之间的坐标变换也遵从同样的变换规律。

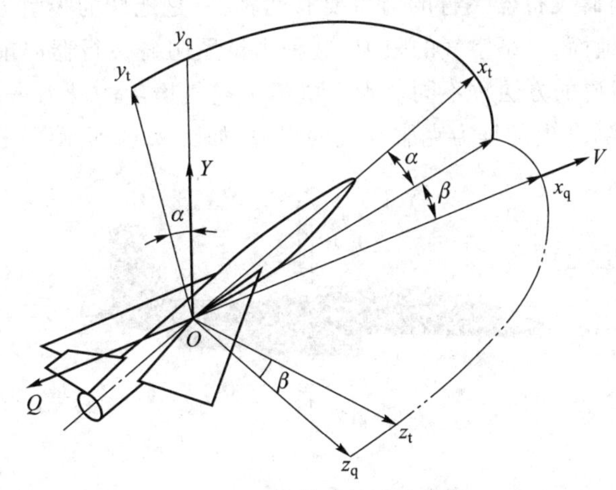

图 2.53　苏联坐标系示意图

对照苏联坐标系和欧美坐标系，迎角、侧滑角、俯仰角、滚转角、气流俯仰角、气流倾侧角定义相同。由于苏联坐标系的坐标轴向上，偏航角、气流偏航角定义与欧美坐标系相反。两个坐标体系的飞机运动参数对应关系如表 2.1 所示。

表 2.1　苏联坐标系与欧美坐标的飞机运动参数对应关系

运动参数	苏联坐标系表示	欧美坐标系表示	备注说明
迎角	α	α	二者定义相同
侧滑角	β	β	二者定义相同

续表

运动参数	苏联坐标系表示	欧美坐标系表示	备注说明
俯仰角	ϑ	θ	二者定义相同
偏航角	ψ	ψ	二者正方向定义相反,这是由于两坐标系竖轴定义相反而造成的
滚转角	γ	φ	二者定义相同
气流俯仰角	θ	γ_a	二者定义相同
气流偏航角	ψ_s	χ_a	二者正方向定义相反,这是由于两坐标系竖轴定义相反而造成的
气流倾侧角	γ_s	μ_a	二者定义相同

2.6.4 无人机上的作用力和受力平衡

1. 无人机上的作用力

重于空气的飞行器为什么能在空中飞行?这是飞行原理所要阐明的基本问题。从力学的观点来看,阻碍飞行器飞行的力主要有两种:一是地球的吸引力,即重力,这种力试图将飞行器拉回地面;二是空气的阻力,这种力试图阻碍飞行器向前运动。不同的飞行器,克服这两种阻碍的方法也不同。无人机借助空气产生的升力来克服重力,依靠发动机(喷气或螺旋桨)产生的推力克服空气的阻力,如图 2.54 所示。

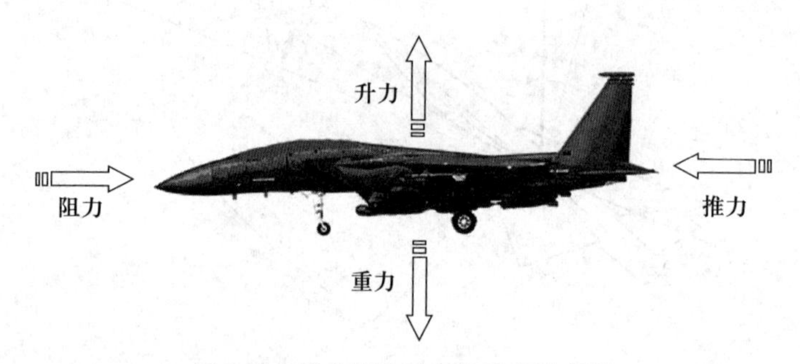

图 2.54 无人机飞行中的受力示意图

2. 无人机上的力平衡

无人机要在空中稳定飞行,无人机上受到的各种力之间必须平衡。这种平衡,不是简单的“升力=重力”和“推力=阻力”(假设无人机作等速直线飞行)。因为,首先这些力并不是单一的集中力,“重力”是无人机上所有部件重量的总和;“升力”是无人机上所有部件所受气动力的合力在垂直方向上的分量;“阻力”是无人机上所有部件所受气动力的合力在飞行速度反方向上的分量;“推力”是无人机上所有发动机产生推力(或拉力)的合力在飞行速度方向上的分量。其次,作等速直线飞行的无人机所受上下作用力、前后作用力不但要相等,而且要作用在同一点上。也就是,作用于这一点上的所有力矩为零,无人机才会平衡。

无人机的力平衡可分为纵向平衡、横向平衡和航向平衡。

3. 纵向平衡

无人机作等速直线飞行时,在纵向平面内的合力矩为零,不会绕横轴作俯仰转动的运动状态,称为纵向平衡,如图2.55所示。也就是说,机翼、机身和平尾上气动力(主要是升力)对重心的力矩代数和等于零。简化可以说,机翼对重心的抬头力矩应等于平尾对重心的低头力矩。

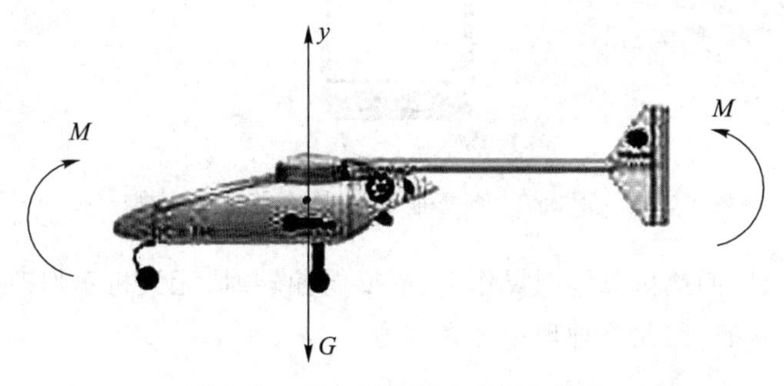

图2.55 无人机飞行中的纵向平衡

纵向平衡是无人机飞行最基本的力平衡。实际飞行时,不都是等速直线飞行,因此无人机在飞行中的平衡状态不是一成不变的,在起飞、降落和机动飞行时,原来的纵向平衡就被打破了。通过操纵控制升降舵,完成上升(或下降)机动动作后,在新的状态下达到新的纵向平衡,继续飞行。

4. 横向平衡

无人机作等速直线飞行,并且不绕纵轴作横向滚转的这样一种飞行状态,称为横向平衡。

如图2.56所示,当无人机作等速直线飞行时,使无人机绕纵轴滚转的力矩,主要是由两边机翼上的升力及其重力所产生。为了使无人机不绕纵轴转动,保持横向平衡,使无人机右倾的力矩总和应当等于使无人机左倾的力矩总和。

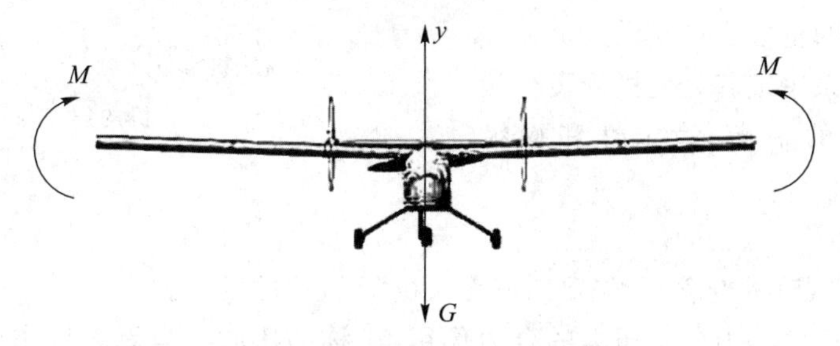

图2.56 无人机飞行中的横向平衡

5. 航向平衡

无人机作等速直线飞行,并且不绕竖轴转动的飞行状态,称为航向平衡。

如图2.57所示,当无人机要改变航向时,应有使无人机绕竖轴转动的偏航力矩。作用于无人机上的偏航力矩,可由方向舵(如果垂尾后有方向舵)、两侧机翼不同阻力(如副翼偏转)或两侧发动机不同推力(如果有多发动机)所产生。当无人机实现转向后,恢复偏航力矩为零，无人机沿新的航向飞行。

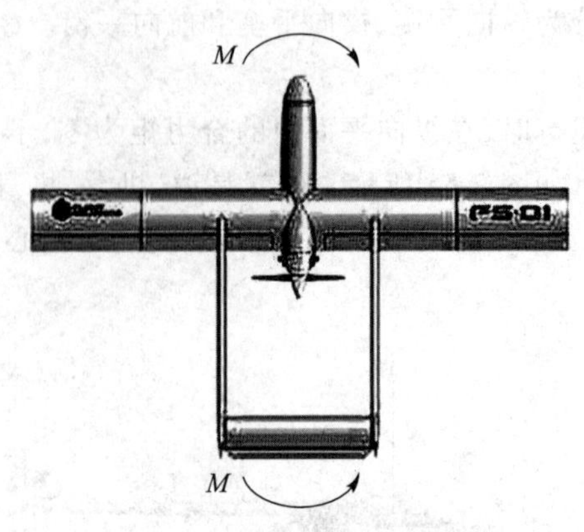

图 2.57　无人机飞行中的航向平衡

需要注意的是，两侧机翼的副翼作上、下反向偏转时，无人机不但改变航向，而且呈一定的横向偏转状态，因此这种现象称为侧滑。

2.6.5　无人机的重心与焦点

1. 重心

无人机重心的学术定义，是指无人机各部分所受重力之合力的作用点，如图 2.58 所示。无人机的总重量就是重心上的重力大小。

如果无人机的形状改变（如变后掠翼、起落架收放）、能源量变化（如燃油）、任务载荷变化（如投放挂弹），重心就会改变，所以无人机重心有中性重心、前限重心和后限重心等概念。

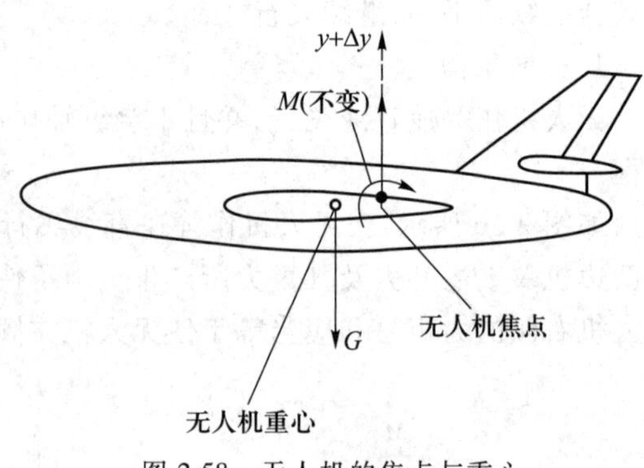

图 2.58　无人机的焦点与重心

由于无人机是在空中“悬空”运动的，因此重心对于无人机有十分重要的意义。无人机的重心位置与无人机上气动力的相互关系决定着无人机的飞行状态，即无人机的平衡、稳定性和操纵性等。

2. 焦点

要了解“焦点”的概念，首先要知道无人机“压心”的概念。

无人机上空气动力分布压力的合力作用点，称为压心。当无人机作等速直线飞行时，总气动力合力在铅垂方向的分量（升力）就等于无人机的重力，因此这时的压心与重心共线，也就是说，升力对重心的力矩等于零。

“焦点”是无人机另一个十分重要的概念。一个具有纵向静稳定性的无人机，存在这样一个点，就是当无人机的迎角发生变化时，无人机的升力发生变化，而升力对该点的力矩始终不变。这个点就是焦点，可以理解为无人机的升力增量的作用点，如图 2.58 所示。焦点是决定无人机纵向稳定性的一个重要参数。

2.6.6 无人机的稳定性

无人机的稳定性,是指无人机抵制外界干扰的能力,即当外界扰动消失后无人机自动恢复到原来平衡状态的能力。无人机的操纵性,是指无人机按照遥控员的操纵或自主控制要求改变飞行状态的能力。或者说,无人机的稳定性是无人机保持飞行状态不变的能力,无人机的操纵性是无人机改变飞行状态的能力。无人机只依靠自身产生的空气动力支持在空中,因此无人机的稳定和操纵比其他任何交通工具都要复杂。

如果无人机受到扰动之后,在遥控员不进行任何操纵的情况下能够自动恢复到受扰动前的原始状态,则称无人机是稳定的;如果不能自动恢复甚至更加偏离原始状态,则称无人机是不稳定的。

在如图 2.59 所示的坐标系中,无人机绕 x 轴、y 轴、z 轴的转动分别称为滚转、俯仰、偏航运动。无人机的稳定性包括横向稳定、纵向稳定、航向稳定。

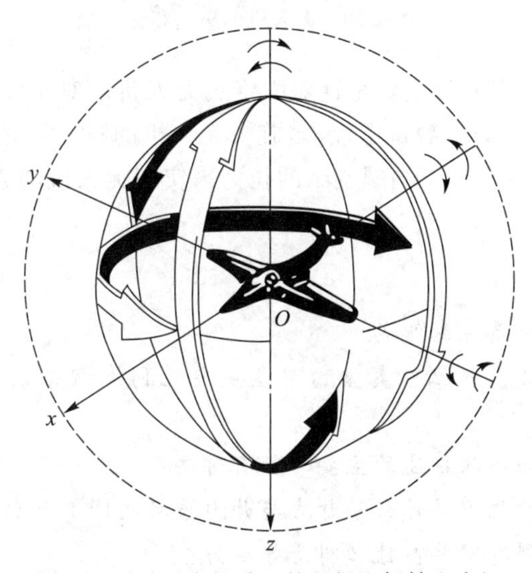

图 2.59 过无人机重心的三根坐标轴和力矩

无人机绕 x 轴的稳定性称为横向稳定。无人机主要靠两侧副翼来保证其横向稳定。

无人机绕 y 轴的稳定性称为纵向稳定,又称为俯仰稳定,也是无人机最基本的稳定性要求。固定翼无人机主要靠水平尾翼来保证俯仰稳定,而无人机的重心和焦点位置对无人机的俯仰稳定有很大影响。

无人机绕 z 轴的稳定性称为航向稳定,也称为方向稳定。无人机主要靠垂直尾翼来保证其方向稳定。

如图 2.60 所示,如果无人机原来以一定的迎角作水平直线飞行,有一阵风吹向机头使无人机抬头。当焦点在重心之后,焦点上的升力增量就会对重心产生一个恢复力矩(低头力矩),具有自动使机头往下运动的作用,使无人机可恢复到原来的飞行状态。这就叫“具有纵向静稳定性”。反之,当焦点在重心之前,焦点上的升力增量就会对重心产生一个抬头力矩,促使机头继续往上运动,有可能使无人机迎角继续增大到失速状态,因此是“纵向静不稳定”。

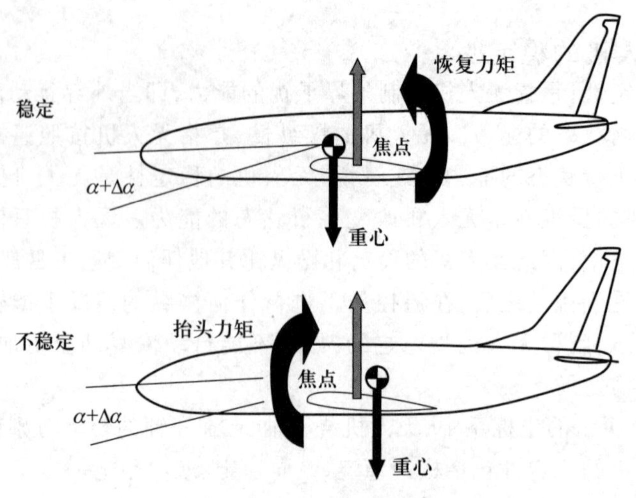

图 2.60 无人机的纵向稳定

上述空气动力静稳定分析主要是针对固定翼无人机。对于无人直升机或多旋翼无人机,通常并不存在空气动力静稳定性,多旋翼无人机的稳定性是通过自动驾驶仪感受无人机的姿态变化,然后调节不同螺旋桨的拉力来实现无人机的姿态稳定的。

复习题

1. 简述无人机系统的组成。
2. 翼型的定义是什么?翼型由哪些主要几何参数来表示?无人机如何选择翼型?
3. 机翼的平面形状描述的主要参数有哪些?
4. 升力产生的原理是什么?升力与升力系数之间有什么关系?
5. 阻力的类型有哪些?什么叫诱导阻力?
6. 升阻比的意义在哪里?什么是极曲线?
7. 螺旋桨叶及旋翼各有哪些工作参数?这些工作参数对直升机飞行各有何影响?
8. 直升机依靠什么实现前飞和转向的?直升机旋翼的反扭矩是如何克服的?
9. 举例说明直升机在某种飞行状态下旋翼的气动力特性。
10. 无人直升机与多轴旋翼(螺旋桨)无人机在结构上的主要区别是什么?
11. 多轴旋翼无人机的飞行原理是什么?
12. 无人机运动常用的坐标系有哪些?机体坐标系与气流坐标系如何实现转换?
13. 无人机上受到哪些作用力?无人机是如何实现受力平衡的?
14. 飞机的“焦点”是什么?固定翼无人机如何能实现纵向静稳定性的?

第3章　无人机的动力性能分析

3.1　无人机的动力与性能

3.1.1　无人机动力系统

无人机广泛采用的动力装置包括往复活塞式发动机和旋转活塞式发动机以及涡轮喷气发动机、涡轮风扇发动机、涡轮螺旋桨发动机和涡轮轴发动机等涡轮发动机,以及在微型无人机中普遍使用的电池驱动的电动机等。这些无人机动力装置可以分别应用于高空高速无人机、低空低速无人机、反辐射无人机、侦察监视无人机、垂直起降无人机、长航时无人机、攻击无人机、无人战斗机等无人飞行器。为了满足不同需求,无人机动力装置功率和推力变化范围很大。

无人机发动机类型的选择不但与无人机要求的性能有关,而且与当时的发动机技术水平、研制进度要求及用户的经济承受力等有关。从无人机动力装置的情况来看,活塞式发动机适用于低速、中低空的侦察、监视无人机及长航时无人机等,飞机起飞质量较小,一般为几百千克。涡喷发动机适用于飞行时间较短的中高空、高速侦察机及靶机、无人攻击机,起飞质量可达 2 500 kg。涡轴发动机适用于中低空、低速短距,垂直起降无人机和倾转旋翼无人机,无人机起飞质量可达 1 000 kg。涡桨发动机适用于中高空长航时无人机,飞机起飞质量可达 3 000 kg。涡扇发动机适用于高空长航时无人机和无人战斗机,飞机起飞质量可以很大,如“全球鹰”重达 11.6 t。微型电动机等微型动力适用于微型无人机,飞机起飞质量最少可以轻到 100 g。具体的无人机动力装置的应用范围如表 3.1 所示。

表 3.1　无人机动力装置的应用范围

发动机类型	速度/(km/h)	使用高度/m	续航时间/h	起飞质量/kg	适用的无人机类型
活塞式发动机	110~259	1 500~9 750(个别 19 800)	1~48	30~1 150	长航时、侦察、监视、反辐射等
涡轮轴发动机	160~390	4 000~6 100	3~4	658~1 100	短距/垂直起降无人机
涡轮螺旋桨发动机	357~500	14 000~16 000	25~32	1 650~3 200	中空长航时、攻击无人机

续表

发动机类型	速度/(km/h)	使用高度/m	续航时间/h	起飞质量/kg	适用的无人机类型
涡轮喷气发动机	700~1 100	3 000~17 500	0.2~3.0	160~2 500(个别可达13t)	靶机、高速侦察机、攻击无人机
涡轮风扇发动机	500~1 000	3 000~20 000	3~42	600~12 000	中高空长航时侦察、监视及无人作战飞机
微型电动机/内燃机/喷气发动机	36~72	45~150	<10	<0.1	侦察、监视、搜索等

3.1.2 活塞式发动机

无人机活塞式发动机是指使用某种燃油为燃料,使其在气缸里燃烧膨胀,推动活塞下行带动曲轴旋转,以此形式输出动力的航空发动机,如图3.1所示。它是一种利用航空煤油或汽油与空气混合,在密闭的气缸内燃烧,膨胀做功的机械,它利用一个或者多个活塞将压力转换成旋转机械能,如图3.2所示。

图3.1 无人机活塞式发动机

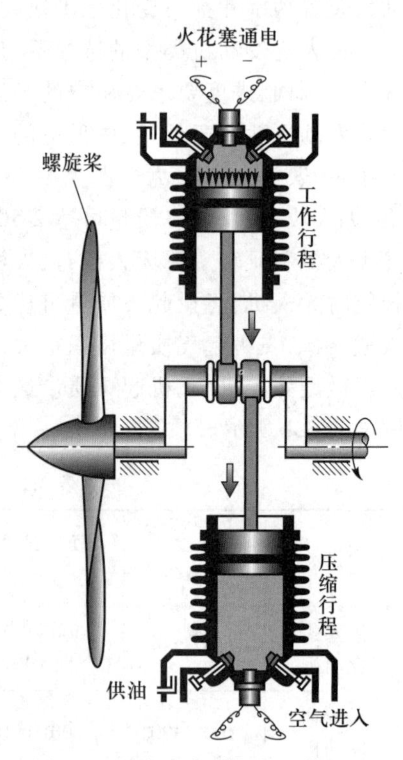

图3.2 活塞式发动机的工作原理

按照油气混合物的配置方式，活塞式发动机可以区分为化油器式发动机和喷油式发动机；按气体进入气缸前是否增压，活塞式发动机可以区分为吸气式发动机和增压式发动机；按照发动机曲轴和螺旋桨之间有无减速器，活塞式发动机可以区分为直接驱动式发动机和非直接驱动式发动机；按照气缸排列的形式，活塞式发动机可以区分为直列式发动机、水平对置式发动机、V 型发动机以及其他类型。

无人机活塞式发动机基本组件包括活塞，曲轴，连杆，气缸，进、排气门和火花塞等，如图 3.3 所示。其中，活塞在气缸中往复运动，其顶面和气缸头的内表面之间的空间是燃烧室。活塞上装有数个弹性很强的活塞环，又称胀圈，其作用是防止燃烧室内的高温、高压燃气向外泄漏，并防止润滑油从外部进入燃烧室。活塞和曲轴由连杆相连，如图 3.4 所示，将活塞的直线运动转变为曲轴的旋转运动，并将从每个气缸获得的功传输到螺旋桨。气缸内壁是燃烧室的组成部分，发动机工作过程中，汽油和空气的混合物在燃烧室中被压缩，点火燃烧变为高温、高压燃气，通过燃气膨胀使热能转变为机械能。新鲜油气混合物通过进气门进入气缸，膨胀做功后的燃气（或称乏气、废气）通过排气门由气缸排出后经过排气系统排往大气。进排气门的开闭由气门机构控制。火花塞的功能是适时高压放电，点燃气缸中的新鲜油气混合物，习惯称其为电嘴。

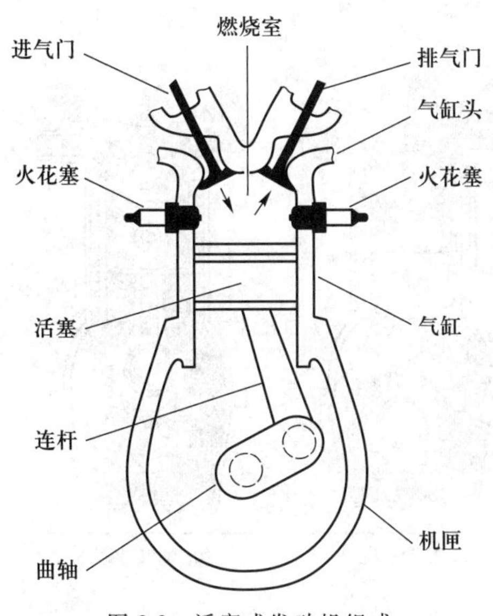

图 3.3 活塞式发动机组成

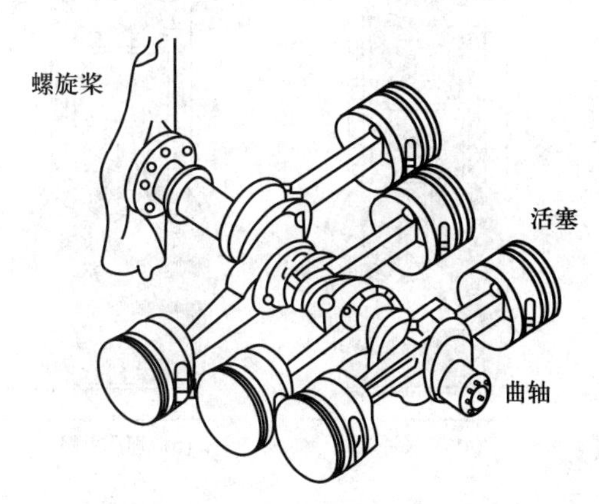

图 3.4 活塞式发动机与螺旋桨连接

无人机活塞式发动机包含以下子系统：

1）燃油系统：燃油系统的功能是储油和供油。供油过程中，将燃油雾化并与空气均匀掺混后，供入气缸。根据油气混合物配置方法的不同，有化油器式和喷油式两种燃油系统。

2）点火系统：由磁电动机、分电器和火花塞三部分组成。磁电动机是产生高压电的自备电源，通过分电器将高压电依次接通各个气缸的火花塞，使火花塞产生电火花，将气缸中的新鲜混合气点燃。

3）启动系统：当发动机开车时，首先使用启动系统将曲轴转动，使发动机由静止状态过渡到正常运转状态，完成启动过程。启动系统有气体压力和电动力两种。轻型发动机多使用电力启动方式,即使用电动机带动惯性系统旋转,利用惯性系统储存的能量带动曲轴加速转动,同时点火,使发动机自主运转起来。

4) 润滑系统:润滑系统的功用是减少发动机上各个相对运动机件之间的摩擦,加强发动机内部冷却等。在该系统中,润滑油泵不断地将润滑油从润滑油储存器中吸出,使润滑油在发动机内部循环后重新返回储存器中。

5) 冷却系统:有气冷式和液冷式两种,轻型发动机(如直列式和水平对置式发动机)和星形发动机多用气冷式,V型发动机使用液冷式。冷却系统主要是为加强发动机的外部冷却,外部冷却和润滑系统的内部冷却使发动机能够在允许的温度条件下正常运转。

无人机活塞式发动机运作通常包括进气行程、压缩行程、膨胀行程和排气行程,称之为四冲程循环过程,如图3.5所示。四冲程循环周而复始使得发动机连续不断地输出功,在每一个工作循环中火花塞只点一次火,曲轴旋转两周。在四个冲程中,只有膨胀冲程做功,其他冲程不做功,而且消耗一定的功,例如在压缩冲程中要消耗压缩功;进气和排气冲程中要克服气体流动阻力耗功;克服各种摩擦耗功;各种附件所需消耗的功等。膨胀冲程所做的功在扣除所有上述内部消耗的功以后,由曲轴输出的功才是活塞式发动机对外输出的有用功。

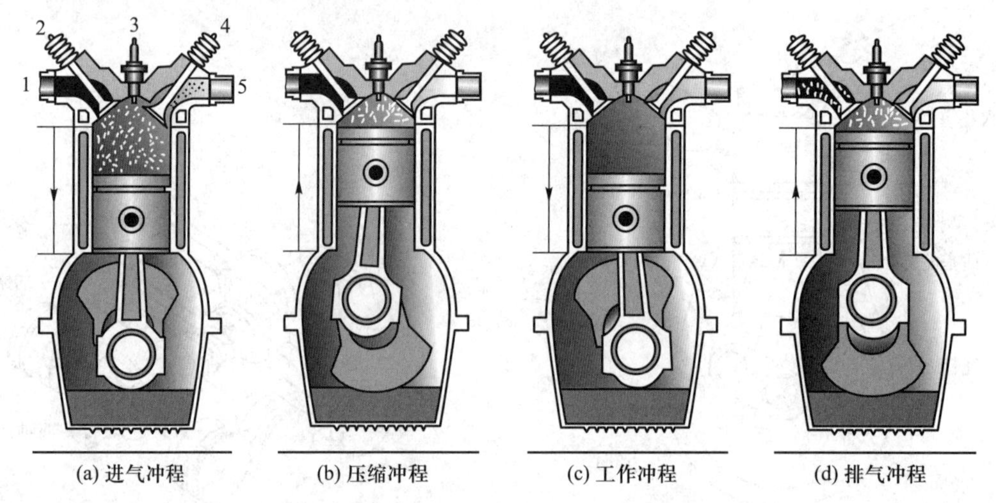

图3.5 活塞式发动机四冲程循环示意图

1—排气道;2—排气门;3—火花塞;4—进气门;5—进气道

3.1.3 涡轮式发动机

早期无人机的动力装置几乎全部采用航空活塞式发动机。由于活塞式发动机具有体积小、重量轻、升功率高、结构简单、操作维护方便等诸多优点,并且生产周期短、成本低,因此得到小型无人机制造厂商的青睐。以小型航空活塞发动机为动力的低空低速无人机的种类和应用数量在无人机中都占据着主导地位。

航空动力历来是航空技术的难点和关键技术之一,随着无人机技术的发展,对小型无人机发动机提出了更高的要求,这就为小型航空活塞式发动机技术的发展提供了方向和目标。近几年,世界各国投入大量的人力物力,在小型航空活塞式发动机强化和新技术的应用等方面进行了深入的研究,以此来适应和推动无人机技术的发展。随着无人机用途扩大、重量增加、升限提高、速度增大以及续航时间的增长,涡轮喷气、涡轮风扇、涡轮螺旋桨和涡轮轴发动机也已经开始在无人机上使用。

1. 涡轮喷气发动机

现代涡轮喷气发动机(简称涡喷发动机)的结构由进气道、压气机、燃烧室、涡轮和尾喷管组成,如图 3.6 所示。涡轮喷气发动机仍属于热机的一种,就必须遵循热机的做功原则:在高压下输入能量,低压下释放能量。因此,从产生输出能量的原理上讲,喷气式发动机和活塞式发动机是相同的,都需要有进气、加压、燃烧和排气这四个阶段,不同的是,在活塞式发动机中这 4 个阶段是分时依次进行的,但在喷气式发动机中则是连续进行的,气体依次流经喷气式发动机的各个部分,就对应着活塞式发动机的四个工作位置。

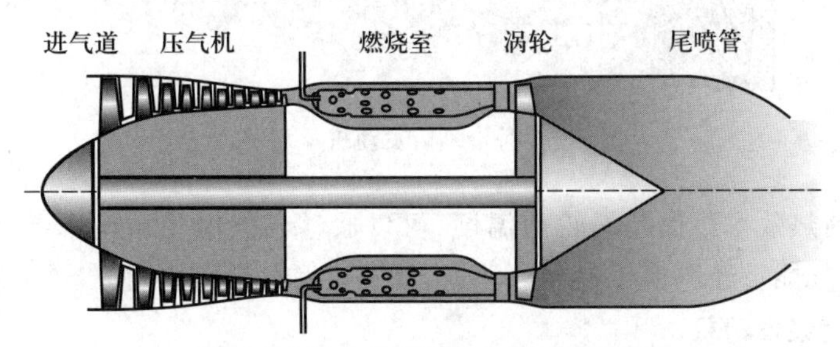

图 3.6 涡轮喷气发动机的工作原理

空气首先进入的是发动机的进气道,当飞机飞行时,可以看作气流以飞行速度流向发动机。由于飞机飞行的速度是变化的,而压气机适应的来流速度是有一定的范围的,因而进气道的功能就是通过可调管道,将来流速度调整为合适的速度。

进气道后的压气机是专门用来提高气流压力的,空气流过压气机时,压气机工作叶片对气流做功,使气流的压力、温度升高。在飞行速度达到亚声速时,压气机是气流增压的主要部件。

空气经过压气机压缩后进入燃烧室与燃油混合燃烧,膨胀做功。紧接着从燃烧室流出的高温高压燃气,流过同压气机装在同一条轴上的涡轮,推动涡轮高速转动。因为涡轮与压气机转子连在一根轴上,所以压气机的转速与涡轮的是一样的。

从涡轮中流出的高温高压燃气,在尾喷管中继续膨胀,以高速沿发动机轴向从喷口向后排出。这一速度比气流进入发动机的速度大得多,根据牛顿第三定律,发动机获得了反作用的推力。

喷气式发动机尽管在低速时油耗要大于活塞式发动机,但其优异的高速性能使其迅速取代了后者,成为航空发动机的主流。

2. 涡轮风扇发动机

涡轮喷气发动机也有其局限性。为了提高热效率(有效输出的能量与输入的能量之比),一般来讲,需要提高燃气在涡轮前的温度和压气机的增压比。然而,喷气式发动机的推进效率由排气速度和飞行速度的比值决定,比值越大,推进效率越低。在飞行速度不变的情况下,提高涡轮前温度将会使发动机的排气速度增加,导致在空气中损失的动能增加,这样又降低了推进效率。由于热效率和推进效率对发动机循环参数的要求是有矛盾的,致使涡轮喷气发动机的总效率难以得到较大的提升。

涡轮风扇发动机简称涡扇发动机,就是在涡轮喷气发动机的基础上增加了几级涡轮,并由这些涡轮带动一排或几排风扇,风扇后的气流分为两部分,一部分进入压气机(内涵道),另一部分则不经过燃烧,直接排到空气中(外涵道)。由于涡轮风扇发动机的一部分燃气能量被用来带动前端的风扇,因此降低了排气速度,提高了推进效率。涡轮风扇发动机示意图如图 3.7 所示。

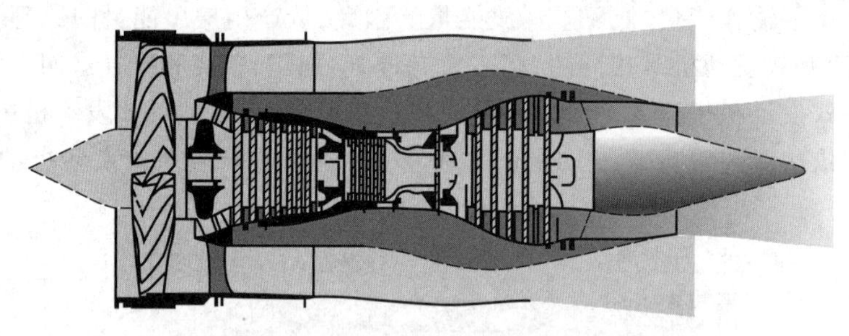

图 3.7 涡轮风扇发动机示意图

如果为提高热效率而提高涡轮前温度,可以通过调整涡轮结构参数和增大风扇直径,使更多的燃气能量经风扇传递到外涵道,就不会增加排气速度。

3. 涡轮螺旋桨发动机

一般来说,现代不加力涡轮风扇发动机的涵道比有不断加大的趋势。因为对于涡轮风扇发动机来说,若飞行速度一定,要提高飞机的推进效率,也就是要降低排气速度和飞行速度的差值,就需要加大涵道比;而同时随着发动机材料和结构工艺的提高,许用的涡轮前温度也不断提高,这也要求相应地增大涵道比。对于一架低速(500~600 km/h)的飞机来说,在一定的涡轮前温度下,其适当的涵道比应为 50 以上,这显然是发动机的结构所无法承受的。

为了提高效率,人们索性抛去了风扇的外涵壳体,用螺旋桨代替了风扇,便形成了涡轮螺旋桨发动机,简称涡桨发动机。如图 3.8 所示,涡轮螺旋桨发动机由螺旋桨和燃气发生器组成,螺旋桨由涡轮带动。由于螺旋桨的直径较大,转速要远比涡轮的低,只有大约 1 000 r/min,为使涡轮和螺旋桨都工作在正常的范围内,需要在它们之间安装一个减速器,将涡轮转速降至十分之一左右后,才可驱动螺旋桨。这种减速器的载荷重,结构复杂,制造成本高,它的重量一般相当于压气机和涡轮的总重,作为发动机整体的一个部件,减速器在设计、制造和试验中占有相当重要的地位。

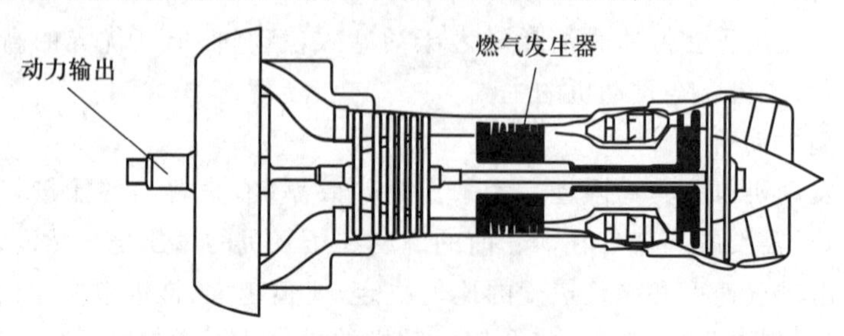

图 3.8 涡轮螺旋桨发动机结构组成

涡轮螺旋桨发动机的螺旋桨后的空气流就相当于涡轮风扇发动机的外涵道,由于螺旋桨的直径比发动机大很多,气流量也远大于内涵道的气流量,因此这种发动机实际上相当于一台超大涵道比的涡轮风扇发动机。

由于涵道比大,涡轮螺旋桨发动机在低速下效率要高于涡轮风扇发动机,但受到螺旋桨效率的影响,它的适用速度不能太高,一般要小于 900 km/h。目前在中低速飞机或对低速性能有严格要求的巡逻、反潜或灭火等类型无人机中得到广泛应用。

4. 涡轮轴发动机

涡轮轴发动机简称涡轴发动机,是涡轮发动机的一种,由涡桨发动机衍生而来。空气经过压缩机压缩后,进入燃烧室与燃料混合燃烧、爆炸,燃气驱动涡轮旋转(一般都有几级涡轮),涡轮与压气机共轴,这样能驱动压气机吸入和压缩空气,同时涡轮也与一条动力轴是共轴的,这条轴通过转向齿轮向直升机垂直于发动机的旋翼轴提供动力。相比普通活塞发动机,它的技术特点如表 3.2 所示。

表 3.2 活塞式发动机与涡轴发动机的技术特点

动力装置	优点	不足	应用
活塞式发动机	技术成熟	功重比小 升限 3 000 m,需要涡轮增压以提高升限	低速、中低空、起飞质量小的侦查、监视及长航时无人机 <100 kW
涡轴发动机	功重比大 耗油率低 可靠性高、寿命长 技术发展潜力大 环境适应性强 高空性能好	动力涡轮转速高 转动旋翼减速比大	中低空、低速短距、垂直起降无人机和倾转旋翼无人机 200~1 000 kW

在带有压气机的涡轮发动机中,涡轮轴发动机出现得较晚,但已在直升机和垂直/短距起落飞机上得到了广泛的应用。涡轮轴发动机于 1951 年 12 月开始装在直升机上,作第一次飞行。那时它属于涡轮螺旋桨发动机,并没有自成体系。以后随着直升机在军事和国民经济上使用越来越普遍,涡轮轴发动机才获得独立的地位。

在工作原理上,涡轮轴发动机同涡轮螺旋桨发动机很相近。它们都是由涡轮风扇发动机的原理演变而来,只不过涡轮螺旋桨发动机将风扇变成了螺旋桨,而涡轮风扇发动机将风扇变成了直升机的旋翼。除此之外,涡轮轴发动机也有自己的特点:它一般装有自由涡轮(即不带动压气机,专为输出功率用的涡轮),主要用在直升机和垂直/短距起落飞机上。

在构造上,涡轮轴发动机也有进气道、压气机、燃烧室和尾喷管等燃气发生器基本构造,但它一般都装有自由涡轮,如图 3.9 所示,前面是两级普通涡轮,它带动压气机,维持发动机工作,后面的二级是自由涡轮,燃气在其中做功,通过传动轴专门用来带动直升机的旋翼旋转,使它升空飞行。此外,从涡轮流出来的燃气,经过尾喷管喷出,可产生一定的推力,由于喷速不大,这种推力很小,如折合为功率,大约仅占总功率的十分之一。有时喷速过小,甚至不产生什么推力。为了合理地安排直升机的结构,涡轮轴发动机的喷口可以向上、向下或向两侧,不像涡轮喷气发动机那样非向后不可。这有利于直升机设计时的总体安排。

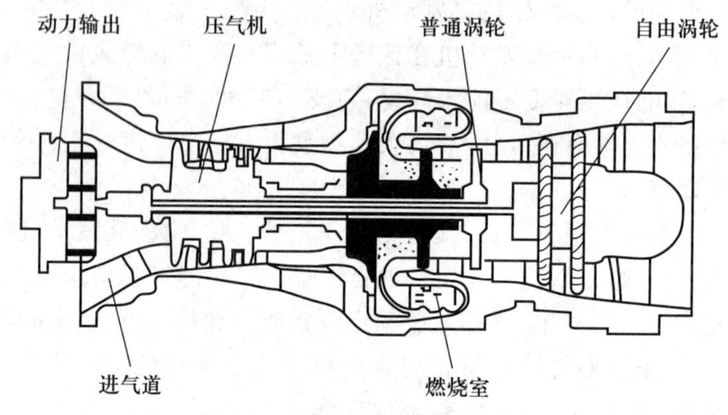

图 3.9　涡轮轴发动机结构组成

涡轮轴发动机是用于直升机的,它与旋翼配合,构成了直升机的动力装置。按照涡轮风扇发动机的理论,旋翼的直径愈大愈好。同样的核心发动机,产生同样的循环功率,所配合的旋翼直径愈大,则在旋翼上所产生的升力愈大。事实上,由于在能量转换过程中有损失,旋翼也不可能制成无限大,所以旋翼的直径是有限制的。一般来说,通过旋翼的空气流量是通过涡轮轴发动机的空气流量的 500~1 000 倍。

涡轮轴发动机和直升机常用的另一种动力装置——活塞式发动机相比,涡轮轴发动机的功率重量比要大得多,其功率重量比在 2.5 以上。而且就发动机所产生的功率来说,涡轮轴发动机也大得多,目前使用中的涡轮轴发动机所产生的功率,最高可达 6 000 马力(1 马力 ≈ 0.735 kW),甚至 10 000 马力,活塞式发动机则相差很远。在经济性上,涡轮轴发动机的耗油率略高于最好的活塞式发动机,但它所用的航空煤油要比前者所用的汽油便宜,这在一定程度上得到了弥补。当然,涡轮轴发动机也有其不足之处。它制造比较困难,制造成本也较高。特别是由于旋翼的转速更低,它需要比涡轮螺旋桨发动机更重更大的减速齿轮系统,有时它的重量竟占发动机总重量一半以上。

3.1.4　电动力系统

目前电池的体积越来越小,重量越来越轻,绝大多数小型无人机使用电池作为动力源。电动机也具有体积小、噪声小、容易控制、使用维护方便、可靠性高等许多其他动力系统所不具备的优点。基于商业化的支持、高现实性和低成本等原因,电动机驱动螺旋桨是目前小微型无人机应用最多的动力形式,是目前最有前途的驱动装置之一。

无人机的电池主要以锂聚合物电池为主,特点是能量密度大、重量轻、耐电流数值较高等,这些特性都是较适合无人机的。手机领域也有部分使用锂聚合物电池,但充、放电能力远远不及无人机的这些电池(单片电芯放电能力理论值超过 400 A)。而由于这些电池用于无人机的动力系统,所以也会被称为“动力电池”。电池的重量在充、放电的过程中不会改变,是一个固定值。

目前民用无人机的电动机主要以无刷电动机为主,主要是因为有刷电动机消耗比较大。有刷电动机最基本的组成部分除了定子、转子,还有碳刷,因此有刷电动机也叫碳刷电动机，或者有碳刷电动机。碳刷通过与绕组上的铜头接触，使电动机转动。但是由于高速转动时，会使碳刷磨损，因此有刷电动机需要在碳刷用完之后，更换碳刷。而铜头也会磨损，因此在有碳刷时代的竞赛电动机，除了更换碳刷，还需要打磨铜头，让铜头保持光滑。更换碳刷后还需要磨合，让碳刷与铜头的接触面积最大化，以实现最大电流来提高电动机的转速/扭矩。

无刷电动机的结构组成如图 3.10 所示，一头固定在机架力臂的电动机机座上，一头固定螺旋桨，通过旋转产生向下的推力。选购电动机也要根据无人机的不同应用来确定，不同大小、负载的机架，需要配合不同规格、功率的电动机。

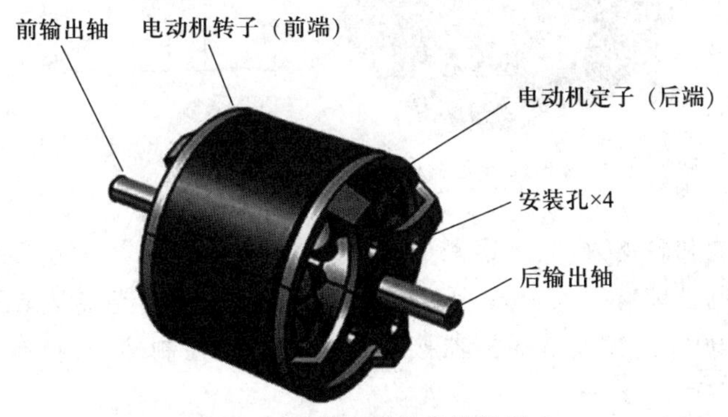

图 3.10 无刷电动机的结构组成

无刷直流电动机具有多种优势，比如效率高、便于小型化以及制造成本低等。根据转子的位置，无刷直流电动机可以进一步分为外转子电动机和内转子电动机，如图 3.11 所示。外转子电动机可以提供更大的力矩，因此更容易驱动大螺旋桨而获得更高效率。

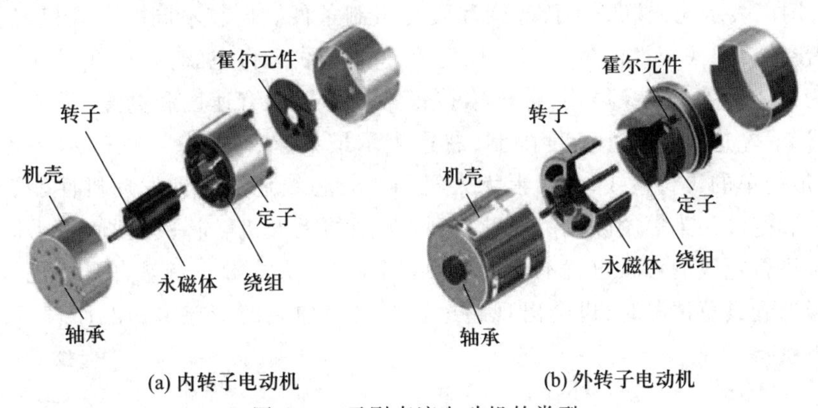

图 3.11 无刷直流电动机的类型

简单而言，依靠改变输入到无刷电动机定子线圈上的电流波的交变频率和波形，在绕组线圈周围形成一个绕电动机几何轴心旋转的磁场，这个磁场驱动转子上的永磁磁钢转动，电动机就转起来了。图 3.12 所示是一个外转子电动机，转子上有一对永磁铁，定子上有线圈 A、B、C。对线圈进行通电，产生电磁场。无刷直流电动机的工作原理在于永磁铁磁场和电磁场相互作用，吸引转子转动。当转子上的永磁铁磁场与电磁场重合时，线圈 B 通电，产生了新的电磁场。这时转子继续被吸引。当永磁铁磁场到达线圈 B 附近时，线圈 C 通电。然后永磁铁磁场到达线圈 C 附近时，线圈 A 通电。周期性地对线圈A、B、C进行通电,进而周而复始地驱动转子转动。

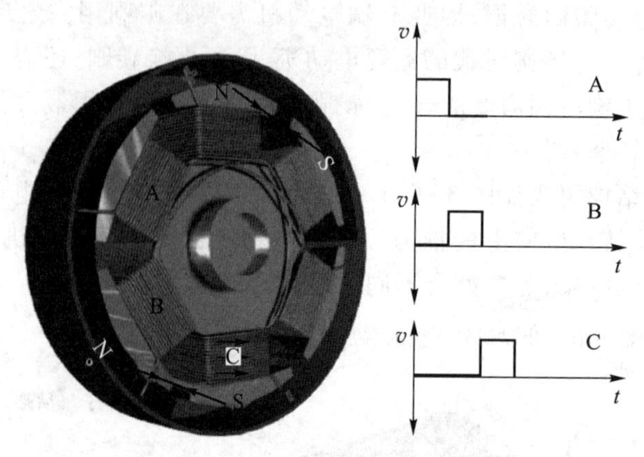

图3.12 无刷直流电动机的工作原理

电动机的性能和磁钢数量、磁钢磁通强度、电动机输入电压大小等因素有关;更与无刷电动机的控制性能有很大关系,因为输入的是直流电,电流需要无刷电子调速器将其变成三相交变电压;还需要从遥控器接收机那里接收控制信号,控制电动机的转速,以满足实际使用需要。

3.2 无人机的飞行包线

无人机的飞行包线是以飞行速度、高度和过载等作为界限的封闭几何图形,如图3.13所示,用以表示无人机的飞行范围和飞行限制条件。比较不同的无人机飞行包线,可以分析出无人机飞行性能的优劣。以定常水平直线飞行包线为例,在以速度为横坐标、高度为纵坐标的二维象限内,标出维持正常飞行的所有速度和高度,形成一个不规则的四边形。左边表示最小速度限制,右边表示最大速度限制,上面表示飞行高度限制。这是最简单的飞行包线,事实上无人机的飞行包线还要受到发动机性能、气动热、声障、噪声和空气污染等的限制。因此,不同类型的无人机、同一类型使用不同发动机的无人机,飞行包线的形状也就不同。为了安全起见,大多数飞行是在飞行包线以内进行的,但当遇到紧急情况时,也会出现超过正常飞行包线的情况。一般而言,飞行包线

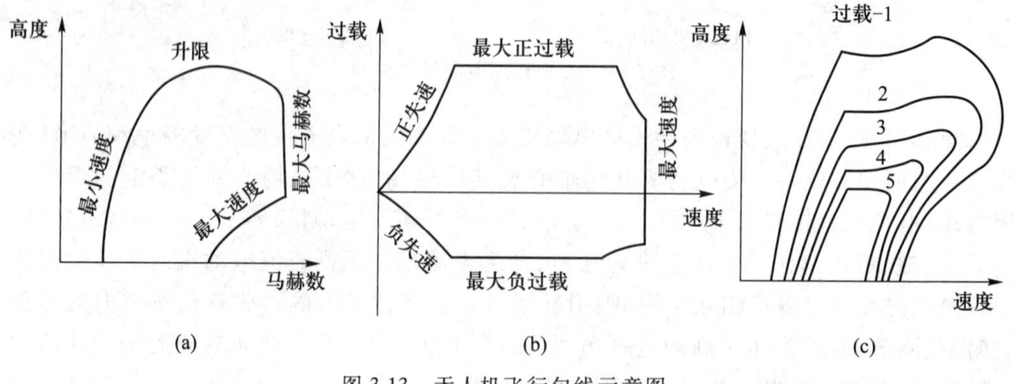

图3.13 无人机飞行包线示意图

的范围越广,表明无人机的性能越好。在实践中,飞行包线分为使用飞行包线、实用飞行包线和允许飞行包线,包线范围依次变大。在不同包线范围内飞行时飞行品质要求应有所不同,范围越广,要求飞行品质越高。

1. 最小速度

最小速度是指固定翼无人机能维持平稳飞行的最小速度。固定翼无人机的升力与速度成正比,所以最小速度也就等价于在最大升力系数时,升力能够与重力相平衡的最小速度。此外,升力还与空气密度成正比,因此随着高度升高,空气密度下降,最小速度也随之上升。因此,图 3.13a 中此曲线逐渐弯曲。特别地,由于升力只要能够托起无人机当前重量即可平稳飞行,当飞机负载不高时显然可以飞得更慢,所以无人机厂家给出的最小速度通常是按照空机重量计算的。如果无人机的速度小于最小速度,会自动降低高度重新达到平衡。

2. 最大速度

固定翼无人机最大速度受限于以下两方面因素:

1) 速压与无人机结构强度。速压的简单理解就是推开空气前进时,无人机结构受到的反作用力,这个力与空气密度成反比,与速度的平方成正比,因此在低空时,无人机速度主要受速压限制,不可超过无人机结构强度允许的最大值。随着高度上升,空气密度下降,速压限制随之提高。

2) 发动机剩余推力。发动机剩余推力是指发动机的可用推力与飞机平飞所需推力之差。在高空时,发动机转速增加对发动机推力增大贡献很小,故无人机速度主要受发动机最大推力限制。当发动机的推力大于无人机的阻力,则速度可以继续增加;而发动机剩余推力大致与高度成反比,随着高度增加,最大速度随之下降。

在最大速度曲线的中间部分可能会有一条垂线,这条垂线并不是所有无人机都有,其主要原因是“热障”。所谓热障,是指飞机的飞行速度超过一定界限时因高速气流引起机体表面温度急剧升高而遇到的障碍。

3. 最大高度

最小速度随高度递增,最大速度随高度递减,最终他们会在某个高度相连,这个点就是理论最大高度(升限)。最大高度代表的物理意义是当发动机达到当前最大推力后,无人机速度不可能进一步提升,无人机所能获得的最大升力已经不可能超过飞机当前重量了,则无人机无法继续爬升。

但实际飞行中,一方面高度由于发动机剩余推力有限,爬升得非常慢,无人机可能在达到警戒油量时还无法爬升到理论升限;另一方面,无人机虽然不能在超越理论升限以上平稳飞行,但瞬间高度还是可以超过升限的。

4. 过载/速度表

无人机在空中受到 4 个力作用:重力、发动机推力、阻力和升力。其中重力和发动机推力最大值是恒定的,阻力的极限有限,故谈论无人机的过载在大部分情况下就是指升力减去与升力方向同向的其他三个力的分量。无人机结构设计完成后,其最大正过载和最大负过载实际上就已经确定了,任何超越最大过载的使用均被视为对结构造成了一定损伤,对于结构安全不仅要求对所有关键结构进行探伤,还要求相应地减少无人机结构寿命,并引入载荷谱作为计算依据。

在最小速度情况下,无人机实际上是到不了最大允许过载的,但过载值的测量比其他临界状态值更容易测量,因此加入了这些特殊情况下的临界过载值,以便于监测无人机是否达到了临界状态。当在一定高度(空气密度)和一定速度下,无人机可以获得的最大升力是有限的,当无人机升力接近最大正过载时,就说明无人机已经接近失速仰角,在作剧烈机动时,仰角传感器测量得到的飞机仰角经常不够精确和及时,同时也受风力影响较大,不如过载值来得方便快捷。

在无人机接近最大速度时,情况略有不同。如前所述,无人机最大速度是受限于速压和热障,而这两个限制条件本质上是与阻力有关,而阻力除了与速度相关,和无人机姿态也有很大关系。虽然平飞时,无人机能以更大的速度飞行,但当无人机的仰角较大时,无人机会在更低的速度时达到速压或热障极限。直接测量无人机阻力非常困难,因此直接控制最大速度下无人机的可用过载,可以更好地避免速压或热障带来的结构损伤。

3.3 无人机的性能计算

3.3.1 固定翼无人机的性能计算

无人机速度-高度范围内包括最大飞行速度(马赫数)、最小飞行速度(马赫数)、静升限等速度、高度性能,是无人机基本飞行性能的重要组成部分。这些性能指标的计算通常由无人机质点运动方程出发,采用简单推力法进行计算。

1. 定直平飞性能

通常所有发动机关于机体对称,并且相对于机体坐标系有一个安装角 φ_P,如图 3.14 所示。因此,无人机定直平飞时的运动方程表示为

$$\begin{cases} P\cos(\alpha+\varphi_P)=D \\ L+P\sin(\alpha+\varphi_P)=G \end{cases} \tag{3-1}$$

式中,P 为发动机推力,L 为升力,D 为阻力,G 为重力,α 为迎角,φ_P为发动机安装角。忽略 α、φ_P的影响($\alpha+\varphi_P\approx 0$),式(3-1)可简化为

$$\begin{cases} P=D \\ L=G \end{cases} \tag{3-2}$$

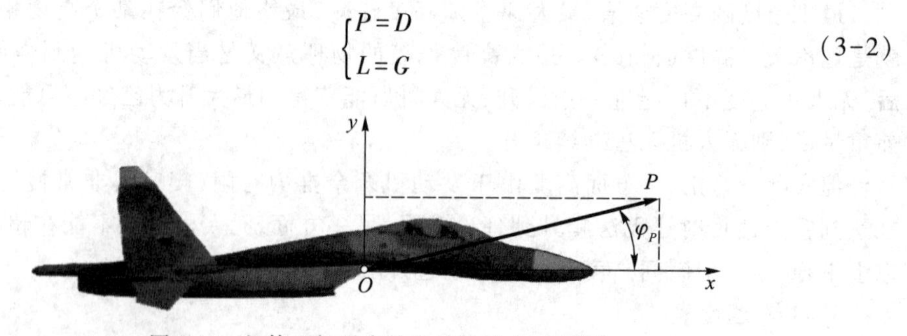

图 3.14 机体坐标系中的发动机推力示意图

首先根据运动方程计算平飞需用推力 P_{Px},在给定飞行高度与飞行速度(H,Ma)的状态下,由法向力方程 $L=G$,可得飞机在此飞行状态下的升力系数:

$$C_L=\frac{G}{qS}=\frac{G}{\frac{1}{2}\rho(Ma\cdot c)^2S} \tag{3-3}$$

式中,q 为动压,Ma 为马赫数,c 为该处的声速,S 为机翼面积。

由极曲线可根据 C_L求得 C_X,则可以计算平飞需用推力 P_{Px}:

$$P_{Px}=D=qSC_D=\frac{C_D}{C_L}G \tag{3-4}$$

根据无人机在同一高度、不同速度下的平飞需用推力计算结果可以绘制平飞需用推力曲线 P_{Px}-V,在同一张图上,同时绘制飞机在最大推力状态下或全加力状态下的推力 P_{ky}与 V 之间的关系曲线图(其中 P_{ky}为可用推力),称为推力曲线图,如图 3.15 所示,无人机在此飞行状态下的飞行速度范围就可以通过平飞需用推力与可用推力曲线的交点确定。在某种推力状态下,需用推力曲线与可用推力曲线左侧的交点决定了最小飞行马赫数,右侧的交点决定了最大飞行马赫数。

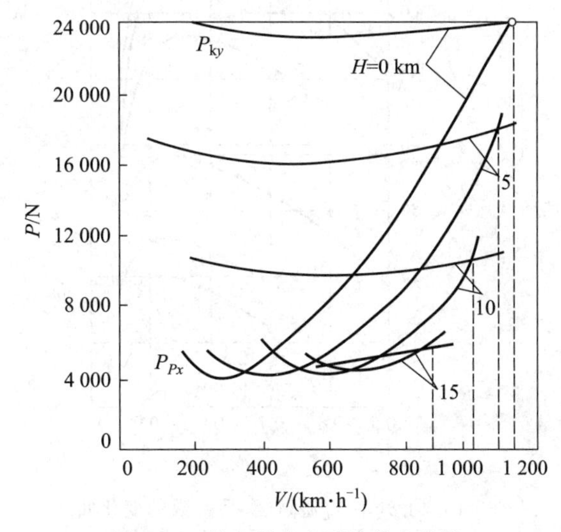

图 3.15　某飞行状态下的推力曲线

无人机的最小平飞马赫数还取决于失速迎角等因素,以上采用简单推力法所确定的只是由推力所限制的最小平飞马赫数,实际上略大于真实值。根据不同高度下的飞行马赫数范围,绘制 H-Ma 曲线,可构成了飞行包线。注意,前面的计算只考虑了推力限制,实际上飞行包线的边界还受到失速迎角(气动边界)、最大飞行马赫数(气动加热边界)、最大动压(结构强度边界)等因素限制。

2. 定常直线上升性能

无人机在定常直线上升飞行时(忽略迎角及发动机安装角)的运动方程为

$$\begin{cases} P-D-G\sin\theta=0 \\ L-G\cos\theta=0 \\ V_Y=V\sin\theta \end{cases} \tag{3-5}$$

式中,V_L为上升速度,θ 为爬升角。

根据以上方程可以得出无人机在不同飞行状态(H,Ma)下的上升率:

$$V_L=\frac{\Delta PV}{G}=\frac{(P-D)V}{G} \tag{3-6}$$

飞机在同一高度下的最大上升率为

$$V_{L\max}=\frac{(\Delta PV)_{\max}}{G} \tag{3-7}$$

上式中,由于 ΔP 和 V 均为马赫数的函数,所以求解比较麻烦,通常利用图 3.16 所示的 V_L-Ma曲线直接读出某一飞行高度下的最大上升率 $V_{L\max}$,$V_{L\max}$对应的速度则为此飞行高度下的快升速度 V_{ks}。

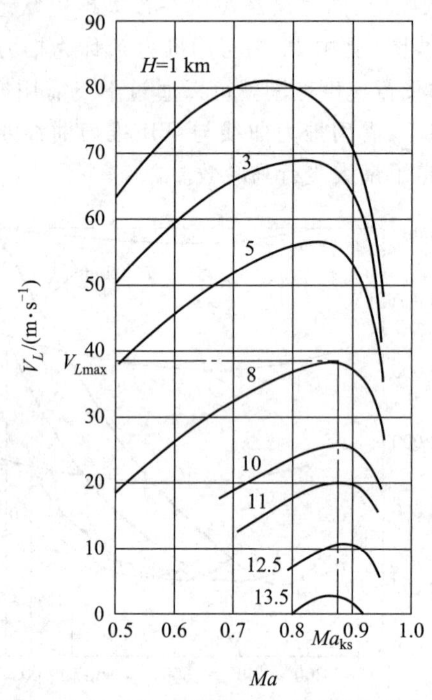

图 3.16 上升率 V_L随高度、马赫数的变化曲线

按照同样的方法可以确定每个飞行高度下的最大爬升角:

$$\theta_{\max}=\arcsin\frac{\Delta P_{\max}}{\mathrm{G}} \tag{3-8}$$

最大爬升角对应的速度为最陡上升速度 V_θ。

根据上面 $V_{L\max}$的计算结果,可以绘制 $H-V_{L\max}$ 曲线,如图 3.17 所示。图中每条曲线与 H 轴的交点对应于 $V_{L\max}=0$ 的情况,这一点的高度刚好是无人机能完成定直平飞的最大高度,这就是无人机静升限。对应于最大推力状态和最大加力状态下存在两个不同的静升限。

3.3.2 电动无人直升机的性能计算

随着电动系统在无人机领域的应用,无人直升机的电动化也成为趋势。电动无人直升机采用电动机、电池和电子调速器组成的电动系统作为动力,相对于内燃机驱动的传统无人直升机,具有噪声低、振动小、清洁无污染、维护性好、可靠性高等特点。

电动无人直升机续航时间 T 的表达式为

$$T=\frac{A_{\mathrm{E}}B_{\mathrm{E}}G_{\mathrm{B}}}{P_{\mathrm{Br}}g} \tag{3-9}$$

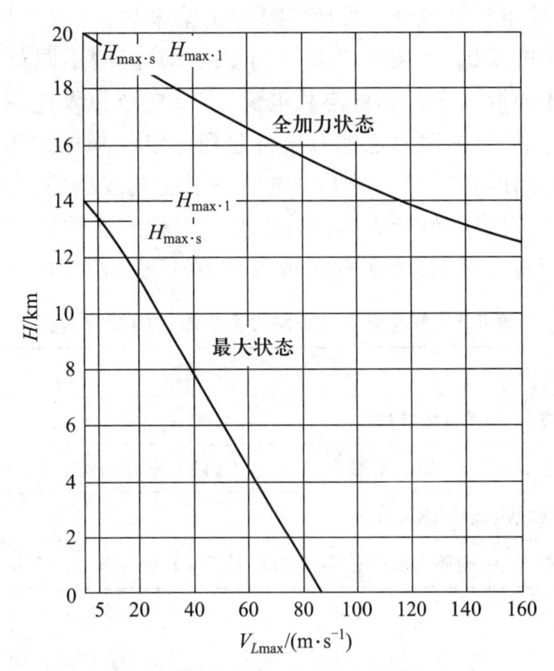

图 3.17 经由 $H-V_{Lmax}$ 曲线确定静升限

式中：A_E——电池比能量的温度特性系数；

B_E——电池常温时的比能量，W · h/kg；

G_B——电池的重量；

P_{Br}——直升机某高度飞行时电池的输出功率，W。

按照功率平衡关系，电动无人直升机的单位需用功率和电池的输出功率之间的关系为

$$P_{Br}=\frac{1}{\zeta}G\overline{N}_r \tag{3-10}$$

式中：ζ 为功率利用系数；$\overline{N}_r$ 为直升机单位需用功率；G 为直升机总重。可得到电动无人直升机最大续航时间的近似表达式：

$$T_{max}=\frac{B_E\zeta\overline{G}_B}{N_{min}g} \tag{3-11}$$

式中：$\overline{G}_B=G_B/G$，表示电池的相对重量。

电动无人直升机的最大航程可以表示为

$$L_{max}\approx\frac{B_E\zeta\overline{G}_B}{(\overline{N}_r/V)_{min}g} \tag{3-12}$$

3.3.3 多旋翼无人机的性能计算

多旋翼无人机动力系统由航模电池、电子调速器、无刷直流电动机和螺旋桨四个部

分组成,各组件的参数指标如表3.3所示。对螺旋桨来说,主要考虑尺寸规格对其升阻比性能的影响。对于电动机,主要考虑其不同型号 *KV* 值的不同对电动机转速的影响,同时电动机的性能还要取决于其标称空载电流、空载电压以及电枢内阻。对于电调,主要考虑其最大限制电流,其内阻对电池电压将起到一定的降压作用。对于电池,主要考虑其总容量对续航时间的影响以及最大放电倍率限制其放电的最大电流。这些动力系统部件之间相互耦合,对最终性能影响十分重要。工程上通常是高 *KV* 值的电动机配小桨,低 *KV* 值的电动机配大桨,即为了取多选翼无人机飞行性能的最佳值。

表3.3 多旋翼无人机动力系统组件的参数指标

组件名称	参数指标
螺旋桨	直径、螺距、桨叶数
电动机	空载 *KV* 值、额定空载电流 & 电压、最大电流、内阻、重量
电调	最大电流、内阻、重量
电池	总容量、内阻、总电压、最大放电倍率、重量

1. 螺旋桨

螺旋桨是直接产生推力的部件,同样是以追求效率为第一目的。匹配的电动机、电调与螺旋桨搭配,可以在相同的推力下耗用更少的电量,能够延长多旋翼的续航时间。因此,选择最优的螺旋桨是提高续航时间的一种方法。

假设螺旋桨在一种不能流动的介质中旋转,那么螺旋桨每转一圈,就会向前进一个距离,这个距离称为螺距。螺旋桨一般用4个数字表示,其中前两位是螺旋桨的直径,后面两位是螺旋桨的螺距。比如:1045桨的直径为10 in(英寸),而螺距为4.5 in。

螺旋桨的拉力模型为

$$T=C_T\rho\left(\frac{N}{60}\right)^2 D_{\mathrm{p}}^4 \tag{3-13}$$

转矩模型为

$$M=C_M\rho\left(\frac{N}{60}\right)^2 D_{\mathrm{p}}^5 \tag{3-14}$$

式中:C_T——螺旋桨的拉力系数;

C_M——螺旋桨的转矩系数;

ρ——空气密度,kg/m^3;

N——转速,r/min;

D_{p}——螺旋桨的直径,m。

2. 电动机

多旋翼无人机的电动机主要以无刷直流电动机为主,将电能转化为机械能。无刷直流电动机运转时靠电子电路换向,这样极大地减少了电火花对遥控无线电设备的干扰,也减小了噪声。

多旋翼无人机的电动机一般用4个数字来表示,其中前面两位数字表示电动机转子直径,后面两位数字表示电动机转子的高度。简单地说,前面两位数字越大,电动机越宽;后面两位数字越大,电动机越高。又高又大的电动机,其功率也更大,适合载重比较大的多旋翼无人机。例如:2214 电动机表示电动机转子的直径是 22 mm,电动机转子的高度是 14 mm。

无刷电动机 *KV* 值定义为“转速 · 伏特”,表示输入电压增加 1 伏特,无刷电动机空转转速增加的转速值。例如:$KV=1\ 000$ 电动机,如果外加 1 V 电压,电动机空转时每分钟转 1 000 转;如果外加 2 V 电压,电动机空转时每分钟转 2 000 转。

电磁转矩的表达式为

$$T_e=K_T I_m \tag{3-15}$$

式中:K_T——电动机转矩常数;

I_m——电枢电流;

T_e——电磁转矩。

3. 电调

电调全称电子调速器,最基本的功能就是通过飞行控制板给定电压为电动机调速,电调还可以为遥控接收器上其他通道的舵机供电。无刷电调的重要功能就是充当换相器的角色,因为无刷电动机没有电刷进行换相,所以需要电调将直流电源转化为三相电源提供给无刷电动机,并对无刷电动机起调速作用。电调还有一些其他辅助功能,比如电池保护、启动保护、刹车灯等。

电调上标有最大允许电流大小,如 30 A、50 A 等,如果超过该电流,电调则会被损坏。电调的电流可以达到几十安培,而发热功率是电流的平方的函数,所以电调的散热性能也十分重要,一般大规格电调具有相应比较小的内阻。

电调输入电流可表示为

$$I_e=\sigma I_m \tag{3-16}$$

式中:α——电调输入油门指令(0~1 之间,无单位)。

电调输入电压可表示为

$$U_e=U_b-n_r I_e R_b \tag{3-17}$$

式中:U_b——电池电压;

n_r——电调个数;

R_b——电池内阻。

4. 电池模型

电池主要用于提供多旋翼飞行的能量,常见类型有锂电池和镍氢电池,对于多旋翼无人机而言,电池单位重量的能量载荷很大程度上限制了其飞行时间和任务拓展。

电池的基本特征主要有电压、容量、内阻和放电倍率。航模专用锂聚合物电池单节标称电压一般为 3.7 V,充满电可到 4.2 V。在实际充、放电过程中,电池容量逐渐减小,在某些区域内,电池剩余容量与电池电流基本呈线性下降关系。而在电池放电后期,电池容量可能会随着电流的变化急剧下降,所以多旋翼无人机一般会设置安全电压。

复习题

1. 简述常见的发动机类型适用于哪些类型的无人机。
2. 简述活塞式发动机的工作原理。
3. 涡轮发动机包含哪些种类？各有什么特点？
4. 简述无刷直流电动机的工作原理。
5. 什么是无人机的飞行包线？从中可以看出无人机的哪些性能？
6. 简要叙述固定翼无人机定直平飞时需用推力的计算过程。
7. 简要叙述固定翼无人机定常直线上升时最大爬升角和最陡上升速度的计算过程。
8. 电动无人直升机续航时间表达式是什么？与哪些系数有关？
9. 简述多旋翼无人机螺旋桨的拉力模型和转矩模型。

第4章　无人机的飞行控制技术

4.1　无人机控制概述

4.1.1　无人机的飞行控制系统

无人机的飞行控制系统(简称飞控系统)是无人机完成起飞、空中飞行、执行任务、返厂回收等整个飞行过程的核心系统,该系统对无人机实现全权控制与管理,因此飞控系统之于无人机相当于驾驶员之于有人机,是无人机执行任务的关键。飞控系统主要具有如下功能:

1) 无人机姿态稳定与控制;

2) 与导航子系统协调完成航迹控制;

3) 无人机起飞(发射)与着陆(回收)控制;

4) 无人机飞行管理;

5) 无人机任务设备管理与控制;

6) 应急控制;

7) 信息收集与传递。

一个典型的无人机飞行控制系统组成部分如图 4.1 所示。

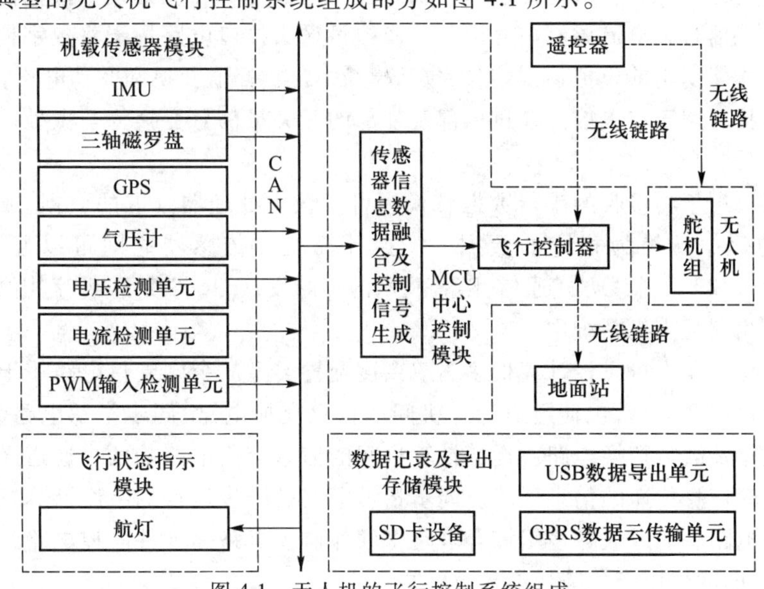

图 4.1　无人机的飞行控制系统组成

1. 飞控计算机类型

飞控计算机按照对信号的处理方式，主要分为模拟式、数模混合式和数字式飞控计算机三种类型。现今，随着数字电路技术的发展，模拟式飞控计算机已基本被数字式飞控计算机取代，新研制的无人机飞控系统几乎都采用了数字式飞控计算机。

2. 飞控计算机余度

余度设计是为系统或设备设计具有一套以上能完成给定功能的单元，只有当规定的几套单元都发生故障时系统或设备才会丧失功能。这是系统或设备具有某些备用资源。当系统中的某一资源出现故障时，备用资源可以代替故障部分继续工作，使整个系统能够在规定的时间里完成特定的功能。余度设计的任务包括确定余度等级、选定余度类型、确定余度配置方案、确定余度管理方案等。此设计方法多用于机载设备的调节与控制中。

无人机没有人身安全问题，因此会综合考虑功能、任务可靠性要求和性能价格比来进行余度配置设计。就飞控计算机而言，一般大、小型无人机都有余度设计，一些简单的微、轻型无人机无余度设计。

3. 飞控计算机主要硬件构成

飞控计算机主要硬件构成包括主处理控制器、二次电源、模拟量输入/输出接口、离散量接口、通信接口、余度管理、加温电路、检测接口、飞控计算机机箱。

主处理控制器主要有通用型处理器（MPU）、微处理器（MCU）、数字信号处理器（DSP）。随着FPGA（field programmable gate array，现场可编程门阵列）技术的发展，相当多的情况下采用FPGA处理器组合成强大的主处理控制器。

二次电源是飞控计算机的一个关键部件。飞控计算机的二次电源一般为5 V、±15 V等直流电源电压，而无人机的一次电源根据型号不同区别较大，要对一次电源进行变换。现在普遍使用集成开关电源模块。

模拟量输入/输出接口。模拟量输入接口电路将各传感器输入的模拟量进行信号调理、增益变换，模/数（A/D）转换后，提供给微处理器进行相应处理。模拟信号一般可分为直流模拟信号和交流调制信号两类。模拟量输出接口电路用于将数字控制信号转换为伺服机构能识别的模拟控制信号，包括模/数转换、幅值变换和驱动电路。

离散量接口用于将飞控计算机内部及外部的开关量信号变换为与微处理器工作电平兼容的信号。

通信接口用于将接收的串行数据转换为可以让主处理器读取的数据，或将主处理器要发送的数据转换为相应的数据。飞控计算机和传感器之间可以通过RS232/RS422/ARINC429等总线方式通信，随着技术的不断发展，1553 B总线等其他总线通信方式也将应用到无人机系统中。

余度管理。无人机飞控计算机多为双余度配置类型。余度支持电路用于支持多余度机载计算机协调运行，包括通道计算机间的信息交换电路、同步指示电路、通道故障逻辑综合电路及故障切换电路。通道计算机间的信息交换电路是两个通道飞控计算机之间进行共享信息传递的信息通路。同步指示电路是同步运行的余度计算机之间相互同步的支持电路。通道故障逻辑综合电路将软件监控电路和硬件监控电路的监控结果进行综合，它的输出用于故障切换和故障指示。

加温电路常用于工作环境超出工业品级温度范围的飞控计算机中,以满足加温电路所需功率和加温方式的需求。

检测接口。飞控计算机应留有合适的检测接口,方便与一线检测设备、二线检测设备连接。

飞控计算机机箱直接影响计算机抗恶劣环境的能力以及可靠性、可维护性、使用寿命等要求。

4. 无人机机载飞控软件

无人机机载飞控软件是一种运行于飞控计算机上的嵌入式实时任务软件。它不仅要具有功能齐全、性能好、效率高的特点,而且要具有较好的质量保证、可靠性和可维护性。

无人机机载飞控软件按功能划分的模块包括:① 硬件接口驱动模块;② 传感器数据处理模块;③ 飞行控制律模块;④ 导航与制导模块;⑤ 飞行任务管理模块;⑥ 任务设备管理模块;⑦ 余度管理模块;⑧ 数据传输、记录模块;⑨ 自检测模块;⑩ 其他模块。

5. 飞控计算机自检测

飞控计算机自检测(BIT)提供故障检测、定位和隔离的功能。BIT 按功能不同又分为维护自检测(MBIT)、加电启动自检测(PUBIT)、飞行前自检测(PBIT)、飞行中自检测(IFBIT)等。

6. 无人机的操控模式

根据不同无人机类型设置不同,典型的操控模式有 GPS 模式、运动模式、姿态模式等。

1) GPS 模式。就是无人机使用 GPS 信号接收精确悬停、指点飞行、规划航线等任务。GPS 信号良好时,无人机可以实现精准定位。GPS 信号较差但光照良好时,无人机利用视觉系统实现定位,但悬停精度会变差。GPS 信号较差并且光照条件也差的时候,无人机不能实现精确悬停,仅提供姿态增稳。无人机此时相当于姿态模式。

2) 运动模式。在该模式下,无人机通过 GPS 模块或下视视觉系统实现精确悬停,与 GPS 模式相比,运动模式下操作无人机时灵敏度更高,速度更快。该模式主要为满足部分熟练飞手体验竞速而设置。

3) 姿态模式。在该模式下,不使用 GPS 模块和视觉系统进行定位,无人机仅能调整姿态以增稳。实际操作中,无人机会明显地出现漂移,无法悬停,需要操作者通过遥控器来不断修正无人机的位置。姿态模式考验的是操作者对于无人机的操控性。在一些紧急情况下需要切换姿态模式。

7. 无人机的核心控制算法

大多数普通无人机使用双闭环 PID 控制,内环为姿态环控制,外环为位置环控制。除此之外,无人机控制还有各种智能 PID(模糊、神经)算法、线性二次型调节器(linear quadratic regulation, LQR)、非线性算法(如 H 无穷)、轨迹线性化控制(trajectory linearization control, TLC)等。

4.1.2 无人机的控制通道

在实际飞控算法应用中,无人机通常使用控制通道来描述控制的自由度。如图 4.2

所示，俯仰(pitch)是“点头”，也称为无人机控制的前向通道；滚转(roll)是“翻滚”，也称为无人机控制的侧向通道；偏航(yaw)是“摇头”，也称为无人机控制的横向通道。

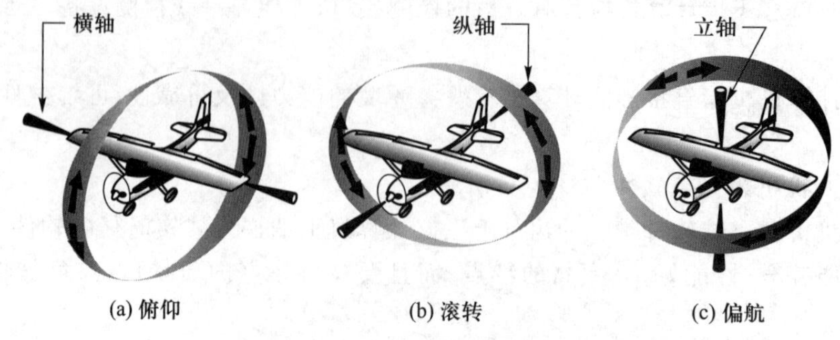

图 4.2 无人机自由度的控制

欧拉角是表达旋转的最简单的一种方式，形式上它是一个三维向量，其值分别代表物体绕坐标系三个轴(x、y、z 轴)的旋转角度。这样的话，很容易想到，同样的一个三维向量，代表了绕 x、y、z 轴的旋转值。先进行哪个旋转是否对结果有影响呢？显然是有影响的，不同的旋转顺序会代表不同的旋转结果。所以，一般引擎都会规定自己的旋转顺序。

4.2 无人机回路控制原理

4.2.1 PID 控制原理

PID 算法是最早发展起来的控制策略之一。由于其算法简单、鲁棒性(系统抵御各种扰动因素，包括系统内部结构、参数的不确定性和系统外部的各种干扰等的能力)好及可靠性高而被广泛地应用于运动控制中。尤其是随着计算机技术的发展，数字 PID 控制被广泛应用。不同的 PID 控制算法，其控制效果也各有不同。

将偏差的比例(proportion)、积分(integral)和微分(differential)通过线性组合构成控制量，用这一控制量对被控对象进行控制，这样的控制器称为 PID 控制器。

在飞行控制系统中，控制器最常用的控制规律是 PID 控制。

常规的模拟 PID 控制系统原理框图如图 4.3 所示。

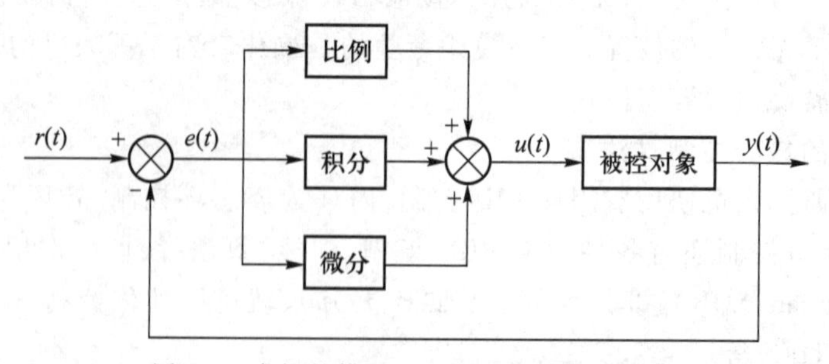

图 4.3 常规的模拟 PID 控制系统原理框图

该系统由模拟 PID 控制器和被控对象组成，它将给定值 $r(t)$ 与实际输出值 $y(t)$ 的偏差的比例(P)、积分(I)、微分(D)通过线性组合构成控制量，对被控对象进行控制。

给定值与实际输出值构成控制偏差

$$e(t)=r(t)-y(t) \tag{4-1}$$

$e(t)$作为模拟 PID 控制器的输入,$u(t)$作为模拟 PID 控制器的输出和被控对象的输入。所以,模拟 PID 控制器的微分方程为

$$u(t)=K_{\mathrm{P}}\left[e(t)+\frac{1}{T_{\mathrm{I}}}\int_{0}^{t}e(t)\,\mathrm{d}t+T_{\mathrm{D}}\frac{\mathrm{d}e(t)}{\mathrm{d}t}\right] \tag{4-2}$$

式中:K_{P}——控制器的比例系数;

T_{I}——控制器的积分时间,也称积分系数;

T_{D}——控制器的微分时间,也称微分系数。

1. 比例部分

比例部分的数学式表示是:$K_{\mathrm{P}}e(t)$。

在模拟 PID 控制器中,比例环节的作用是对偏差瞬间做出反应。偏差一旦产生,控制器立即产生控制作用,使控制量向减少偏差的方向变化。控制作用的强弱取决于比例系数 K_{P}。比例系数 K_{P}越大,控制作用越强,则过渡过程越快,控制过程的静态偏差也就越小;但是 K_{P}越大,也越容易产生振荡,破坏系统的稳定性。故而,比例系数 K_{P}选择必须恰当,才能使过渡时间少,控制过程的静态偏差小且稳定。

2. 积分部分

积分部分的数学式表示是:$K_{\mathrm{P}}\dfrac{1}{T_{\mathrm{I}}}\int_{0}^{t}e(t)\,\mathrm{d}t$。

从积分部分的数学表达式可以知道,只要存在偏差,则它的控制作用就不断地增加;只有在偏差 $e(t)=0$ 时,它的积分才能是一个常数,控制作用才是一个不会增加的常数。可见,积分部分可以消除系统的偏差。

积分环节的调节作用虽然会消除静态误差,但也会降低系统的响应速度,增加系统的超调量。积分常数 T_{I}越大,积分的积累作用越弱,这时系统在过渡时不会产生振荡;但是增大积分常数会减慢静态误差的消除过程,消除偏差所需的时间也较长,但可以减小超调量,提高系统的稳定性。当 T_{I}较小时,积分的作用较强,这时系统过渡过程中有可能产生振荡,不过消除偏差所需的时间较短。所以,必须根据实际控制的具体要求来确定 T_{I}。

3. 微分部分

微分部分的数学式表示是:$K_{\mathrm{P}}T_{\mathrm{D}}\dfrac{\mathrm{d}e(t)}{\mathrm{d}t}$。

实际的控制系统除了希望消除静态误差外,还要求加快调节过程。在偏差出现的瞬间,或在偏差变化的瞬间,不但要对偏差量做出立即响应(比例环节的作用),而且要根据偏差的变化趋势预先给出适当的纠正。为了实现这一作用,可在模拟 PI 控制器的基础上加入微分环节,形成模拟 PID 控制器。

微分环节的作用是阻止偏差的变化。它是根据偏差的变化趋势(变化速度)进行控制。偏差变化得越快,微分控制器的输出就越大,并能在偏差值变大之前进行修正。微分作用的引入将有助于减小超调量,克服振荡,使系统趋于稳定,特别对高阶系统非常有利,它加快了系统的跟踪速度。但微分的作用对输入信号的噪声很敏感,对那些噪声

较大的系统一般不用微分,或在微分起作用之前先对输入信号进行滤波。

微分部分的作用由微分时间常数 T_D决定。T_D越大,它抑制偏差 $e(t)$变化的作用越强;T_D越小,它反抗偏差 $e(t)$变化的作用越弱。微分部分显然对系统稳定有很大的作用。

适当地选择微分常数 T_D,可以使微分作用达到最优。

4. 控制器参数整定

控制器参数整定是指决定调节器的比例系数 K_P、积分时间 T_I、微分时间 T_D和采样周期 T_S的具体数值。整定的实质是通过改变调节器的参数,使其特性和过程特性相匹配,以改善系统的动态和静态指标,取得最佳的控制效果。

整定控制器参数的方法很多,归纳起来可分为两大类,即理论计算整定法和工程整定法。理论计算整定法有对数频率特性法和根轨迹法等;工程整定法有凑试法、临界比例度法、经验法、衰减曲线法和响应曲线法等。工程整定法的特点是不需要事先知道过程的数学模型,直接在过程控制系统中进行现场整定,方法简单、计算简便、易于掌握。

下面简单介绍几种工程整定法。

(1) 凑试法

按照先比例(P)、再积分(I)、最后微分(D)的顺序凑试。

置调节器积分时间 $T_I=\infty$,微分时间 $T_D=0$,在比例系数 K_P按经验设置的初值条件下,将系统投入运行,由小到大整定比例系数 K_P。求得满意的 1/4 衰减度过渡过程曲线。

引入积分作用(此时应将上述比例系数 K_P设置为初值的 5/6),将 T_I由大到小进行整定。

若需引入微分作用,则将 T_D按经验值或按 T_D取值的 1/3~1/4 来设置初值,并由小到大加入。

(2) 临界比例度法

在闭环控制系统里,将调节器置于纯比例作用下,从小到大逐渐改变调节器的比例系数,得到等幅振荡的过渡过程。此时的比例系数称为临界比例系数 K_U,相邻两个波峰间的时间间隔,称为临界振荡周期 T_U。

将调节器的积分时间 T_I置于最大($T_I=\infty$),微分时间置零($T_D=0$),比例系数 K_P适当,平衡操作一段时间,把系统投入自动运行。

将比例系数 K_P逐渐增大,得到等幅振荡过程,记下临界比例系数 K_U和临界振荡周期 T_U值。

根据 K_U和 T_U值,采用经验公式,计算调节器的各个参数,即 K_P、T_I和 T_D的值。

按"先 P 再 I 最后 D"的操作程序将调节器整定参数调到计算值上。若还不够满意,可再作进一步调整。

临界比例度法首先将控制器选为纯比例控制器,并形成闭环,改变比例系数,使系统对阶跃输入的响应达到临界状态,这时记下比例系数 K_U、临界振荡周期为 T_U,根据 Ziegler-Nichols 提供的经验公式,如表 4.1 所示,就可以由这两个基准参数得到不同类型控制器的参数。

表 4.1 临界比例度法确定的模拟控制器参数

控制器类型	K_P	T_I	T_D
P	$0.5K_U$		
PI	$0.45K_U$	$0.85K_U$	
PID	$0.6K_U$	$0.5K_U$	$0.12K_U$

这种临界比例度法是针对模拟 PID 控制器,对于数字 PID 控制器,只要采样周期取得较小,原则上也同样使用。在电动机的控制中,可以先采用临界比例度法,然后在采用临界比例度法求得的结果基础上,用凑试法进一步完善。

表 4.1 中的控制参数,实际上是按衰减度为 1/4 时得到的。通常认为 1/4 的衰减度能兼顾到稳定性和快速性。如果要求更大的衰减,则必须用凑试法对参数做进一步的调整。

(3) 经验法

用凑试法确定 PID 控制参数需要经过多次反复的试验,为了减少凑试次数,提高工作效率,可以借鉴他人的经验,并根据一定的要求,事先做少量的试验,以得到若干基准参数,然后按照经验公式,用这些基准参数导出 PID 控制参数,这就是经验法。

5. 采样周期的选择

根据香农(Shannon)采样定律,为不失真地复现信号的变化,采样频率至少应大于或等于连续信号最高频率分量的两倍,由此可以确定采样周期的上限值。实际采样周期的选择还要受到多方面因素的影响,不同的系统采样周期应根据具体情况来选择。

采样周期的选择通常按照过程特性与干扰大小适当来选取采样周期,即对于响应快(如流量、压力等因素)、波动大、易受干扰的过程,应选取较短的采样周期;反之,对于响应慢(如温度、成分等因素)、滞后大的过程,可选取较长的采样周期。

采样周期的选取应与 PID 控制参数的整定进行综合考虑,采样周期应远小于过程的扰动信号的周期,在执行器的响应速度比较慢时,过小的采样周期将失去意义,因此可适当选大一点;在计算机运算速度允许的条件下,采样周期短,控制品质好;当过程的纯滞后时间较长时,一般选取采样周期为纯滞后时间的 1/4~1/8。

6. 参数调整规则的探索

人们通过对 PID 控制理论的认识和长期人工操作经验的总结,可知 PID 参数应依据以下几点来适应系统的动态过程:

1) 在偏差比较大时,为尽快消除偏差,提高响应速度,同时为了避免系统响应出现超调,K_P取大值,K_I取零;在偏差比较小时,为继续减小偏差,并防止超调过大、产生振荡、稳定性变坏,K_P值要减小,K_I取小值;在偏差很小时,为消除静差,克服超调,使系统尽快稳定,K_P值继续减小,K_I值不变或稍取大。

2) 当偏差与偏差变化率同号时,被控量是朝偏离既定值方向变化。因此,当被控量接近定值时,反号的比例作用阻碍积分作用,避免积分超调及随之而来的振荡,有利于控制;而当被控量远未接近各既定值并向既定值变化时,则由于这两项反向,将会减慢控制过程。在偏差比较大,偏差变化率与偏差异号时,K_P值取零或负值,以加快控制的动态过程。

3）偏差变化率的大小表明偏差变化的速率。偏差变化率越大，K_P取值越小，K_I取值越大，反之亦然。同时，要结合偏差大小来考虑。

4）微分作用可改善系统的动态特性，阻止偏差的变化，有助于减小超调量，消除振荡，缩短调节时间，允许加大 K_P，使系统稳态误差减小，提高控制精度，达到满意的控制效果。所以，在 K_P 比较大时，K_D取零，实际为 PI 控制；在 K_P 比较小时，K_D取一正值，实行 PID 控制。

4.2.2 卡尔曼滤波原理

1. 卡尔曼滤波的发展背景

1960 年，匈牙利数学家卡尔曼发表了一篇关于离散数据线性滤波递推算法的论文，这意味着卡尔曼滤波的诞生。斯坦利·施密特（Stanley Schmidt）首次实现了卡尔曼滤波器，卡尔曼在 NASA 埃姆斯研究中心访问时，发现他的方法对于解决阿波罗计划的轨道预测很有用，后来阿波罗飞船的导航计算机使用了这种滤波器。关于这种滤波器的论文由 Swerling（1958）、Kalman（1960）与 Kalman and Bucy（1961）发表。

卡尔曼滤波是一种应用相当广泛的滤波，但它既需要假定系统是线性的，又需要认为系统中的各个噪声与状态变量均呈高斯分布，而这两条并不总是确切的假设限制了卡尔曼滤波器在现实生活中的应用。扩展卡尔曼滤波器（EKF）极大地拓宽了卡尔曼滤波的适用范围。EKF 的基本思路是，假定卡尔曼滤波对当前系统状态估计值非常接近于其真实值，于是将非线性函数在当前状态估计值处按泰勒公式展开并实现线性化。另一种针对非线性函数的卡尔曼滤波称为线性化卡尔曼滤波。它与 EKF 的主要区别是前者将非线性函数在滤波器对当前系统状态的最优估计值处线性化，而后者因为预先知道非线性系统的实际运行状态大致按照所要求、希望的轨迹变化，所以这些非线性化函数在实际状态处的值可以表达为在希望的轨迹处的泰勒展开式，从而完成线性化。

卡尔曼滤波器是一个最优化自回归数据处理的算法。它能够从一系列的不完全及包含噪声的测量中，估计动态系统状态。对于解决大部分问题，它是最优、效率最高甚至是最有用的。它的广泛应用已经超过 30 年，尤其在控制、制导、导航、通信等现代工程方面。

本质上来讲，滤波就是一个信号处理与变换（去除或减弱不想要的成分，增强所需成分）的过程，这个过程既可以通过硬件来实现，也可以通过软件来实现。卡尔曼滤波属于一种软件滤波，基本思想是：以最小均方差为最佳估计准则，采用信号与噪声的状态空间模型，利用前一时刻的估计值和当前时刻的观测值来更新对状态变量的估计，求出当前时刻的估计值。算法根据建立的系统方程和观测方程对需要处理的信号做出满足最小均方差的估计。

2. 卡尔曼滤波的模型

卡尔曼滤波是基于状态空间方法的一套递推滤波算法，在状态空间方法中，引入了状态变量的概念。实际应用中，可以通过选取合适的状态变量来体现系统的特征、特点和状况的变化。卡尔曼滤波的模型包括状态空间模型和观测模型。状态空间模型是反映状态变化规律的模型，通过状态方程来描写相邻时刻的状态转移变化规律；观测模型反映了实际观测量与状态变量之间的关系。卡尔曼滤波问题就是联合观测信息及状态转移规律来得到系统状态的最优估计。

假设动态系统的状态空间模型为

$$状态方程:\boldsymbol{X}(t+1)=\boldsymbol{\Phi X}(t)+\boldsymbol{\Gamma W}(t) \tag{4-3}$$

$$观测方程:\boldsymbol{Y}(t)=\boldsymbol{HX}(t)+\boldsymbol{V}(t) \tag{4-4}$$

式中:$\boldsymbol{X}(t)$——系统在时刻 t 的状态;

$\boldsymbol{Y}(t)$——对状态的观测值;

$\boldsymbol{W}(t)$——系统噪声,方差阵为 $\boldsymbol{Q}$;

$\boldsymbol{V}(t)$——观测噪声,方差阵为 $\boldsymbol{R}$;

$\boldsymbol{\Phi}$——状态转移矩阵;

$\boldsymbol{H}$——观测矩阵;

$\boldsymbol{\Gamma}$——系统噪声驱动矩阵。

3. 卡尔曼滤波的计算流程

计算状态估计值:

$$\hat{\boldsymbol{X}}(t+1 \mid t+1)=\hat{\boldsymbol{X}}(t+1 \mid t)+\boldsymbol{K}(t+1)\boldsymbol{\varepsilon}(t+1) \tag{4-5}$$

计算状态一步预测:

$$\hat{\boldsymbol{X}}(t+1 \mid t)=\boldsymbol{\Phi}\hat{\boldsymbol{X}}(t \mid t) \tag{4-6}$$

$\boldsymbol{\varepsilon}(t+1)$表示观测数据 $Y(t)$ 的新信息,简称新息,可由下式计算:

$$\boldsymbol{\varepsilon}(t+1)=\boldsymbol{Y}(t+1)-\boldsymbol{H}\hat{\boldsymbol{X}}(t+1 \mid t) \tag{4-7}$$

计算卡尔曼滤波增益:

$$\boldsymbol{K}(t+1)=\boldsymbol{P}(t+1 \mid t)\boldsymbol{H}^{\mathrm{T}}[\boldsymbol{HP}(t+1 \mid t)\boldsymbol{H}^{\mathrm{T}}+\boldsymbol{R}]^{-1} \tag{4-8}$$

计算一步预测均方误差:

$$\boldsymbol{P}(t+1 \mid t)=\boldsymbol{\Phi P}(t \mid t)\boldsymbol{\Phi}^{\mathrm{T}}+\boldsymbol{\Gamma Q \Gamma}^{\mathrm{T}} \tag{4-9}$$

计算一步预测估计均方误差:

$$\boldsymbol{P}(t+1 \mid t+1)=[\boldsymbol{I}_n-\boldsymbol{K}(t+1)\boldsymbol{H}]\boldsymbol{P}(t+1 \mid t) \tag{4-10}$$

为了更形象地说明卡尔曼滤波的原理,下面给出卡尔曼滤波的系统模型框图,如图 4.4所示。

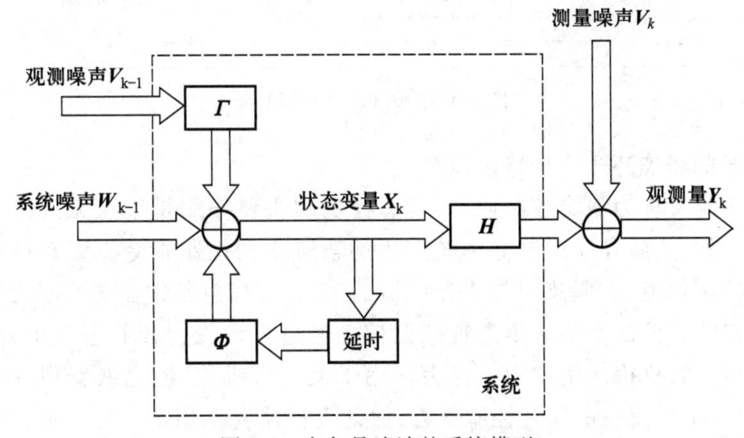

图 4.4 卡尔曼滤波的系统模型

4. 基于卡尔曼滤波器的PID控制系统结构

对于复杂、不稳定非线性系统,采用卡尔曼滤波器的PID控制系统结构图如图4.5所示。与传统的PID控制系统的结构图相比较,在被控对象输出值之后附加了一个卡尔曼滤波器。通过该滤波器将系统的测量噪声和控制干扰量进行消减,消减过程主要体现在经过滤波器后,只要合理选用PID控制器参数,可以得到稳定的系统输出,能显著减少噪声的影响,同时也能够有效减少系统的峰值时间,减小振荡次数,快速地使系统达到稳定。

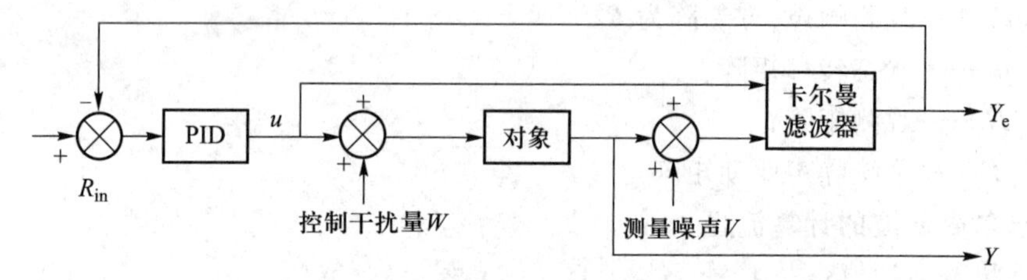

图4.5 采用卡尔曼滤波器的PID控制系统结构图

4.2.3 无人机的回路控制

无人机的回路控制如图4.6所示。

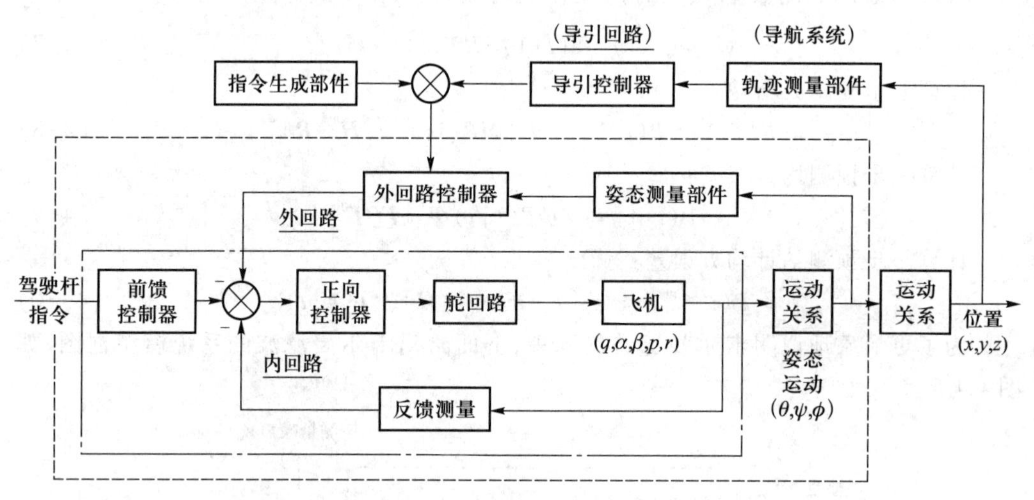

图4.6 无人机的回路控制

1. 无人机的姿态环(内回路)控制

姿态环控制又称为稳定控制回路,姿态控制的主要作用是维持无人机飞行过程中的姿态稳定,同时实施导航或制导系统产生的轨迹规划控制指令。姿态控制系统接受两个方面的控制信息:一是来自姿态传感器的信息,该信息是由于无人机受干扰作用使姿态偏离原来状态而产生的。姿态传感器信息经过自动飞行控制系统生成控制信号,再通过电动机伺服机构产生拉力。拉力作用于无人机机体,使之恢复到原来的姿态位置,这样形成一个负反馈的闭环控制回路,保证飞行器姿态稳定。另一个控制信息来自外环轨迹规划系统,它们导引无人机进行机动转弯等其他动作。

2. 无人机的位置环(外回路)控制

位置环控制的主要作用是维持无人机的速度和飞行轨迹控制。通过无人机反馈的速度及位置信息,无人机外回路实现对飞行轨迹的控制。通常的外回路控制方法有传统的 PID 控制算法及现代模型预测等算法。通过外回路控制,无人机能够实现精确的飞行路径导引和自主飞行功能。常用的外回路控制功能有高度保持、航向保持、定半径环路飞行等。

4.3 固定翼无人机的飞行控制

4.3.1 固定翼无人机的舵面及组成

固定翼无人机一般由机翼、机身、尾翼、起落装置和动力装置五个主要部分组成,舵面主要安装在机翼和尾翼上,如图 4.7 所示。

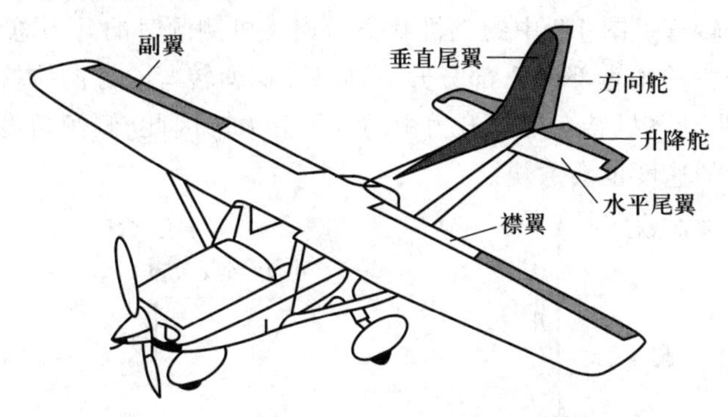

图 4.7 固定翼无人机的舵面

机翼的主要功用是产生升力,以支持飞机在空中飞行,同时也起到一定的平衡作用。在机翼上一般安装有副翼和襟翼,操纵副翼可使飞机滚转,放下襟翼可使升力增大。机翼上还可安装发动机、起落架和油箱等。不同用途的飞机其机翼形状、大小也各有不同。

尾翼包括水平尾翼和垂直尾翼。水平尾翼由固定的水平安定面和可动的升降舵组成,有的高速飞机将水平安定面和升降舵合为一体成为全动平尾。垂直尾翼包括固定的垂直安定面和可动的方向舵。尾翼的作用是操纵飞机俯仰和偏转,保证飞机能平稳飞行。

对于固定翼无人机来说,有以下关键概念定义:

1) 机翼展长(简称翼展)——在机翼外刚好与机翼轮廓线接触,且平行于机翼对称面的两个平面之间的距离。

2) 机身全长——无人机纵轴线在水平位置时机体最前端和最后端垂直于飞机轴线的两个平面之间的距离。

3) 重心——无人机各部分重力的合力作用点称为重心。

4) 尾心臂——由重心到水平尾翼前缘四分之一弦长处的距离。

5) 翼型——平行于机翼或其他升力面的对称面或垂直于其前缘(或某等百分比弦线)的机翼或其他升力面的横截面外形。

6) 前缘——翼型的最前点。

7) 后缘——翼型的最后点。

8）弦线——前、后缘之间的连线。弦线的长度称为弦长，如果机翼平面形状不是长方形，则一般在参数计算时采用制造商指定位置的弦长或平均弦长。

9）机翼展弦比——翼展与平均几何长度的比值。展弦比大说明机翼狭长。

10）迎角——翼弦与来流矢量在飞机对称面内投影的夹角，它是确定机翼在气流中姿态的基准。

11）翼载荷——指整机重量跟机翼面积的比值。

12）推重比——指发动机推力跟整机重量的比值。

4.3.2 固定翼无人机的飞行模式

1. 平直飞行与转弯飞行的原理

如图4.8所示，升力沿着垂直方向（向上拉拽飞机），可让飞机保持腾空状态。当然，如果升力可以向上拉拽，同时它也可以向左或右产生小规模的分力。这些分力发挥作用时，飞机就会转弯。图4.8中的飞机B显示出飞机侧倾时的升力总和。部分升力将飞机向上拉拽（升力的垂直部分），部分升力则将飞机朝转弯的方向拉拽（升力的水平分力）。也就是说，带动飞机转弯的是升力中的水平分力。因此，侧倾角度愈大，升力的水平分力愈大，转弯的速度也会愈快。

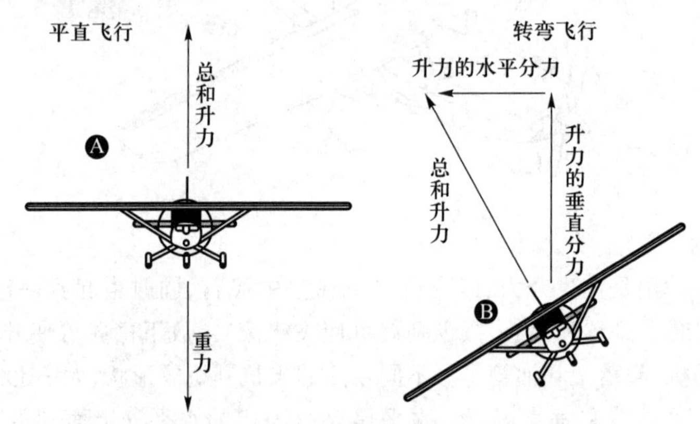

图4.8 固定翼无人机的平直飞行与转弯飞行

在飞机转弯时，总和升力会被分解成分力，这表示原来承托飞机重量的垂直升力减少了（参阅图4.8中飞机B）。这时飞机会朝当时作用力最大的方向移动，也就是向下的重力。我们可以随时在进入转弯动作时，稍微提高我们的升力来抵消重力的影响，即可以往下拉升降舵，用以加大机翼（主翼）的迎角，小幅度提高机翼的升力。然而，迎角加大，相对的阻力也会随之提高，飞机的速度将因此降低。进行小坡度（30°左右或以下）转弯时并不需要担心这类减速现象。不过在进行大坡度（45°或以上）转弯时，可能就需要额外的动力来避免空速过度降低，这时需要加大油门量。

2. 反向偏航的原理

反向偏航是飞机之所以需要配备方向舵的原因。飞机右转弯时，左翼上的副翼会放下来，提高了左翼升力，因此左机翼会抬升；却也相对提高了阻力，因此也会将左翼稍稍往后方拉拽。这会让飞机在向右侧倾的同时，机头被朝着反方向（左侧）拉拽（偏航）。

如果无人机飞行中向右侧倾，就要保证机头也对着右侧方向飞行，这就是方向舵派得上用场的地方。当飞机在进入与结束侧倾滚转的时候,都会受到反向偏航的影响,此时需要施加在方向舵的力量加大。一旦在转弯时稳定住飞机,往往方向舵就能恢复对中,而机头也朝着预定的方向前进。如图 4.9 所示,图 a 中出现反向偏航现象,这时需要往右打方向舵来让机头转向箭头方向;图 b 中机头刚好调整到箭头方向,飞机按预定路线飞行;图 c 中方向舵打过量了,这时需要往左打方向舵,让机头转回箭头方向。

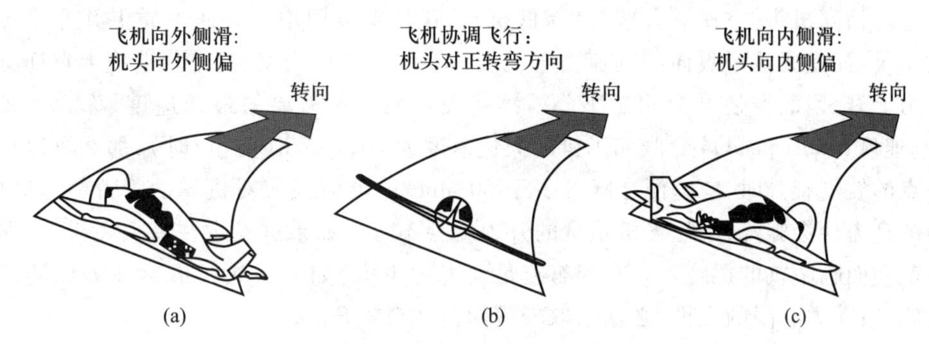

图 4.9 固定翼无人机反向偏航的调整

3. 升降原理

升降舵位于飞机后端的可移动水平控制面。它的作用是让飞机调整俯仰角度。控制升降舵与副翼,在航空动力学原理上是同一回事。将驾驶盘(由遥控器的升降舵杆控制)往后拉,如图 4.10a 所示,就可以让升降舵控制面向上移动,机尾下方压力降低,于是机尾下降,机头则以仰角抬升。将驾驶盘往前推,如图 4.10b 所示,升降舵控制面向下移动,机尾上方的压力会下降,机尾因此开始上升,机身会沿着垂直于轴向机头的方向侧倾,造成机头下降。简单地说,要想抬升机头,就将遥控器的升降舵往后拉;要想降下机头,将遥控器的升降舵往前推。

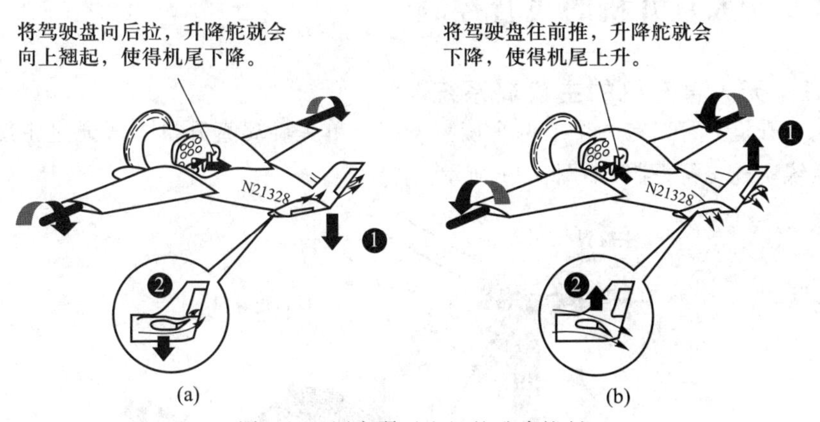

图 4.10 固定翼无人机的升降控制

4.3.3 固定翼无人机的飞行状态

1. 起飞

起飞时,将飞机加速到足够的速度,并抬高机头成为爬升姿态。此时,固定翼无人机便会往上飞。

2. 爬升与下降

通过控制机头的俯仰来实现飞机的爬升与下降。飞机爬升所依赖的是多出来的推力,而非升力。有关飞行最大的错误观念之一,就是认为固定翼无人机是以多出来的升力进行爬升动作。

机头的俯仰,换句话说,就是所选择的飞机姿态或爬升坡度,将决定空速表接下来的状态。抬高机头,空速就会减缓;降低机头,速度就会回增。失速本质上并非指飞机速度不足,而是指流经翼面的气流由于逆压梯度与黏性作用发生分离,造成上翼面分离处压力上升,因而致使升力骤然下降。维持飞机飞行所需要的最低速度,称为飞机的"失速速度(stalls peed)"。假如飞机的失速速度为 60 mile/h(英里/时),那么再以稍微大一点的坡度爬升时,空速便会降到少于 60 mile/h,此时气流对机翼的附着能力降低,机翼的升力便会骤降,承托飞机重量的升力就会不够。如果这发生在有人飞机上,那么飞机就会面临坠机的危险。只有拥有充足动力的飞机(如喷射战斗机),才能以陡峭的角度爬升;动力有限的飞机,必须采取较缓的角度来爬升。

3. 着陆

着陆把绝大多数工作交给固定翼无人机。只要飞行器稳定并保持适当的空速,就几乎不需要其他操作了。飞行器只要对正跑道,基本上就会自己着陆。固定翼无人机着陆大概做法:在离跑道适当远处关小油门,让飞行器处于一个较低的速度,适当推升降舵(机头稍稍向下),此时飞机高度便会慢慢降低,当飞行器降到一个较安全的高度时关掉油门,拉升降舵,让机头稍稍往上,由于此时主翼迎角变大,升力会增加一点,着陆便会比较柔和,特别是脚架为前三角布局的飞行器,必须先以后轮着地,前轮再缓缓着地。

4.4 无人直升机的飞行控制

4.4.1 无人直升机的主旋翼系统

无人直升机上可以有一个或两个旋翼系统。单主旋翼直升机一般通过主旋翼系统和尾桨系统实现飞行控制,如图 4.11 所示。

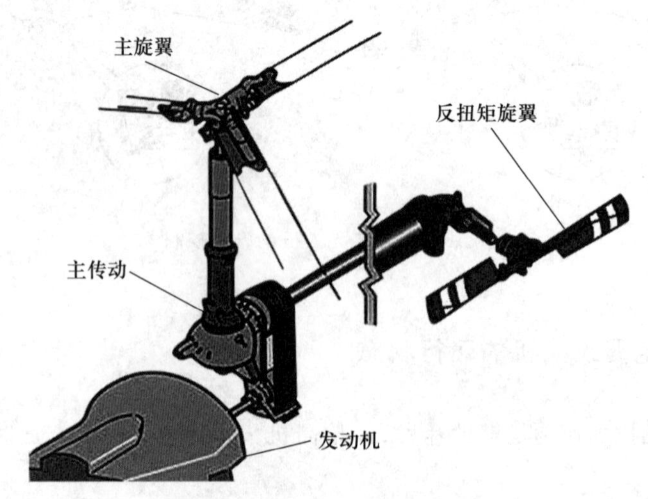

图 4.11 单主旋翼直升机的飞行控制

对于通常的双旋翼系统，如图 4.12 所示，旋翼的旋转方向是相反的，以抵消彼此的转矩，从而保持整体稳定，消除旋转的趋势。

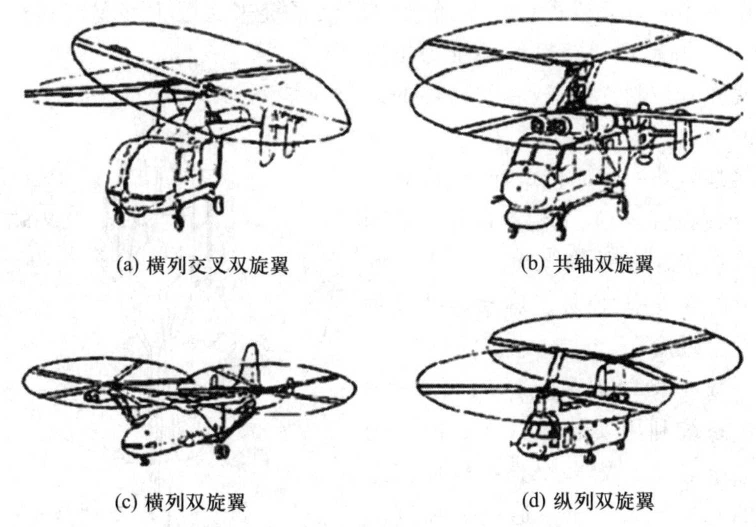

(a) 横列交叉双旋翼　(b) 共轴双旋翼

(c) 横列双旋翼　(d) 纵列双旋翼

图 4.12 双旋翼直升机的飞行控制

一般而言，旋翼系统可以分为全铰接式、半刚体式和刚体式，另外也存在这些典型系统的变种和组合形式的旋翼。

1. 全铰接式旋翼系统

通常全铰接式旋翼系统包含三个或者更多个旋翼桨叶。旋翼桨叶可以独立地作挥舞(flap)、周期变距(feather)、摆振(lead or lag)三种运动。

每片旋翼桨叶通过一个水平的挥舞铰连接到桨毂上，顾名思义，挥舞铰允许桨叶上下挥舞。每片桨叶可以独立地上下运动。挥舞铰离开桨毂的距离不尽相同，也可以有不止一个的挥舞铰。安装位置由制造者根据稳定性和控制方面的考量来决定。

每片桨叶同样通过一个垂直放置的摆振铰连接到桨毂。摆振铰允许桨叶在桨盘平面内作独立的前后运动。通常这类旋翼系统的设计中会加入减振器防止围绕摆振铰的过渡运动。设计摆振铰和减振器的目的在于吸收旋翼桨叶的部分加减速。

全铰接式旋翼系统的桨叶可以进行变距，即围绕它的转轴旋转。所谓变距，就是改变旋翼桨叶的桨距。

2. 半刚体式旋翼系统

一个半刚体式旋翼系统允许作两种不同的运动，即挥舞和变距。这类系统通常包含两个刚性连接在桨毂上的桨叶。桨毂通过一个耳轴轴承或者一个跷跷板铰链连接到主桅上，使得桨叶可以上下挥舞。当一片向下运动时，另一片向上运动。

变距可以通过一个变距铰实现，通过它可以改变桨叶的迎角。

3. 刚体式旋翼系统

刚体式旋翼系统的机械结构很简单，但是结构上非常复杂，因为工作载荷必须被材料的弯曲来吸收而不是通过铰链来消除。这类系统中桨叶不可以作挥舞和摆振动作，但是可以变距。

4.4.2 无人直升机的反扭矩系统

大多数单主旋翼直升机需要一个单独的尾桨系统来克服主旋翼旋转产生的扭矩，如图 4.13 所示。调整反扭矩系统的推力可以在主桨力矩改变时控制方向，或者在悬停的时候改变机头的朝向。

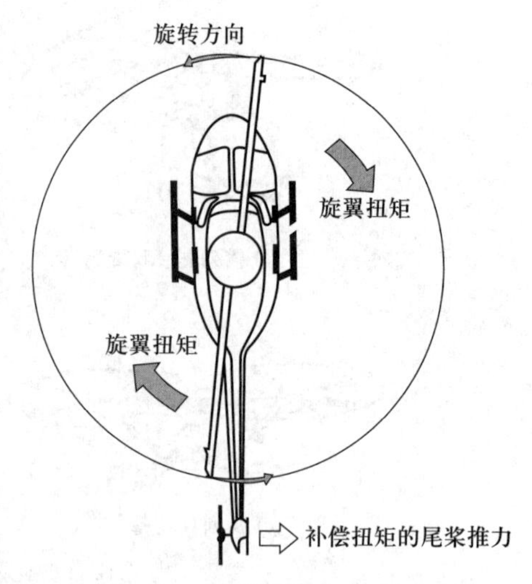

图 4.13 尾桨系统产生反扭矩

涵道尾桨是另外一种反扭矩旋翼，或者称之为 fan-in-tail 设计。这类系统采用一系列的包围在垂直尾翼中的旋翼桨叶。因为桨叶处在一个圆形的导管中，比较不容易和外界物体或者人员发生碰撞。

无尾桨系统(NOTAR 系统)是反扭矩尾桨的替代品。系统利用安装在直升机内部的风扇产生的低压空气压入尾撑，这些气体流经尾撑相应侧的水平开口喷出。通过可控制的旋转喷嘴提供反扭矩和方向控制。如图 4.14 所示，从水平开槽吹出的低压空气和主旋翼的下洗气流形成一种特殊的现象，称为“Coanda 效应”。这种效应也称为射流效应，即利用尾梁两侧气流的速度差，产生向一侧的侧推力。Coanda 效应可以产生向尾梁一侧的侧推力，从而实现反扭矩。

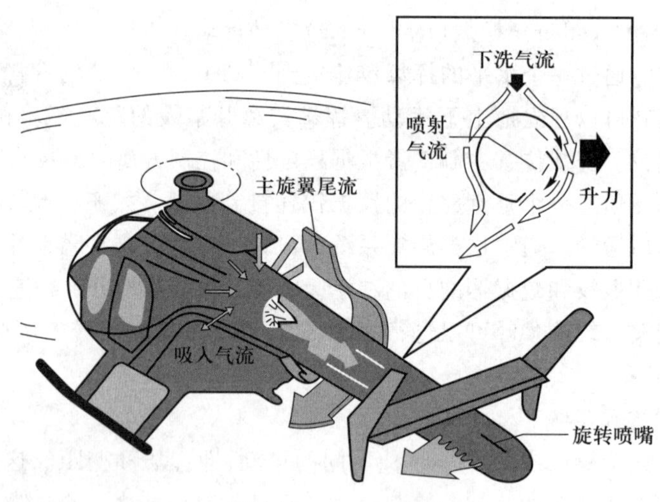

图 4.14 Coanda 效应

4.4.3 无人直升机的飞行模式

1. 无人直升机操纵简介

无人直升机中旋翼不仅提供升力，同时也是直升机的主要操纵面。

总距操纵杆通过自动倾斜器改变旋翼桨叶总距，控制直升机的升降运动。提杆，增大总距,升力增大,直升机上升;压杆,减小总距,直升机下降。

操纵周期变距操纵杆,使自动倾斜器相应倾斜,从而使桨叶的桨距作每周一次的周期改变,造成旋翼拉力按相应的方向倾斜,达到控制直升机的前、后(左、右)和俯仰(或横滚)运动,如图 4.15 所示。

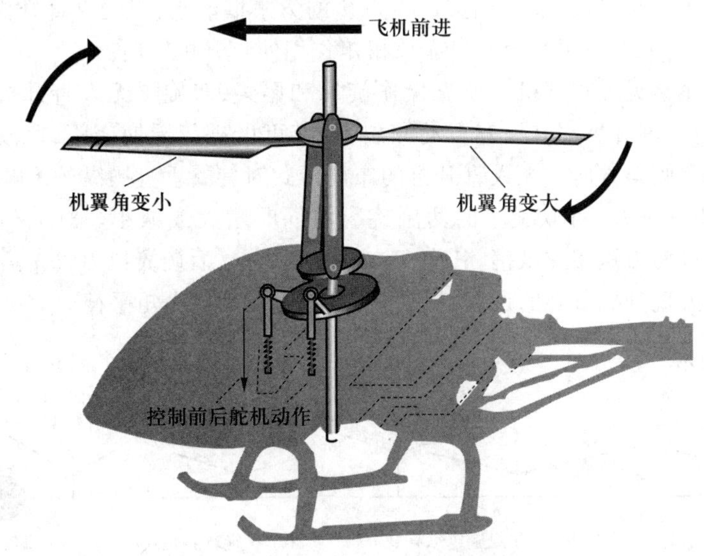

图 4.15 无人直升机的操纵

2. 无人直升机的操纵模式

任何飞行器在空中运动都具有 6 个自由度,需要通过控制 3 个力和 3 个力矩来控制航空器的运动和姿态。无人直升机的纵向移动与俯仰转动、横侧移动与滚转是不能独立分开的,因此无人直升机只需要以下 4 个运动操纵:

1) 垂直运动操纵。通过总距操纵杆改变旋翼桨叶角而改变旋翼拉力,操纵无人直升机升降改变升力的大小来实现。

2) 纵向运动操纵。通过周期变距操纵杆的前后移动,改变旋翼纵向倾斜角而改变拉力方向,产生附加纵向力来操纵无人直升机前进或后退。

3) 横侧运动操纵。通过周期变距操纵杆的左右移动,改变旋翼横向倾斜角而改变拉力方向,产生附加横侧力来实现。

4) 航向运动操纵。通过尾桨总距操纵杆改变尾桨桨距而改变尾桨拉力大小,来保证原定航向或进行左右转弯。

以上 4 种运动操纵是通过 3 种操纵杆来实现的,即总距操纵杆、周期变距操纵杆和尾桨总距操纵杆。

总距操纵杆可以同时等量地改变所有旋翼桨叶的桨叶角,从而改变旋翼拉力。

周期变距操纵杆是用来倾斜旋转的旋翼,即使旋翼向前、向后、向左、向右以及这些方向的合成倾斜。这样就会在这个桨尖旋转面的倾斜方向产生一个作用力,使无人直升机沿该方向移动。控制周期变距操纵杆,就会引起旋翼各个桨叶的桨叶角在转动过程中发生不同的变化,通过改变相应桨叶的桨距来使该桨叶向上或向下运动,从而使旋翼按照操纵要求发生偏转。

尾桨总距操纵杆用于操纵和改变尾桨的桨叶角,但只能改变各桨叶的总距,而不能进行周期变距输入。无人直升机的飞行操纵是相互影响的,旋翼总距的增加会相应增加旋翼扭矩,此时需要操纵尾桨来抵消因旋翼转动而产生的扭矩。尾桨除了用来抵消扭矩作用外,还可以实现对无人直升机航向的控制,即机头左转或右转。当无人直升机要沿扭矩相反方向偏航时,需要尾桨产生更多的力来抵消它;当无人直升机要沿扭矩相同方向偏航时,需要减小尾桨力而只靠该扭矩作用使直升机转向。

单旋翼带尾桨无人直升机主要靠操作旋翼和尾桨,双旋翼无人直升机则主要靠操纵所有旋翼,每一副旋翼都有一套自动倾斜器,都可以进行周期变距,以改变每一副旋翼的拉力大小和倾斜方向。无人直升机的布局形式对旋翼垂直操纵的影响如图4.16所示,提或放总距操纵杆,对双旋翼的两副旋翼将同时增大或减小。对纵列式且需满足$T_{F}L_{XF}=T_{R}L_{XR}$,以使力矩相互抵消,其中T_{F}、T_{R}分别为前、后旋翼拉力,L_{XF}、L_{XR}分别为前、后旋翼轴到无人直升机重心的位置;横列式亦然,也需满足力矩平衡。

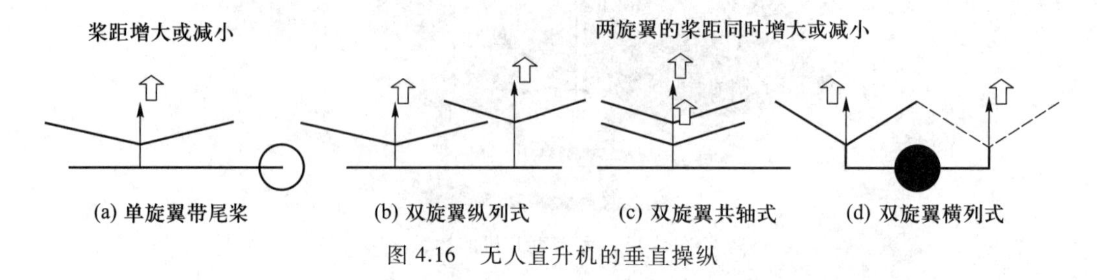

图4.16 无人直升机的垂直操纵

4.4.4 无人直升机的飞行状态

无人直升机飞行状态包括平飞、上升、下滑、悬停、垂直飞行、侧滑、盘旋、侧飞、后飞和机动飞行等。可见,无人直升机的飞行状态比固定翼无人机的飞行状态复杂。

1. 平飞

无人直升机作水平直线的飞行称为平飞。平飞中,旋翼迎角一般为负。

平飞时,作用于无人直升机的力主要有旋翼拉力、重力、阻力和尾桨拉力。为保持飞行高度和速度不变,这些作用力必须取得平衡。因此,保持等速平飞的条件应为:

1) 为保持飞行高度不变,旋翼拉力在铅垂方向的分力应等于重力;

2) 为保持飞行速度不变,旋翼拉力在水平方向的分力应等于空气阻力;

3) 为保持无人直升机无侧滑,旋翼拉力的侧向分力应等于尾桨拉力;

4) 作用于无人直升机的各力绕重心形成的力矩必须平衡。

无人直升机要保持等速平飞,以上任一条件都要满足,只要其中一个条件遭到破坏,其他平衡关系就会发生变化,平飞就不能保持,使无人直升机的高度和速度发生变化。

2. 上升与下滑

无人机沿向上倾斜或垂直的轨迹所作的飞行,称为上升,也叫爬升。上升是无人直升机超越障碍物取得高度的基本方法。

无人直升机上升与常规固定翼无人机上升的区别在于,常规固定翼无人机上升时机头上仰,而无人直升机上升时机头较平,有时甚至还稍低,此时旋翼迎角是负的,其负值比平飞时要大。

无人直升机上升所受到的作用力与平飞基本相同,主要有旋翼拉力、重力、阻力和尾桨拉力等。但上升时重力与飞行运动轨迹不垂直,如图 4.17 所示。

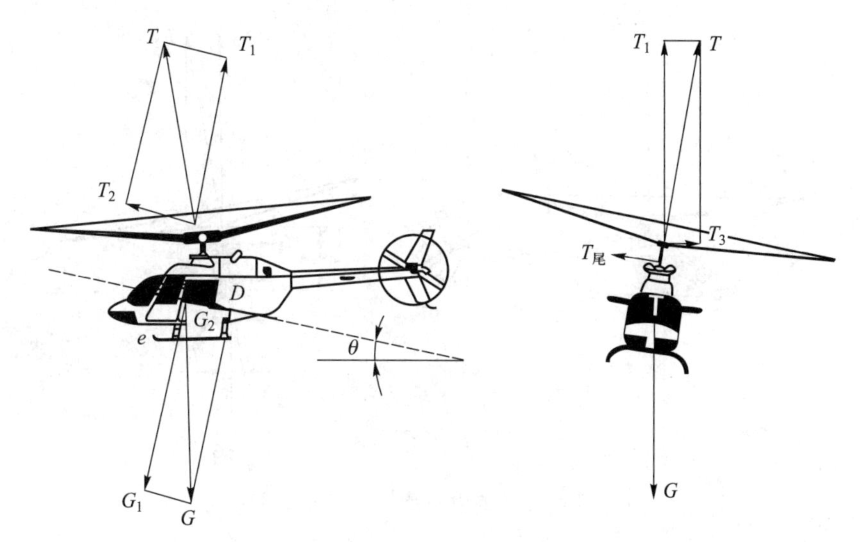

图 4.17 无人直升机上升时的受力状况

保持上升的条件为:

1）为保持爬升角 θ 不变,旋翼拉力第一分力 T_1应等于重力第一分力 G_1;

2）为保持上升速度不变,旋翼拉力第二分力 T_2应等于重力第二分力 G_2;

3）为保持无人直升机无侧滑,旋翼拉力第三分力 T_3应近似等于尾桨拉力 $T_尾$;

4）各力绕重心的力矩还必须取得平衡,即 $\Sigma M=0$。

为了与垂直下降飞行状态区别开来,直升机沿倾斜向下的轨迹所作的飞行叫下滑。下滑是无人直升机降低飞行高度的基本方法。同平飞或上升的平衡条件一样,下滑中垂直于运动方向的各力应相互平衡,平行于运动方向的各力也应平衡,以保持下滑角和下滑速度相等。此外,旋翼拉力的侧向分力与尾桨拉力近似相等,作用于无人直升机的各力绕重心形成的力矩也应取得平衡。

3. 悬停

当旋翼拉力大于无人直升机重力时,无人直升机将垂直上升,如果上升到一定高度,减小旋翼拉力使之与重力大小相等、方向相反,无人直升机则将停止上升。无人直升机在一定高度上航向和位置都保持不变的飞行状态称为悬停,如图 4.18 所示。

悬停是分析无人直升机垂直升降的基础,保持无人直升机悬停的条件为:

1）保持高度不变,$T_1=G$;

2）保持前后不移位,$T_2=0$;

3）保持航向无偏转,$\Sigma M=0$;

4）保持侧向平衡,$T_尾\approx T_3$。

悬停中力和力矩的平衡不是孤立的,而是相互联系、相互影响的,其中任何一个条件被破坏,都会引起无人直升机出现移位和绕重心转动。

4. 盘旋

无人直升机在水平面内作等速等半径的圆周飞行,称为盘旋,如图 4.19 所示。盘旋的基本要求是:保持盘旋的坡度、高度、速度和半径不变。盘旋是水平机动飞行的基础,也是无人直升机实施机动的一个常用的飞行状态。

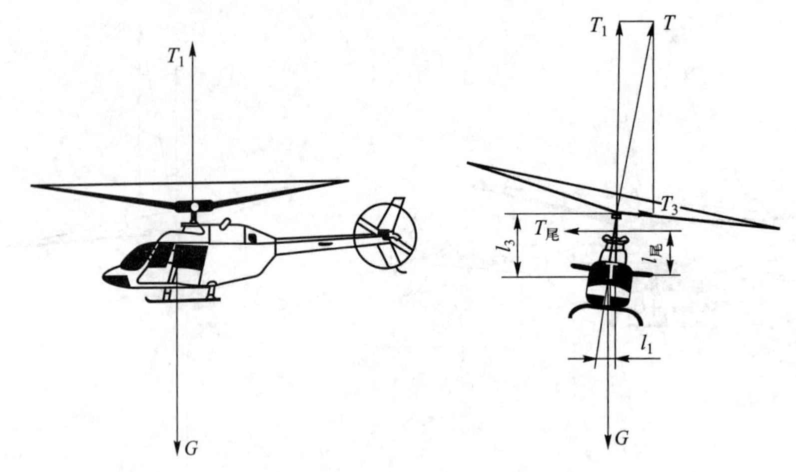

图 4.18 无人直升机悬停时的受力状况

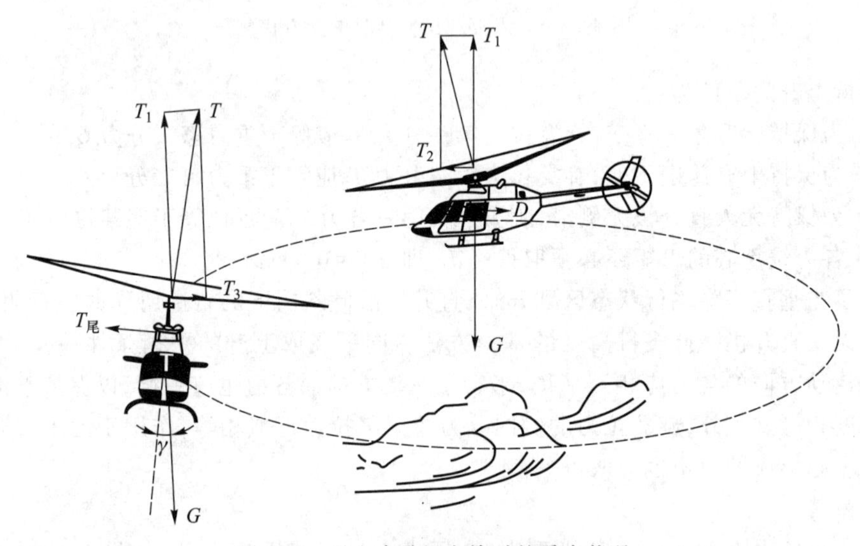

图 4.19 无人直升机盘旋时的受力状况

无人直升机作盘旋机动时,其受力包括旋翼拉力 T、阻力 D 和重力 G。旋翼拉力可以分解为垂直方向的分力 T_1 和水平方向的分力,而水平方向的分力又进一步分解为沿水平运动轨迹的切向分力 T_2 和法向分力 T_3。

正常盘旋中,无人直升机各作用力的相互关系为:

1) 保持高度不变,$T_1=G$;

2) 保持速度不变,$T_2=D$;

3) 保持半径不变,$T_3 \pm T_{尾}=C$;

4) 保持匀速转动,$\Sigma M=0$。

无人直升机不仅可以作水平盘旋,还可以沿螺旋形轨迹作匀速上升(盘旋上升)和匀速下降(盘旋下降),其操纵原理与水平盘旋基本相似。

5. 起飞和着陆

无人直升机从开始增大旋翼拉力到离开地面,并增速和上升到一定高度的运动过程,叫起飞。在正常起飞全重、场地净空条件较好时,无人直升机离地 1~2 m 进行短时间悬停,然后待小爬升角增速上升到一定高度和达到一定速度,保持一定姿态沿预定轨迹飞行。这是一种经常采用的起飞方法。此外,还有滑跑起飞、最大功率起飞、无悬停起飞等方法。

无人直升机从一定的高度下滑,减速并降落于地面直至停止的运动过程称为着陆。无人直升机向预定接地点降落,要经过下滑减速的过程。通过下滑来下降高度,通过减速使速度减小,直至速度为零以便垂直着陆。无人直升机的下滑减速是一个过渡飞行状态。由于飞行状态的变化,作用于飞机上的力和力矩不断发生变化,所以下滑减速的操纵比较复杂。

经过下滑减速后,在预定地点上空进行短时间悬停后进行垂直着陆。这个过程要保持各力和力矩不断地取得平衡,达到垂直下降和着陆的目的。

4.5 多旋翼无人机的飞行控制

4.5.1 飞行控制系统简介

1. 飞行控制系统的组成

飞行控制系统或称为自动驾驶仪(简称自驾仪),是多旋翼无人机的核心。多旋翼无人机要完成自主飞行,需要飞行控制系统对内回路(姿态回路)和外回路(高度和水平位置回路)都具有良好的控制特性。

飞行控制系统分为软件部分和硬件部分,主要组成如图 4.20 所示。飞行控制系统的组成一般有:① 全球定位系统(GPS)接收器;② 惯性测量单元(IMU),包括三轴加速度计、三轴陀螺仪、电子罗盘(或磁力计),目的是得到多旋翼的姿态信息;③ 气压计和超声波测距模块;④ 微型计算机;⑤ 接口等。

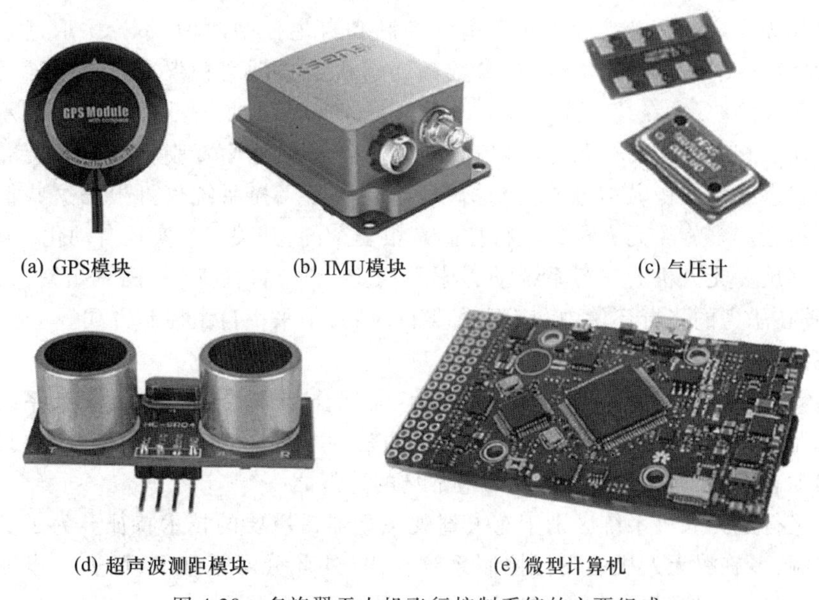

图 4.20 多旋翼无人机飞行控制系统的主要组成

2. 飞行控制系统的作用

感知。导航就是解决“多旋翼无人机在哪”的问题。如何发挥各自传感器的优势,得到准确的位置和姿态信息,是飞行控制系统要做的首要的事情。

控制。控制就是解决“多旋翼无人机怎么去”的问题。首先得到准确的位置和姿态信息,之后根据任务,通过算法计算控制量,输出给电调,进而控制电动机转速。

决策。决策就是解决“多旋翼无人机去哪儿”的问题。去哪儿可能是操作手决定的,也可能是为了安全,按照规定流程的紧急处理方案。

4.5.2 多旋翼无人机的飞行控制模式

1. 飞行控制系统的总体结构

多旋翼无人机的飞行控制系统总体结构由机上及地面两部分组成,机上和地面系统通过数据通信系统直接耦合。操纵信号和飞控指令输入地面飞控系统计算机后,经过计算机处理,通过数据通信系统传输到机上自动驾驶仪的系统计算机,经处理后去控制多旋翼无人机的飞行运动,如图 4.21 所示。

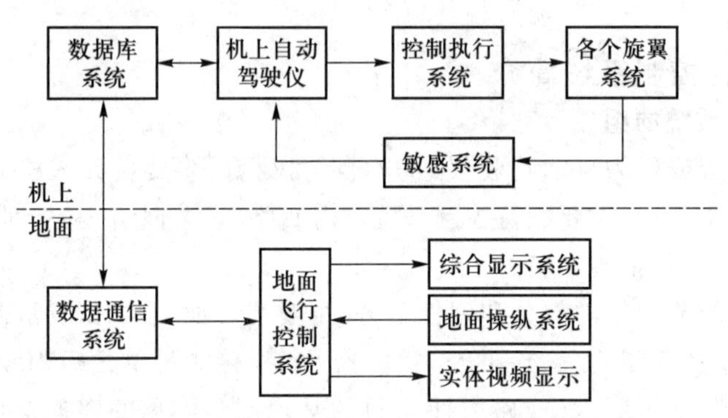

图 4.21 多旋翼无人机飞行控制系统的总体结构

多旋翼无人机的飞行控制方式有指令控制和自主控制两种,不论采取何种控制方式,机上系统的飞行参数和系统状态参数都要由机上自动驾驶仪通过数据通信系统传输到地面飞控系统,并在综合显示屏上显示出来。此外,地面显示系统还要显示多旋翼无人机实体及相对运动的视景,这些信息显示不但可使地面驾驶员了解多旋翼无人机系统飞行状态及发出操纵信号或控制指令,而且地面飞控系统也可根据这些信息自动发出控制指令。多旋翼无人机的飞行控制是很复杂的,其关键是实现自动化。

由于多旋翼无人机的飞行系统动力学不稳定,响应特性又快,操纵频繁,人力难以胜任,尤其在恶劣的飞行环境中和远距离飞行时,必须采用自主控制方式。

2. 飞行控制系统的分层结构

多旋翼无人机飞行是一个典型的非线性、强耦合、多输入多输出的复杂系统。经典的多旋翼无人机飞行控制系统采用 PID 控制方法,由于其结构上的简单性,并且较少依赖精确的动态模型,PID 控制方法成为最常见的选择之一。

自主飞行是无人机系统区别于有人驾驶飞行器最重要的技术特征。为了实现全自主飞行控制,多旋翼无人机的飞行控制系统在内、外环分层基础上,可进一步细分为位置控制、姿态控制、控制分配和电动机控制,如图 4.22 所示。

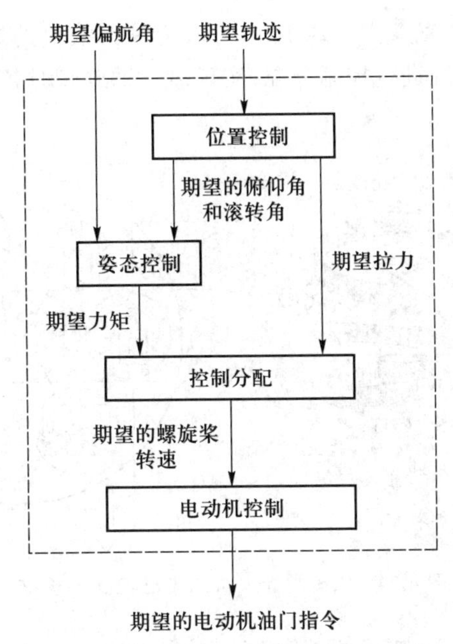

图 4.22　多旋翼无人机飞行控制的工作原理

位置控制：期望的三维位置 P_d（下标 d 表示期望值），以解算期望姿态角 $\boldsymbol{\Theta}_d$（滚转角 ϕ_d、俯仰角 θ_d 和偏航角 ψ_d）以及期望总拉力 f_d；

姿态控制：期望姿态角 $\boldsymbol{\Theta}_d$ 以解算期望力矩 τ_d；

控制分配：期望力矩 τ_d 和拉力 f_d 以解算 n 个电动机的期望转速 ϖ_{dk}（$k=1,2,\cdots,n$）；

电动机控制：期望转速 ϖ_{dk} 以解算每个电动机的期望油门指令 σ_{dk}（$k=1,2,\cdots,n$）。

多旋翼无人机全自主控制闭环系统框图如图 4.23 所示。设计多旋翼无人机飞行控制器时，可以采用内、外环的控制策略，其中内环对多旋翼无人机姿态角进行控制，而外环对多旋翼无人机的位置进行控制。由内、外环控制实现多旋翼无人机的升降、悬停、侧飞等飞行状态。

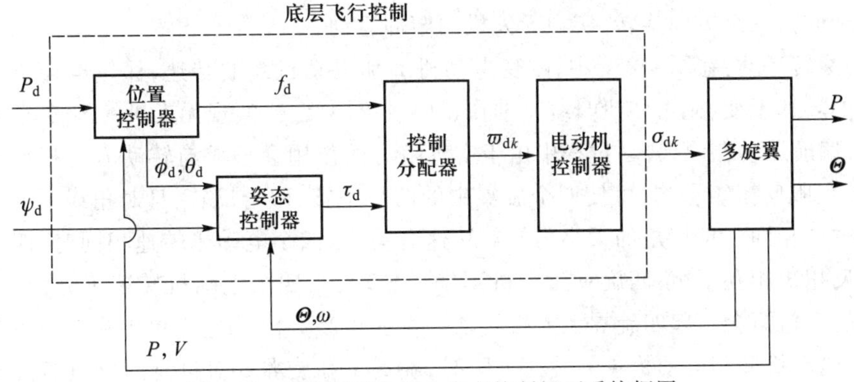

图 4.23　多旋翼无人机全自主控制闭环系统框图

4.5.3　多旋翼无人机的飞行状态

多旋翼无人机通过飞行控制系统调节各个旋翼的转速，实现升力、力矩的变化，从而控制飞行器的姿态和位置。图 4.24 所示为六旋翼无人机的螺旋桨正、反转的一种布局方式，通过飞行控制系统进行控制分配，实现沿一轴旋转时各螺旋桨转速的变换。

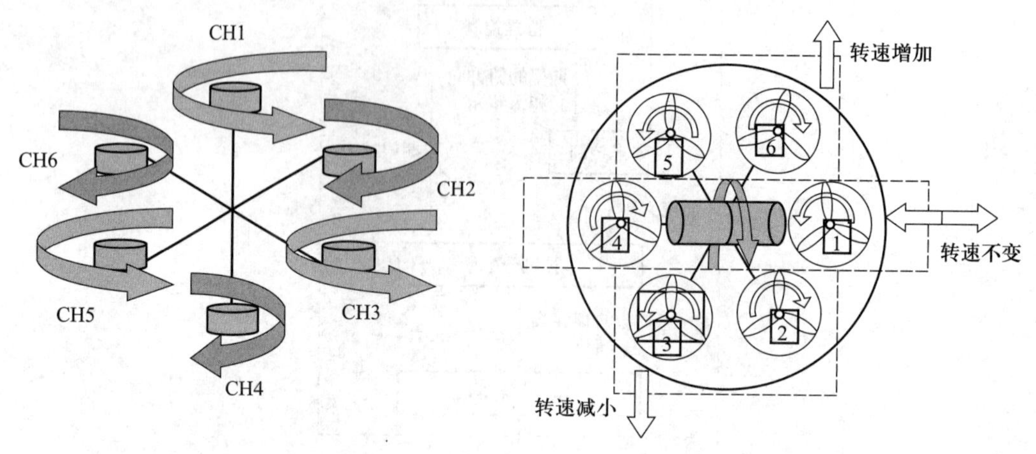

图 4.24 六旋翼无人机的飞行控制示意图

再以如图 4.25 所示的四旋翼无人机为例，规定沿 x 轴正方向运动称为向前运动，箭头在旋翼的运动平面上方表示此电动机转速提高，在下方表示此电动机转速下降。通过调节各旋翼的转速，可以操纵以下运动：

1）垂直运动：在图 4.25a 中，同时增加四个电动机的输出功率，旋翼转速增加使得总的拉力增大，当总拉力足以克服整机的重量时，四旋翼无人机便离地垂直上升；反之，同时减小四个电动机的输出功率，四旋翼无人机则垂直下降，直至平衡落地，实现了沿 z 轴的垂直运动。当外界扰动量为零，旋翼产生的升力等于飞行器的自重时，无人机便保持悬停状态。

2）俯仰运动：在图 4.25b 中，电动机 1 的转速上升，电动机 3 的转速等量下降，电动机 2、电动机 4 的转速保持不变。由于旋翼 1 的升力上升，旋翼 3 的升力下降，产生的不平衡力矩使机身绕 y 轴旋转。同理，当电动机 1 的转速下降，电动机 3 的转速上升，机身便绕 y 轴向另一个方向旋转，实现无人机的俯仰运动。

3）滚转运动：在图 4.25c 中，改变电动机 2 和电动机 4 的转速，保持电动机 1 和电动机 3 的转速不变，则可使机身绕 x 轴作正向或反向旋转，实现无人机的滚转运动。

4）偏航运动：旋翼转动过程中由于空气阻力的作用会形成与转动方向相反的反扭矩，为了克服反扭矩影响，可使四个旋翼中的两个正转、两个反转，且对角线上的各个旋翼转动方向相同。反扭矩的大小与旋翼转速有关，当四个电动机转速相同时，四个旋翼产生的反扭矩相互平衡，四旋翼无人机不发生转动；当四个电动机转速不完全相同时，不平衡的反扭矩会引起四旋翼无人机转动。在图 4.25d 中，当电动机 1 和电动机 3 的转速上升，电动机 2 和电动机 4 的转速下降时，旋翼 1 和旋翼 3 对机身的反扭矩大于旋翼 2 和旋翼 4 对机身的反扭矩，机身便在富余反扭矩的作用下绕 z 轴转动，实现无人机的偏航运动，转向与电动机 1、电动机 3 的转向相反。

5）前后运动：要想实现无人机在水平面内前后、左右的运动，必须在水平面内对无人机施加一定的力。在图 4.25e 中，增加电动机 3 转速，使拉力增大，相应减小电动机 1

转速，使拉力减小，同时保持其他两个电动机转速不变，反扭矩仍然要保持平衡。按图4.25b 的理论，无人机首先发生一定程度的倾斜，从而使旋翼拉力产生水平分量，因此可以实现无人机的前飞运动。向后飞行与向前飞行正好相反。同理，无人机在产生俯仰、翻滚运动的同时也会产生沿 x、y 轴的水平运动。

6）侧向运动：在图 4.25f 中，由于结构对称，所以侧向飞行的工作原理与前后运动完全一样。

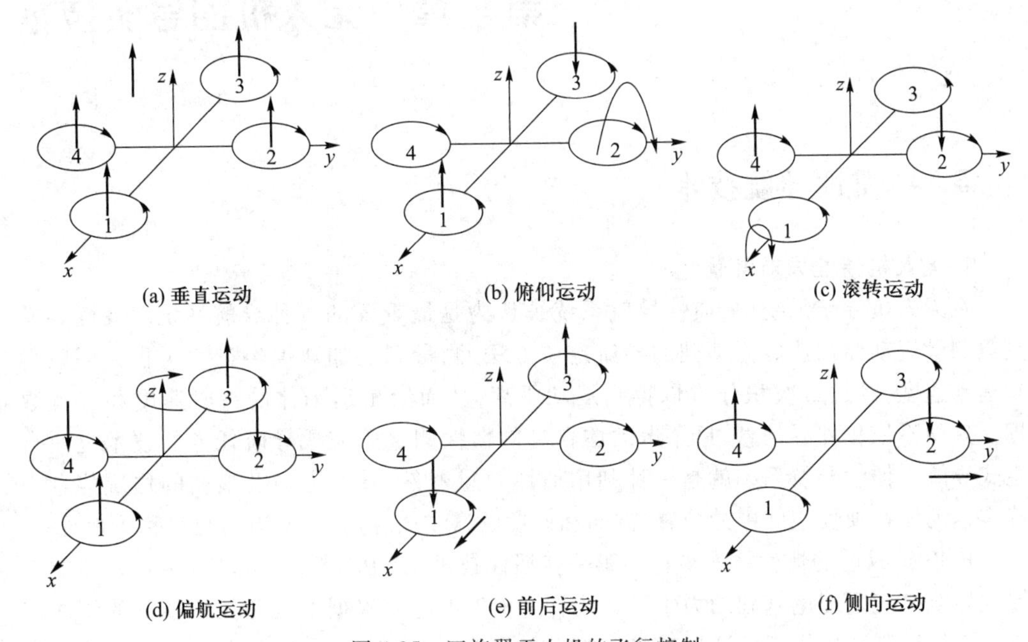

图 4.25 四旋翼无人机的飞行控制

复习题

1. 无人机飞行控制系统由哪几部分组成？各有什么作用？
2. PID 控制算法有哪些特点？
3. PID 控制器中比例、积分和微分部分各有什么作用？
4. 简述卡尔曼滤波原理。
5. 基于卡尔曼滤波器的 PID 控制系统结构有何优点？
6. 什么是无人机的内回路控制和外回路控制？
7. 简述固定翼无人机平直飞行与转弯飞行的原理。
8. 固定翼无人机为什么会出现反向偏航？
9. 飞机为什么会失速？
10. 无人直升机有哪些操纵模式？举例说明怎样操纵无人直升机的飞行状态。
11. 为什么多旋翼无人机必须采用自动驾驶仪来控制飞行？
12. 简述多旋翼无人机飞行控制的工作原理。举例说明怎样操纵多旋翼无人机的飞行状态。

第5章　无人机的导航技术

5.1　惯性导航技术

1. 无人机惯性导航背景

在无人机导航系统中，惯性导航系统被认为是最重要的一种导航系统。惯性导航是以测量运动体加速度为基础的导航定位方法，测量到的加速度经过一次积分可以得到运动速度，经过二次积分可以得到运动距离，从而给出运动体的瞬时速度和位置数据。这种不依赖外界信息，只靠运动体自身的惯性测量来完成导航任务的技术也叫自主式导航。惯性导航系统就是一种利用惯性敏感器件、基准方向及最初的位置信息来确定运动体在惯性空间中的位置、方向和速度的自主式导航系统，有时也简称为惯导。

1930 年以前的惯性技术被称为第一代惯性技术，其中包括了 1687 年牛顿提出的为惯性导航奠定了理论基础的力学三大定律，1852 年傅科根据欧拉和拉格朗日的刚体定点转动理论制造出用于验证地球自转运动的测量装置，1908 年安修茨研制出世界上第一台摆式陀螺罗经，以及 1923 年的休拉摆原理。第一代惯性技术为整个惯性导航发展奠定了基础。

第二代惯性技术始于 20 世纪 40 年代火箭发展的初期。“二战”期间，惯性技术在德国 V-2 火箭的制导上首次应用；20 世纪 50 年代，麻省理工学院成功研制了单自由度液浮陀螺，并在 B29 飞机上成功应用；1958 年，鹦鹉螺号装备 N6-A 和 MK-19 进行潜航并成功秘密到达目的地；到 20 世纪 60 年代，挠性陀螺研究逐渐起步。这一时期，还出现了另一种惯性传感器，称为加速度计。此外，为了提高陀螺仪表精度、减少误差，静电陀螺、磁悬浮陀螺和气浮陀螺概念被提出。1960 年，激光技术的出现也为随后激光陀螺的发展提供了理论支持；捷联惯性导航理论研究也趋于完善。第二代惯性技术是把研究内容从惯性仪表技术发展扩大到了惯性导航系统的应用。

第三代惯性技术发展阶段是始于 20 世纪 70 年代初期出现的一些新型陀螺、加速度计和相应的惯性导航系统。这一阶段的主要陀螺包括静电陀螺、动力调谐陀螺、环形激光陀螺、干涉式光纤陀螺等。

当前正处于第四代惯性技术发展阶段，该阶段的目标在于实现导航系统的高精度、高可靠性、低成本、小型化、数字化以及更广泛的应用领域。由于陀螺的精度不断提高、漂移量越来越小、激光陀螺批量制造技术不断成熟以及数字计算机技术持续进步，捷联式惯导系统正在各个领域逐渐取代平台式系统。

2. 无人机惯性导航原理和组成

假设物体作匀速或变速直线运动,其瞬时位置都取决于初始位置、速度的大小和作用的时间,而速度则取决于初始速度、加速度的大小和作用的时间。也就是说,位置是对速度的积分,速度是对加速度的积分,如图 5.1 所示。

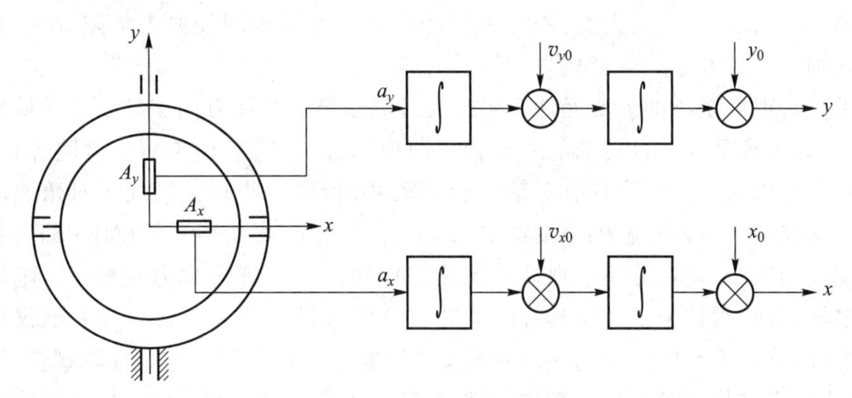

图 5.1 惯性导航原理

惯性导航就是采用了这样一种物理方法实现的导航定位。它用陀螺稳定平台模拟当地水平面、建立一个空间直角坐标系,三个坐标轴分别指向东向、北向及天顶方向,通常称为东北天坐标系。在飞行器运动过程中,利用陀螺使平台始终跟踪当地水平面,三个轴的指向始终保持不变。在这三个轴的方向上分别安装一种称为加速度计的仪表,来测量飞行器沿东、北、天这三个方向各自的加速度。将这三个方向上的加速度分量分别进行积分,并与各自方向上初始速度相加,便可得到飞行器沿这三个方向的速度分量。飞行器在地球的位置就可通过对各速度分量的积分与各分量方向上的初始位置相加得到。由于初始位置须事先已知并输入到惯导系统,因此惯性导航属于相对定位。

惯性导航系统(inertial navigation system,INS)包括平台式惯性导航系统和捷联式惯性导航系统。平台式惯性导航系统将陀螺通过平台稳定回路控制平台跟踪导航坐标系在惯性空间的角速度。捷联式惯性导航系统利用相对导航坐标系角速度计算姿态矩阵,把机体坐标系轴向加速度信息转换到导航坐标系轴向并进行导航计算。

一个基本惯性导航系统主要包括以下几部分:① 加速度计,用于测量飞行器的运动加速度;② 陀螺稳定平台,为加速度计提供一个准确的坐标基准,以保持加速度计始终沿三个轴向测定加速度,同时也使惯性测量元件与飞行器的运动相隔离;③ 导航计算机,用来完成诸如积分等导航计算工作,并提供陀螺施矩(为使陀螺仪和加速度计进动、归零、跟踪或回转而向框架或转子施加力矩的过程)的指令信号;④ 控制显示器,用于输出显示导航参数等,还可进行必要的控制操作;⑤ 电源及必要的附件等。

惯性测量装置包括加速度计和陀螺稳定平台,又称惯性导航元件(IMU),其中三个自由度陀螺仪用来测量飞行器的三个转动角速率,三个加速度计用来测量飞行器的三个平移运动的加速度,利用牛顿运动定律自动推算飞行器的瞬时速度和位置信息,具有不依赖外界信息、不向外界辐射能量、不受干扰、隐蔽性好的特点,且惯导系统能连续地提供飞行器的全部导航、制导参数(位置、线速度、角速度、姿态角)。

3. 陀螺仪

凡能绕定点高速旋转的物体都可以成为陀螺。利用陀螺的力学性质所制成的各种功能的陀螺装置称为陀螺仪。它的主要特性是定轴性和进动性。使用陀螺仪的目的主要是用陀螺仪建立一个参考坐标系或者是用它来测量运动物体的角速度。按其测量原理的不同,陀螺仪可分为两大类:一类是以经典力学为基础的经典力学陀螺仪;另一类是以近代物理学为基础的非经典力学新型陀螺仪。

陀螺仪是惯性系统的主要元件。陀螺仪通常是指安装在万向支架中高速旋转的转子,转子同时可绕垂直于自转轴的一根轴或两根轴进动,前者称单自由度陀螺仪,后者称二自由度陀螺仪。陀螺仪具有定轴性和进动性,利用这些特性制成了对角速度敏感的速率陀螺仪和对角偏差敏感的位置陀螺仪。由于光学、微机电系统(MEMS)等技术被引入陀螺仪的研制,现在习惯上把能够完成陀螺功能的装置统称为陀螺仪。陀螺仪种类多种多样,按陀螺转子主轴所具有的进动自由度数目可分为二自由度陀螺仪和单自由度陀螺仪;按支承系统可分为滚珠轴承支承陀螺仪,液浮、气浮与磁浮陀螺仪,挠性陀螺仪(动力调谐式挠性陀螺仪),静电陀螺仪;按物理原理分为利用高速旋转体物理特性工作的转子式陀螺仪和利用其他物理原理工作的半球谐振陀螺仪、微机械陀螺仪、环形激光陀螺仪、光纤陀螺仪等。

单自由度陀螺仪对角速度敏感,二自由度陀螺仪对角位移敏感。为了将角速度和角位移转换成惯性系统中可用的信号,陀螺仪需安装信号传感器。为了能控制陀螺仪按一定的规律进动,需安装力矩器。

4. 加速度计

加速度计是惯性导航系统的核心元件之一。依靠它对比力的测量,完成惯性导航系统确定飞行器的位置、速度以及产生跟踪信号的任务。飞行器加速度的测量必须十分准确地进行,而且是在由陀螺稳定的参考坐标系中进行。在不需要进行高度控制的惯导系统中,只要两个加速度计就可以完成以上任务,否则是应该有三个加速度计。

加速度计的分类:按照输入与输出的关系可分为普通型、积分型和二次积分型;按物理原理可分为摆式和非摆式,摆式加速度计包括摆式积分加速度计、液浮摆式加速度计和挠性摆式加速度计,非摆式加速度计包括振梁加速度计和静电加速度计;按测量的自由度可分为单轴、双轴、三轴;按测量精度可分为高精度(优于 $10^{-4}\ m/s^2$)、中精度($10^{-2}\ m/s^2 \sim 10^{-3}\ m/s^2$)和低精度(低于 $0.1\ m/s^2$)。

5. 平台式惯性导航系统

平台式惯性导航系统是将陀螺仪和加速度等惯性元件通过万向支架角运动隔离系统与运动载物固连的惯性导航系统,如图 5.2 所示。平台式惯性导航系统采用了三轴陀螺稳定平台,加速度计固定在平台上,其敏感轴与平台轴平行,平台的三根稳定轴模拟一种导航坐标系。

根据建立的坐标系不同,又分为空间稳定和本地水平两种工作方式。空间稳定平台式惯性导航系统的台体相对惯性空间稳定,用以建立惯性坐标系。地球自转、重力加速度等影响由计算机加以补偿。这种系统多用于运载火箭的主动段和一些航天器上。本地水平平台式惯性导航系统的特点是台体上的两个加速度计输入轴所构成的基准平面能够始终跟踪飞行器所在点的水平面(利用加速度计与陀螺仪组成舒拉回路来保

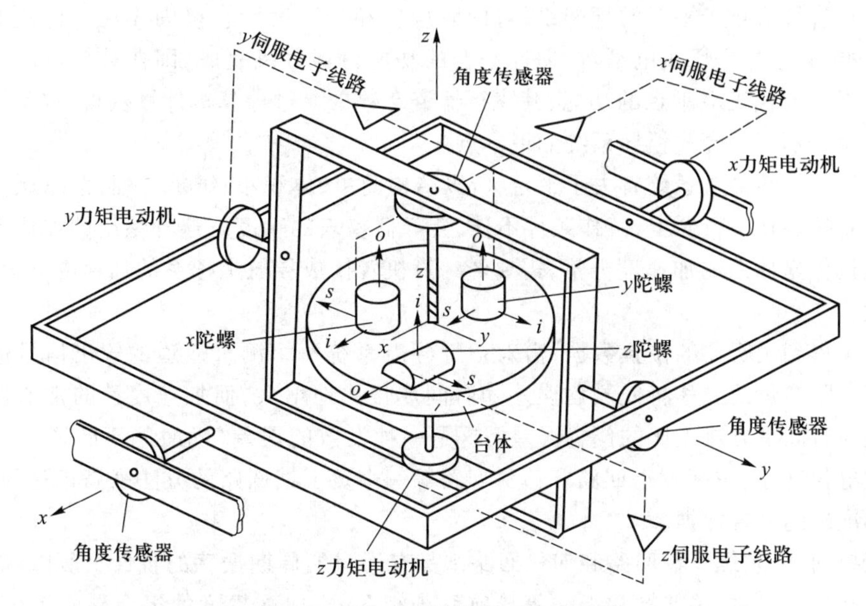

图 5.2 平台式惯性导航系统原理图

证),因此加速度计不受重力加速度的影响。这种系统多用于沿地球表面作等速运动的飞行器(如飞机、巡航导弹等)。在平台式惯性导航系统中,框架能隔离飞行器的角振动,仪表工作条件较好。平台能直接建立导航坐标系,计算量小,容易补偿和修正仪表的输出,但结构复杂,尺寸大。

6. 捷联式惯性导航系统

捷联式惯性导航系统(SINS)是在平台式惯性导航系统的基础上发展而来的,它是一种无框架系统,由三个速率陀螺、三个线加速度计和微型计算机组成,如图 5.3 所示。根据所用陀螺仪的不同,分为速率型捷联式惯性导航系统和位置型捷联式惯性导航系统。前者用速率陀螺仪,输出瞬时平均角速度矢量信号;后者用自由陀螺仪,输出角位移信号。

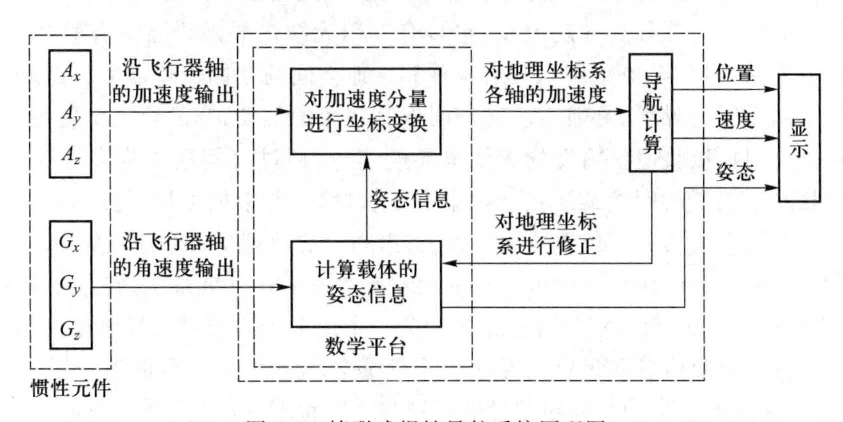

图 5.3 捷联式惯性导航系统原理图

平台式惯导系统和捷联式惯导系统的主要区别是:前者有实体的物理平台,陀螺仪和加速度计置于陀螺稳定的平台上,该平台跟踪导航坐标系,以实现速度和位置解算,姿态数据直接取自于平台的环架;后者的陀螺仪和加速度计直接固连在飞行器上作为测量基准,它不再采用机电平台,惯性平台的功能由计算机完成,即在计算机内建立一个数学平台取代机电平台的功能,其飞行器姿态数据通过计算机计算获得,这是捷联式惯导系统区别于平台式惯导系统的根本点。

捷联式惯性导航系统省去了平台,所以结构简单、体积小、维护方便,但陀螺仪和加速度计直接装在飞行器上,工作条件不佳,会降低仪表的精度。这种系统的加速度计输出的是机体坐标系的加速度分量,需要经计算机转换成导航坐标系的加速度分量,计算量较大。

为了得到飞行器的位置数据,需对惯性导航系统每个测量通道的输出信号进行积分计算。陀螺仪的漂移将使测角误差随时间成正比地增大,而加速度计的常值误差又将引起与时间平方成正比的位置误差。这是一种发散的误差(随时间不断增大),可通过组成舒拉回路、陀螺罗盘回路和傅科回路等三个负反馈回路的方法来修正这种误差,以获得准确的位置数据。

舒拉回路、陀螺罗盘回路和傅科回路都具有无阻尼周期振荡的特性。所以,惯性导航系统常与无线电、多普勒和天文等导航系统组合,构成高精度的组合导航系统,使系统既有阻尼又能修正误差。

惯性导航系统的导航精度与地球参数的精度密切相关。高精度的惯性导航系统须用参考椭球来提供地球形状和重力的参数。由于地壳密度不均匀、地形变化等因素,地球各点的参数实际值与参考椭球求得的计算值之间往往有差异,并且这种差异还带有随机性,这种现象称为重力异常。正在研制的重力梯度仪能够对重力场进行实时测量,提供地球参数,解决重力异常问题。

5.2 卫星导航技术

卫星导航是借助在预定空间轨道上运行的人造卫星而进行的一种导航技术。在卫星导航中,用户通过测定其相对于卫星的位置可以确定自己在地球上的位置。

卫星导航的空间部分是导航卫星,它装有专用无线电导航设备。有数颗导航卫星构成导航卫星网(也称导航星座),具有全球和近地空间的立体覆盖能力。因此,导航卫星能实现全球无线电导航,导航卫星在空间作有规律的运动,它的轨道位置每时每刻都可精确预报。用户接收卫星播发的无线电导航信号,通过时间测距或多普勒测速分别获得用户相对于卫星的距离或距离变化率等导航参数,并根据卫星播发的时间、轨道参数求出定位瞬间卫星的实时位置坐标,从而定出用户的地理坐标和速度矢量。

GNSS(global navigation satellite system)泛指全球导航卫星系统,它包括利用GPS、GLONASS和GALILEO全球卫星导航系统中的一个或多个系统进行导航定位,并同时提供卫星的完备性检验信息和足够的导航安全性警告信息。全球导航卫星系统是20世纪60年代中期发展起来的一种新型导航系统,到20世纪90年代进入全运行和盛行时期,应用已扩展至经济和军事的各个领域。由于卫星导航系统在国防建设、国民经济建设上起着重要的作用,为打破美国一国垄断全球卫星导航定位的局面,许多国家都在努力建设自己的卫星导航系统。目前除了美国GPS(全球定位系统)外,还有俄罗斯的

GLONASS系统、欧盟正在建设的GALILEO系统、中国的北斗一代。这些系统在建设及发展过程中,相互学习,又不断竞争,促进了卫星导航定位系统的发展。

1. GPS

GPS(全球定位系统)的空间星座由24颗工作卫星构成(Block Ⅱ,其中3颗为备用卫星)。24颗工作卫星部署在6个轨道平面中,每个轨道平面升交点的赤经相隔60°,轨道平面相对地球赤道面的倾角为55°,每根轨道上均匀分布4颗卫星,相邻轨道之间的卫星要彼此叉开30°,以保证全球均匀覆盖的要求。GPS卫星轨道平均高度约为20 200 km,运行周期为11 h 58 min。卫星采用码分多址(CDMA)技术在两个频率上播发测距码和导航数据,即L1(1 557.42 MHz)和L2(1 227.6 MHz)。卫星使用的测距码有两种,即C/A码和P码。C/A码用于分址、搜捕卫星信号和粗测距,是具有一定抗干扰能力的明码,提供给民用;而P码用做精测距、抗干扰及保密,是专为军方使用的。

近年来,美国对于GPS推行现代化建设。为满足军事要求,将增加新的军用M码,M码有更好的抗破译功能,并有直捕功能,可快速初始化;另外,增加L2上发射功率,以增强抗干扰能力。在民用上,2000年5月停止可用性(SA)信号(即人为地将误差引入卫星和卫星数据中,故意降低GPS精度,使C/A码的精度从原先的20 m降低到100 m)的播发,在L2上增加C/A码,可用于电离层改正;增加L5(1 176.45 MHz)民用频率,以提高民用导航定位精度和安全。

GPS现代化将通过三个阶段完成。

第一阶段,发射12颗改进型的GPS Block Ⅱ R型卫星,其新增加功能是在L2上加载C/A码;在L1和L2上播发P(Y)码,同时在这两个频率上还同时试验性地加载新的M军码;增大Block Ⅱ R型卫星的发射功率,增强可靠性。

第二阶段,发射6颗GPS Block Ⅱ F型卫星。除Block Ⅱ R型卫星的功能外,进一步强化M码的功率和增加发射第三民用频率,即L5频道。第一颗卫星发射于2005年。2008年在空中运行的GPS卫星中,至少有18颗Block Ⅱ F型卫星,以保证M码的全球覆盖。到2016年GPS卫星系统应全部以Block Ⅱ F卫星运行,共计24+3颗。

第三阶段,发射GPS Block Ⅲ型卫星。2006年前完成设计工作。目前正在研究未来GPS卫星导航的需求,讨论GPS Ⅲ型卫星系统结构、系统安全性、可靠程度和各种可能的风险;计划在2008年发射GPS Ⅲ的第一颗实验卫星。用近20年的时间完成GPS Ⅲ计划,取代目前的GPS Ⅱ。GPS Ⅲ布设后,在天空运行的卫星多达30颗。

2. GLONASS

GLONASS是在20世纪70年代美苏两霸冷战竞争时代开始研制的,经过20多年努力,于1995年建成。GLONASS空中有24颗卫星,分布在3个轨道平面上,卫星钟寿命3~5年,采用频分多址技术,也是军民两用系统,受俄罗斯国防部控制。由于苏联解体,俄罗斯经济困难,致使GLONASS系统维护受到影响,一度空中只有5、6颗卫星,目前也只有12颗,不能满足全天候、全球定位要求。2001年8月,俄罗斯经济有所恢复,联邦政府批准俄罗斯航空航天局局长柯普捷夫提交的2002—2011年俄罗斯联邦专项计划,全面恢复GLONASS系统并使之现代化和进一步发展长远规划。

该计划将分成两步。

第一步,用4年时间实现现代化计划。现代化的内容有:在2002—2004年发射

GLONASS-M 卫星。新型卫星设计寿命为 7~8 年,将具有更好的信号特性。改进一些地面测控站设施,民用频率将由 1 个增加到 2 个,使得位置精度提高到 10~15 m,定时精度提高到 20~30 ns,速度精度达到 0.01 m/s。

第二步,将要研制第三代 GLONASS-K 卫星,确保卫星工作寿命在 12 年以上,进一步提高系统的精度和可靠性,系统指标要达到:定位误差 5 m,差分修正后达 0.3~1.0 m,速度确定误差 1 cm/s,时间误差 10 ns。

3. GALILEO

GALILEO 计划是由欧盟发起,欧盟和欧空局(ESA)共同负责的民用卫星导航服务计划,旨在建立一个民用全球卫星导航服务系统。该系统可提供高精度、高可靠性的定位服务,并且能够与美国的 GPS、俄罗斯的 GLONASS 实现兼容。1998 年,欧共体提出要建立 GALILEO 导航定位系统,直到 2002 年 3 月 26 日欧盟理事会正式通过,计划 2005 年发射试验卫星,2010 年建成,计划耗资 34.5 亿欧元,GALILEO 卫星共有 30 颗分布在 3 个轨道平面上,卫星寿命 15 年(采用铷钟和氢钟),该系统是纯民用系统,受欧盟和欧洲空间局控制。

GALILEO 导航建设背景是由于 GPS 受美国国防部控制,对民用用户没有完好性承诺,为提高卫星的完好性、可用性和精度,保证民用用户使用的可靠性,欧盟要建立纯民用系统。另外,卫星定位有广阔民用市场,为促进欧洲经济发展,提高欧洲在航空工业的国际地位,欧盟决定要建 GALILEO 导航系统。该系统是全天候、全球无缝覆盖、独立于美国、受欧洲控制的民用卫星导航定位系统,定位精度高于其他导航星座,导航定位服务多样性,具有地面与卫星通信能力、提供救援和搜索服务、系统开放性、系统管理民间性等。

1999 年,欧洲委员会的报告对伽利略系统提出了两种星座选择方案:其一是 21+6 方案,即 21 颗中高轨道(MEO)卫星加 6 颗地球同步轨道(GEO)卫星。这种方案能基本满足欧洲的需求,但还要与美国 GPS 和本地的差分增强系统相结合。其二是 36+9 方案,即 36 颗中高轨道卫星和 9 颗地球同步轨道卫星或只采用 36 颗 MEO 卫星。这一方案可在不依赖 GPS 的条件下满足欧洲的全部需求。该系统的地面部分将由正在实施的欧洲监控系统、轨道测控系统、时间同步系统和系统管理中心组成。为了降低全系统的投资,上述两个方案最终都没有采用。最终方案是:系统由轨道高度为 23 616 km 的 30 颗卫星组成,其中 27 颗工作星,3 颗备份星。每次发射将会把 5 或 6 颗卫星同时送入轨道。

4. 北斗卫星导航系统

北斗卫星导航系统(BDS)是中国自行研制的全球卫星定位与通信系统,是继美国 GPS 和欧盟 GLONASS 之后第三个成熟的卫星导航系统。系统由空间端、地面端和用户端组成,可在全球范围内全天候、全天时为各类用户提供高精度、高可靠定位、导航、授时服务,并具短报文通信能力,已经初步具备区域导航、定位和授时能力,定位精度优于 20 m,授时精度优于 100 ns。2012 年 12 月 27 日,北斗卫星导航系统空间信号接口控制文件正式版正式公布,北斗导航业务正式对亚太地区提供无源定位、导航、授时服务。

北斗卫星导航系统的发展大致分为三个阶段。

1994 年至 2002 年是我国自主的北斗一号卫星导航系统的攻关研制时期,2000 年发射两颗试验卫星,整个系统于 2002 年进入试运行阶段,2003 年正式开通运行,之后又发射了两颗备份卫星,目前在轨卫星总数4颗。北斗一号卫星导航系统具有三个主要特点:① 区域覆盖。采用静止轨道卫星,覆盖区域包括我国领土及周边地区。② 采用有源定位导航体制。用户终端需要发射入站(返程)信号,具有定位、授时功能,但不具备测速功能。③ 具有短信报文通信功能。

北斗一号为演示示范阶段。2020年将完成北斗二号卫星导航系统的建设,由35颗卫星组成。北斗二号卫星导航系统具有以下特点:① 由区域覆盖(亚太地区)逐渐转向全球覆盖。② 采用类似于GPS、GALILEO的无源定位导航体制。将发射4个频点的导航信号。③ 系统GEO卫星发射北斗二号、GPS、GALILEO广域差分信息和完好性信息,差分定位精度可达1 m。④ 继承北斗一代系统的短信报文通信功能,并将扩充通信容量。

北斗二号卫星导航系统建成后,将可以提供与GPS、GALILEO相当的导航定位、测速和授时功能,一期系统定位精度10 m,授时精度20 ns,并仍保持短信报文通信的独特优势。系统建设遵循开放性、独立性、兼容性、渐进性的原则。北斗二号卫星导航系统是一个军民两用系统,对民用开放,国家将在适当时机公布民用信号ICD文件。系统设计充分考虑了与国外GPS、GLONASS、GALILEO的兼容性和互操作性,鼓励国际合作与全球推广应用。兼容互操作包括系统体制、信号频率兼容性与互干扰特性等方面考虑,北斗二号卫星系统导航电文还将包含与GPS、GLONASS、GALILEO等的坐标系统、时间系统转换参数。

5.3 视觉导航技术

无人机视觉导航技术越来越成熟,其中SLAM是目前视觉导航技术的关键部分。SLAM全称为simultaneous localization and mapping,通常翻译为即时定位与地图构建或同步定位与建图,最早由Smith、Self和Cheeseman于1988年提出。由于其重要的理论与应用价值,被很多学者认为是实现真正全自主移动机器人的关键。SLAM问题可以描述为:机器人在未知环境中从一个未知位置开始移动,在移动过程中根据位置估计和地图进行自身定位,同时在自身定位的基础上建造增量式地图,实现机器人的自主定位和导航。无人机被视为“空中机器人”,将SLAM算法从地面机器人的二维环境扩展到无人机的三维空间。SLAM已被证明适用于无人机自动导航的路径规划上。

1. 视觉里程计(visual odometry, VO)

在里程计问题中,我们希望测量一个运动物体的轨迹。这可以通过许多不同的手段来实现。里程计一个很重要的特性,是它只关心局部时间上的运动,多数时候是指两个时刻间的运动。当我们以某种间隔对时间进行采样时,就可估计运动物体在各时间间隔之内的运动。由于这个估计受噪声影响,先前时刻的估计误差,会累加到后面时间的运动之上,这种现象称为漂移(drift)。

漂移是我们不希望看到的,它们扰乱全局轨迹的估计。但是,如果没有其他校正机制,而只有局部运动的情况下,这也是所有里程计都不可避免的现象之一。

如果一个里程计主要依靠视觉传感器,比如单目、双目相机,我们就叫它视觉里程计。和传统里程计一样,视觉里程计最主要的问题是如何从几个相邻图像中估计相机的运动。

我们知道,相机能够把三维空间中的信息变成一张二维的照片。这件事情是怎么做到的呢?我们需要一个数学模型来清楚地描述它,也就是相机模型。其中,针孔模型是最常用,也是最简单的相机模型。在如图5.4所示的模型中,我们考虑一个空间点$X=[x,y,z]$,它投影在相机平面,并产生了一个像素p,位于照片中的$[u,v]$位置。假设相机光圈中心对准z轴,成像平面位于$z=1$处。

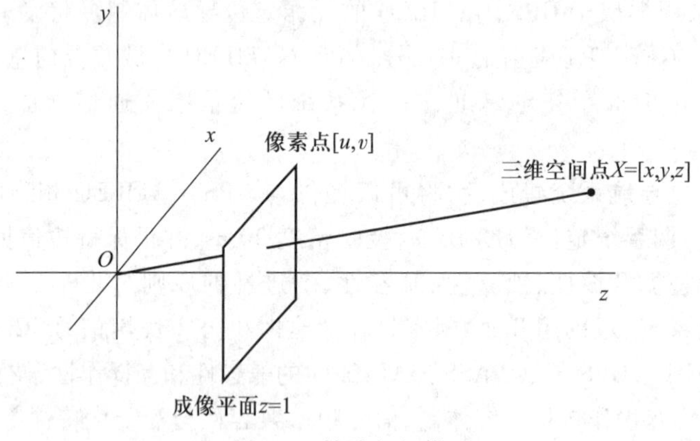

图5.4　针孔相机模型

2. **特征匹配**

基于特征的方法是当前视觉里程计的主流方式,有很长时间的研究历史。特征方法认为,对于两张图像,应该首先选取一些具有代表性的点,称为特征点。之后,仅针对这些特征点估计相机的运动,同时估计特征点的空间位置。图像里其他非特征点的信息则被丢弃了。

计算特征点属于计算机视觉的研究范围,和几何关系不大,我们在此做简单介绍。过去的研究中,人们设计了很多特征点提取方法,包括图像中的角点、色块等。近年来流行的特征点计算则更为复杂,主要的目的是,在图像发生一定的改变后,特征点提取算法仍能提取出相同的点,并能判别它们之间的相关性。

常用的特征点有Harris角点、SIFT、SURF、ORB等。它们能够标识出计算机认为的图像里比较特殊的那些点,具有较重要的意义。图5.5所示为一张图像中的SIFT特征点。

图5.5　一张图像中的SIFT特征点

对于每一个特征点,为了说明它与其他点的区别,人们还使用"描述子(descriptor)"对它们加以描述。描述子通常是一个向量,含有特征点和周围区域的信息。如果两个特征点的描述子相似,我们就可以认为它们是同一个点。根据特征点和描述子的信息,我们可以计算出两张图像中的匹配点,如图 5.6 所示。

图 5.6 匹配点的示意图

3. 根据匹配好的特征点估计相机运动

在匹配好特征点后,我们可以得到两个一一对应的像素点集。接下来要做的就是,根据两组匹配好的点集计算相机的运动了。在普通的单目成像中,我们只知道这两组点的像素坐标。而在双目和 RGBD 配置中,我们还知道该特征点离相机的距离。因此,该问题就出现了多种形式:

1) 2D-2D 形式,通过两个图像的像素位置来估计相机的运动。

2) 3D-2D 形式,假设已知其中一组点的 3D 坐标以及另一组点的 2D 坐标,求相机运动。

3) 3D-3D 形式,两组点的 3D 坐标均已知,估计相机的运动。

那么,是否需要为这三种情况设计不同的计算方法呢?答案是:既可以单独做,也可以统一到一个大框架里去做。

单独做的时候,2D-2D 使用对极几何的方法,3D-2D 使用 PnP 求解算法,而 3D-3D 则称为 ICP 方法(准确地说,ICP 不需要各点的配对关系)。

统一的框架,就是指把所有未知变量均作为优化变量,而几何关系则是优化变量之间的约束。由于噪声的存在,几何约束通常无法完美满足。于是,我们把与约束不一致的地方写进误差函数。通过最小化误差函数来求得各个变量的估计值。这种思路也称为捆集优化或光束法平差(bundle adjustment,BA)。

代数方法简洁优美,但是它们对于噪声的容忍性较差。存在误匹配,或者像素坐标存在较大误差时,它给出的解会不可靠。而在优化方法中,我们先猜测一个初始值,然后根据梯度方向进行迭代,使误差下降。捆集优化非常通用,适用于任意可以建模的模型。但是,由于优化问题本身非凸、非线性,使得迭代方法往往只能求出局部最优解,而无法获得全局最优解。也就是说,只有在初始值足够好的情况下,我们才能希望得到一个满意的解。

因此,在实际的 VO 中,我们会结合这两种方法的优点。先使用代数方法估计一个粗略的运动,然后再用捆集优化,求得更精确的值。

4. 重建

采用2D-2D形式时,我们通过两个图像的像素位置,估计了相机的运动。在此过程中,并没有用到这些像素点的3D空间位置信息(而且我们也不知道)。不过,在得到相机运动之后,就可以根据这个运动信息,计算各个特征点的空间位置,该问题也称为三角化(triangularization)。在原理上,只要我们在空间中的不同位置拍摄到了同一个点,就可以通过照片中的像素位置来估计这个点在真实空间中的位置,如图5.7所示。

在SLAM中,三角化的结果可以视为一种地图。这样,我们建立了对地图的一种点云描述,即通过大量的空间点来估计整个地图的样貌。这虽然是一种较粗略的描述,但我们也能看出地图里究竟有些什么东西。在特征点方法中,因为我们只重构特征点的空间位置,这种方法也常常被称为稀疏重构。

5. 直接法(direct methods)

除了使用特征点以外,直接法为我们提供了另一种思路。直接法认为,对图像提取特征点的过程中,丢弃了图像里大量有用的信息。因为之后的运动估计、重建过程并未使用除特征点以外的信息。举例来说,对于一张640×480的图像,原本有30万左右的像素,但是我们只用了其中几百个特征点而已。此外,由于特征点的设计缺陷,我们无法保证对于每个图都能提取足够的、有效的特征点。经验告诉我们,这只是在大部分时候是可行的,而不是全部时候。

直接法跳过了提取特征点的步骤。它构建一个优化问题,直接根据像素信息(通常是亮度)来估计相机的运动。这种方法省去了提特征的时间,然而代价则是,利用了所有信息之后,使得优化问题规模远远大于使用特征点的规模。因此,基于直接法的VO,多数需要图形处理器(graphics processing unit,GPU)加速,才能做到实时化。此外,直接方法没有提特征点,它假设相机运动是连续的、缓慢的。只有在图像足够相似时才有效。而特征点方法在图像差异较大时也能工作。

因为利用了图像中所有的信息,直接法重构的地图是稠密的,这与基于稀疏特征点的VO有很大不同。在稠密地图里,如图5.8所示,你可以看到每处的细节,而不是离散的点。

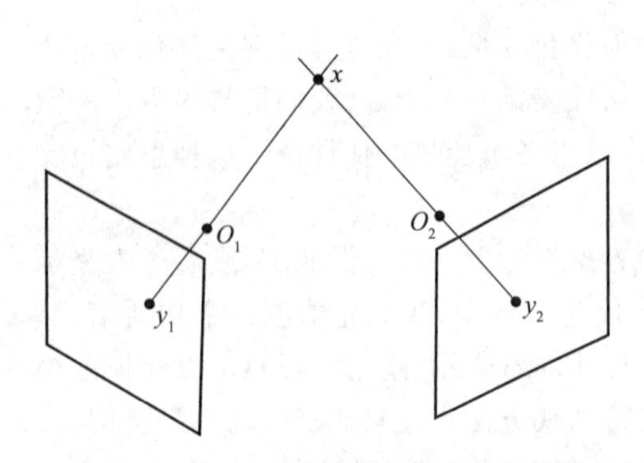

图5.7 通过三角化估计特征点空间位置

图5.8 直接法重构稠密地图示例

VO的目标是根据拍摄的图像估计相机的运动。它的主要方式分为特征点方法和直接方法。其中,特征点方法目前为主流,能够在噪声较大、相机运动较快时工作,但地图则是稀疏特征点;直接方法不需要提特征点,能够建立稠密地图,但存在着计算量大、鲁棒性不好的缺点。

5.4 组合导航技术

组合导航系统是将无人机上的导航设备组合成一个统一的系统,利用两种或两种以上的设备提供多重信息,构成一个多功能、高精度的冗余系统。现代计算机技术、信息融合技术等方面的发展,进一步增强了组合系统的导航性能,组合导航技术是未来导航技术发展的主要趋势,拥有广阔的应用前景,相对于单一系统,组合导航的优势体现在以下几个方面:

1) 协作互补功能。综合各子系统的导航信息,取长补短,形成单个子系统不具备的功能和精度,提升导航信息输出频率,扩大系统的使用范围。

2) 余度功能。各个系统观测同一信息源,测量值冗余度大,增强了导航系统的可靠性与稳定性。

5.4.1 导航系统的组合方式介绍

过去的二十多年,大多数 GPS/INS 组合系统都采用松组合或紧组合方式。这两种组合方式都是利用数据融合算法综合 GPS 接收机和 INS 提供的测量数据给出最优的估计结果,并反馈给 INS 进行误差修正。两者的区别在于:在松组合中,GPS 提供的测量信息是位置和速度等最终导航结果,由于 GPS 的位置和速度通常是相关的(在 GPS 接收机内部采用卡尔曼滤波器的情况下尤为严重),使组合滤波器的估计精度受到影响,并且当导航卫星少于 4 颗而无法定位解算时,系统的组合将被完全破坏,整个导航系统性能就会迅速恶化;而紧组合中,GPS 提供的测量信息是伪距、伪距率和多普勒频率等接收机用于定位的原始信息,克服了松组合方式中测量信息的相关性问题,提高了组合系统的导航精度,且当可用卫星数目不足 4 颗时,也可以进行导航。

松组合与紧组合方式的实质都是 GPS 对 INS 的辅助,缺少对 GPS 接收机的辅助,当组合系统中 GPS 接收机跟踪性能下降时,会影响组合系统的导航性能。超紧组合方式则是对 INS、GPS 进行更深层次的信息融合,一方面为 INS 提供误差校正信息以提高导航精度,另一方面利用校正后的 INS 测量信息为 GPS 跟踪环路提供辅助信息。随着航空、航天、军事等领域对导航系统的高动态、抗干扰等性能要求的提升,超紧组合导航技术逐步成为国内外研究的重点。

5.4.2 GPS/INS 超紧组合系统概念与分类

超紧组合是一种在硬件级进行一体化的组合方式,除了通过估计 INS 误差对 INS 进行反馈校正外,还使用校正后 INS 信息对 GPS 接收机的载波环、码环进行辅助或直接用 INS 信息闭合载波环和码环跟踪环路。

超紧组合一体化在实现方式上分为两种:一种是在传统标量接收机的内部,INS 辅助接收机码环或载波跟踪环路,辅助后的 GPS 接收机再与 INS 采用紧组合方式组合;另一种是用矢量跟踪环路代替传统的 GPS 接收机跟踪环路,并用组合滤波器代替矢量跟踪接收机中的导航滤波器。第一种超紧组合方式通常称为INS辅助GPS超紧组合,但在实际应用中普遍认为,只要INS能够辅助卫星信号的捕获和跟踪,就可以将两者之间的组合方式称为超紧组合。第二种超紧组合方式称为基于矢量跟踪环路的GPS/INS超紧组合,我们将这种矢量跟踪超紧组合称为深组合。

GPS/INS深组合算法又可以根据接收机与卡尔曼滤波器之间信息流动方式的不同分为相关算法和非相关算法两类。相关算法是把GPS相关累加器输出的I、Q信号直接作为卡尔曼滤波器的测量信息;而非相关算法是先将I、Q信号经传统跟踪环路中的码相位和载波鉴频器处理,然后再作为卡尔曼滤波器的测量信息。下面将对INS辅助GPS超紧组合、相关深组合和非相关深组合的结构、特点以及国内外研究动态分别进行对比分析。

5.4.3 不同GPS/INS超紧组合模式结构

1. INS辅助GPS超紧组合模式

INS辅助GPS超紧组合是最简单的超紧组合模式,只需在紧组合系统结构的基础上,利用组合导航滤波器对载体多普勒频率进行估计,并将估计结果输送到接收机内部对跟踪环路进行辅助。

INS辅助GPS超紧组合系统的一般结构具体工作流程为:卫星信号经捕获与跟踪后,可以得到伪距、多普勒频率、载波相位和导航电文等信息,同时可以辅助INS解算模块初始化;结合星历信息,INS测量数据经导航解算后,求解得到相应的伪距、伪距率信息;在导航滤波器中采用伪距、伪距率作为测量信息,以INS线性化误差方程为系统方程,利用滤波算法对系统的位置、速度、姿态和传感器误差进行最优估计,进而给出组合系统的导航定位解,同时根据估计结果一方面对惯性导航器件误差进行校正,另一方面将校正后的惯性导航速度信息经多普勒等效转换后对接收机环路进行辅助。

2. GPS/INS深组合模式

GPS/INS深组合模式是基于GPS矢量跟踪结构提出的,它将GPS信号的跟踪与GPS/INS信息组合功能集中在一个单独的估计算法中,而INS辅助GPS超紧组合是以传统标量跟踪结构为基础的。

GPS接收机前端设备采集生成GPS中频信号,随后经相关器与本地产生的信号相关,再通过积分累加器得到I、Q信号。随后,I、Q信号将作为输入送到组合导航卡尔曼滤波器中。GPS数控振荡器控制算法利用校正后的INS导航结果、卫星位置、电离层与对流层校正估计值以及组合导航滤波器输出的GPS估计值,综合计算出数控振荡器指令,数控振荡器指令调节本地信号使其与接收到的GPS信号相一致。最后组合导航滤波器对INS进行校正,并输出最终GPS/INS组合导航系统结果。

3. GPS/INS相关深组合模式

根据组合导航卡尔曼滤波器结构的不同,相关深组合可以分为集中滤波相关深组合和级联滤波相关深组合。来自GPS接收机的I、Q信号直接作为组合导航卡尔曼滤波器的测量信息。由于集中滤波相关深组合模式存在计算负担重、状态方程可观测性差、数据跳变等缺点,因此对于所有实际实现的相关深组合系统都采用了级联卡尔曼滤波结构。

预处理滤波器(跟踪卡尔曼滤波器)的输入为频率至少为 50Hz 的 I、Q 信号。一般每个预滤波器对应一个跟踪环路,各个预滤波器的输入是 6 路测量量,而它们的状态量至少包括 3 个:码相位跟踪误差、载波频率跟踪误差和本地信号载波相位偏差。这些预滤波器输出分别对应码相位跟踪误差和载波频率跟踪误差的伪距和伪距测量更新值,随后将这些更新值输入到组合导航卡尔曼滤波器中作为测量信息。同时,为了消除跟踪预滤波器与组合滤波的级联问题,每当测量信息输送给组合滤波器后就将预滤波器中的码相位和载波频率状态估计值清零。

4. GPS/INS 非相关深组合模式

非相关深组合中,I、Q 信息不需要数据清除,而是直接通过与传统跟踪环中鉴别器相似的鉴别器模块计算码相位和载波频率偏差。随后这些偏差经求和与比例运算得到频率为 1~2 Hz 的伪距、伪距率信息,这些信息直接作为组合导航滤波器的测量量。为了估计码相位偏差,相关深组合算法中必须估计载波相位偏差,而非相关深组合由于码相位鉴别功能独立于载波相位鉴别器,因此不需要估计载波相位偏差。

5.4.4 不同超紧组合模式特点

1. INS 辅助 GPS 超紧组合模式

从 INS 辅助 GPS 超紧组合模式的结构中可以看到,INS 的辅助反馈中包含的载体动态信息,不仅可以减小 GPS 接收机码环和载波所跟踪载体的动态,从而减小码环和载波环的等效带宽,提高整个系统在高动态环境下的抗干扰能力,还可以降低环路滤波器的带宽,达到抑制热噪声的目的,这就有效解决了传统跟踪环设计中存在的动态跟踪性能与抗干扰能力之间的矛盾。因此,与紧组合导航方式相比,接收机动态性能和抗干扰性能有了很大的改善;在硬件实现上,对传统 GPS 接收机的结构改造少,可操作性强。

但是对于这种结构,如果采用低水平的 INS,如 MEMS-IMU,当载体高动态运动或受到强干扰时,可能会造成跟踪环路不能有效跟踪多普勒频率误差的快速变化,进而使跟踪环路失锁、组合滤波器变得不稳定。另外,由于辅助跟踪环的结构中存在滤波器级联,当环路滤波器带宽小于卡尔曼滤波器的有效带宽时,辅助构型会变得不稳定。而且每个卫星信号都采用独立的跟踪环进行跟踪,因此对跟踪环路数控振荡器(NCO)的控制不能充分利用已有的导航信息进行辅助,这会影响跟踪环路在强噪声和超高动态环境中的跟踪能力。

2. GPS/INS 深组合模式

GPS/INS 深组合模式与 INS 辅助 GPS 超紧组合模式相比,其优点为:

1) 深组合导航系统基于矢量跟踪结构,提高了 GPS 接收机在较低信噪比环境(信号衰减、受到偶然或故意干扰等)中的信号跟踪性能。

2) 一般 INS 辅助 GPS 超紧组合的跟踪环路带宽不能随着载噪比水平的变化而进行调节,而优化的深组合算法会根据载噪比水平调节跟踪环路带宽,这样就增强了系统在受干扰情况下的导航性能。

3) 在 GPS 信号出现短暂中断后,深组合系统可以不需要重捕获而保持连续跟踪;INS 辅助 GPS 超紧组合系统则仍需要进行信号的重捕获。

4) INS 辅助 GPS 超紧组合系统中存在滤波器串联,为了避免组合导航不稳定,实际使用中,需要对组合导航滤波器的噪声带宽进行限制,以保证其小于跟踪环路带宽。而深组合系统去除了这种串联,使其有了更好的导航性能。

深组合模式的主要缺点是必须对传统 GPS 接收机进行大量改动;由于其基于矢量跟踪方式,如果环路的某一通道出现故障,将会影响其他所有通道的正常工作,并且可能导致接收机不稳定或全部卫星失锁。

相关深组合模式最大的优势是没有使用鉴别器,可避免将未建模的非线性测量误差引入卡尔曼滤波器中。因而,在设定测量噪声方差阵时不需要考虑鉴别器的非线性,最终使相关跟踪模式具有比非相关模式更高的导航精度。

相关深组合模式的主要缺点是为了能够从 I、Q 信号中提取码跟踪信息,必须知道本地信号载波相位偏差,这样就要求预滤波器必须跟踪载波相位。而对于非相关深组合模式,由于码鉴别器功能是独立于载波相位的,所以计算码相位时不需要考虑载噪比是否足以保持载波跟踪。也就是说,非相关深组合模式跟踪弱信号的能力比相关深组合模式要强。

相关深组合模式更适合载波相位跟踪和高精度的导航应用,而非相关深组合模式更适用于对载波相位跟踪精度没有要求的弱信号和强干扰环境中。

5.4.5 各种 GPS/INS 组合方式性能对比

综合以上对各种组合方式的分析对比,表 5.1 从捕获能力、信号再捕获能力、弱信号或强干扰下导航性能等方面对松组合、紧组合以及三种超紧组合模式进行了定性的比较。

表 5.1 不同组合方式性能比较

量的名称	松组合	紧组合	INS 辅助 GPS 超紧组合	相关深组合	非相关深组合
捕获能力	一般	一般	好	好	好
再捕获能力	一般	一般	良好	好	好
定位精度	一般	良好	好	很好	好
弱信号或强干扰	差	一般	良好	好	很好
实现难度	很小	小	一般	稍大	稍大
系统成本	较高,必须使用高精度 IMU	较高,必须使用高精度 IMU	较低,可以采用低质量 MEMS IMU	较低,可以采用低质量 MEMS IMU	较低,可以采用低质量 MEMS IMU
其他	INS、GPS 相互独立	INS、GPS 独立性减小	INS、GPS 超紧耦合,跟踪环相互独立	INS、GPS 超紧耦合,跟踪环相互影响	INS、GPS 超紧耦合,跟踪环相互影响

5.4.6 北斗/惯导深组合导航算法

在所有的组合导航系统中，以北斗与惯性导航系统 INS 组合的系统最为理想，而深组合方式是北斗与惯性导航系统组合的最优方法。鉴于 GPS 的不可依赖性，北斗卫星导航系统与 INS 的组合是我国组合导航系统的发展趋势，也是我国自主研制北斗/INS 深组合导航系统需要解决的关键技术。

深组合导航算法是由 INS 导航结果推算出伪距、伪距率，与北斗定位系统观测得到的伪距、伪距率作差得到观测量。通过卡尔曼滤波对 INS 的误差和北斗接收机的误差进行最优估计，并根据估计出的 INS 误差结果对 INS 进行反馈校正，使 INS 保持高精度的导航。同时利用校正后的 INS 速度信息对北斗接收机的载波环、码环进行辅助跟踪，消除载波跟踪环和码跟踪环中载体的大部分动态因素，以降低载波跟踪环和码跟踪环的阶数，从而减小环路的等效带宽，增加北斗接收机在高动态或强干扰环境下的跟踪能力。其组合方式的框图如图 5.9 所示，图中只画出了北斗的一个通道，其他通道均相同。

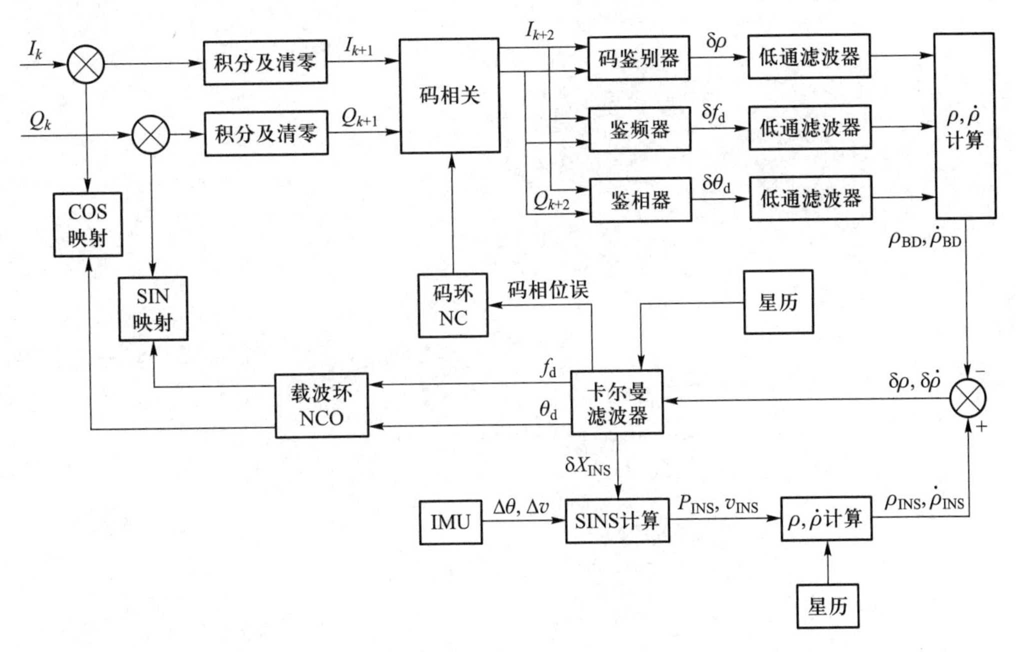

图 5.9 深组合方式的框图

组合导航参数估计是组合导航系统研究的关键问题之一。经典卡尔曼滤波方法是组合导航系统中使用最广泛的滤波方法，但由于动态条件下组合导航系统状态噪声和测量噪声的统计信息不准确，常导致滤波精度下降，影响组合导航的性能。滤波初值的选取与方差矩阵的初值对滤波结果的无偏性和稳定性有较大的影响，不恰当的选择可能导致滤波过程收敛速度慢，甚至有可能发散。另外，系统误差模型的不准确也会导致滤波过程的不稳定。渐消记忆自适应滤波方法通过调节新测量值对估计值的修正作用来减小系统误差模型不准确对滤波过程的影响。当系统模型不准确时，增强旧测量值对估计值的修正作用，减弱新测量值对估计值的修正作用。

复习题

1. 简述惯性导航原理。
2. 惯性导航系统由哪几部分组成？每部分有何作用？
3. 平台式惯导系统和捷联式惯导系统有何区别？
4. 当前世界上有哪些全球导航卫星系统？各有何特点？
5. 简述基于特征的视觉里程计的工作流程。
6. GPS/INS超紧组合模式有哪几种结构？各有何特点？

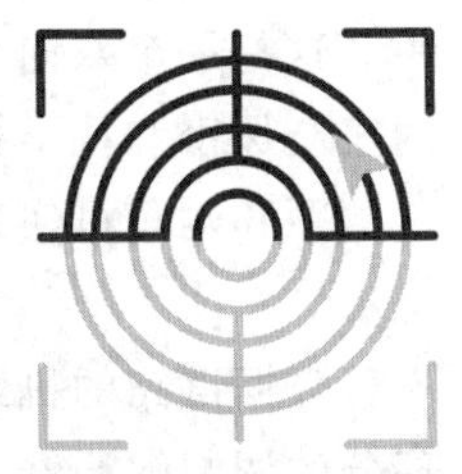

第 6 章　无人机的数据链技术

6.1　无人机数据链简介

1. 无人机数据链的组成

无人机数据链是实现无人机与地面站之间双向传输信息的无线通信系统，主要完成机载视频的实时下传、载荷控制及状态回报和遥控遥测信息的分发。它提供了无人机与地面控制站之间的通信链路，是完整无人机系统的关键部分。

数据链系统由机载设备和地面设备组成，如图 6.1 所示，涉及遥控遥测、跟踪定位、图像传输、微波通信、卫星通信、抗干扰通信、天线伺服、自动控制和计算机应用等多个技术领域，是一项复杂的信息系统工程。

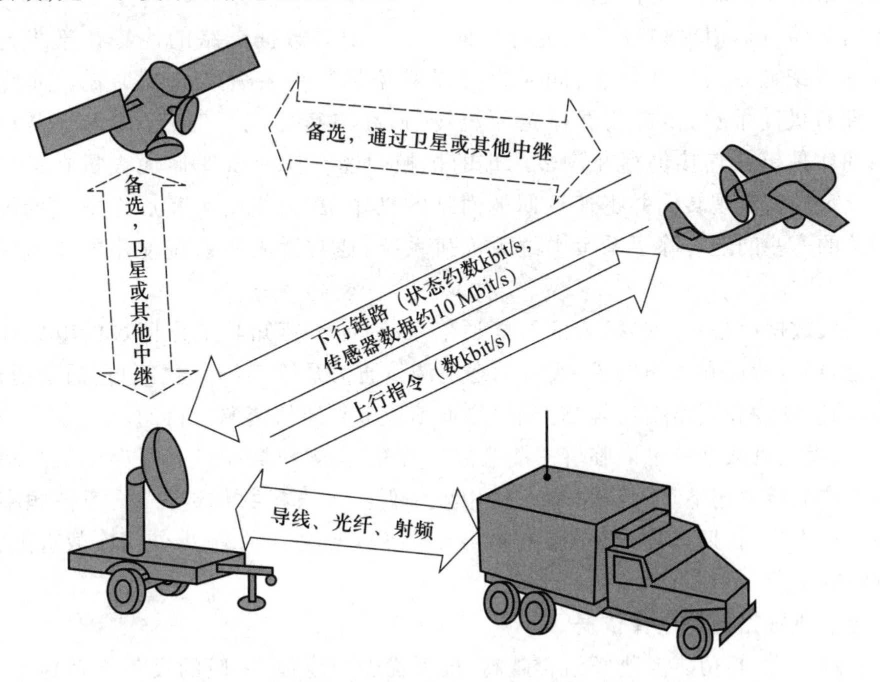

图 6.1　无人机数据链系统示意图

无人机数据链按照传输方向可以分为上行链路和下行链路。上行链路主要完成地面站到无人机遥控指令的发送和接收，下行链路主要完成无人机到地面站的遥测数据以及红外或电视图像的发送和接收，并根据定位信息的传输利用上、下行链路进行测距。这是一个双向传输能力不对称的数据链,上行链路传输速率相对较低,要求具有强的安全保密和抗干扰能力;下行链路传输速率高,要具有好的抗截获性;同时视距内通过测距和测角可实现对无人机的辅助定位功能。数据链性能直接影响无人机性能的优劣。

数据链路的机载设备包括射频接收机、发射机以及连接接收机、发射机和系统其余部分的调制解调器。有时候也包括数据处理器,用于压缩数据以符合下行链路的带宽限制。天线可能是全向的,也可能有增益且需要指向。

数据链路的地面设备包括一副或几副天线、一台射频接收机和发射机、调制解调器。若传感器数据在传送前经过压缩,则还需采用处理器对数据进行解压。地面设备可以分装成几部分,一般包括一辆天线车(可以放置在距无人机地面控制站一定距离处)、一条连接地面天线与地面控制站的数据链路,以及若干用于地面控制站的处理器和接口。

地面数据终端与机载数据终端之间发送和接收的数据流,无论是通过高带宽的线路或光缆传输,还是由上行链路连接到一颗卫星,由该卫星再连接到第二、三颗中继卫星后抵达机载数据终端,数据链路的各功能部件在基本构成方式上都不会有太大变化。

一条数据链路可传递数字信号或模拟信号。若传递的是数字信号,数据链路可能采用数字式或者模拟式载波调制。很多简单遥测链路采用的是模拟式调制,而现代无人机系统都采用数字计算机实现地面站和飞行器的控制和自动驾驶仪功能,而且机载传感器数据也几乎都是数字式的。

数据链路可运用射频或光缆进行数据传送。射频数据链路的优势在于飞行器不受控制站线缆拴系的物理限制,同时也可以避免飞行结束后的光缆损耗。光缆的优势在于拥有极高带宽,传送数据稳定而流畅;但在飞行器飞行时,保持飞行器和控制站之间的实体链路连接仍存在许多严重的机械问题。任何试图使无人机在某地点上空机动或盘旋来实现转向并迅速返回地面站的操作,都可能由于其后方拖拽的线缆而引起相关的一些问题。除了系留中继无人机系统,通常无人机系统使用的是射频数据链路。

无人机数据链是一个多模式的智能通信系统,能够感知其工作区域的电磁环境特征,并根据环境特征和通信要求,实时动态地调整通信系统工作参数(包括通信协议、工作频率、调制特性和网络结构等)达到可靠通信或节省通信资源的目的。

当今,无人机数据链也面临着一些挑战。首先,无人机数据链在复杂电磁环境条件下可靠工作的能力还不足;其次,频率使用效率低。无人机数据链带宽、通信频率通常采用预分配方式,长期占用频率资源,而无人机飞行架次不多,频率使用次数有限,造成频率资源的浪费。

2. 无人机数据链的选择依据

具有跳频、扩频功能。跳频组合越高,抗干扰能力越强,一般的设备能做到几十、几百个跳频组合,性能优异的设备能做到6万个跳频组合。

具有存储转发功能。

具有数据加密功能。使用数据传输的可靠性提高,防止数据泄密。常见的加密方式有DES、AES等。

具有高速率。无人机数据链属于窄带远距离传输的范畴,115 200 bit/s 的数据速率即属于高速率。

具有低功耗、低误码率和高接收灵敏度。由于无人机采用电池供电,而且传输距离又远,所以要求设备的功耗低(即低发射功率),接收灵敏度高(灵敏度越高传输距离越远),一般是以一定误码率下的接收灵敏度衡量设备的接收性能。

3. 无人机数据链的频率

从无人机与指挥控制站之间的距离是否通视来分类,无人机数据链主要分为视距链路(RF-LOS)和超视距链路(BLOS)。

在视距链路类型中,不同的数据链使用了从低频到 C 波段之间的不同频率。而 C 波段(4 ~8 GHz)因不易受到极端天气的影响从而成为目前大多数无人机数据链采用的频段,其中下行链路使用 3.7~4.2 GHz,上行链路使用 5.9~6.4 GHz。根据公开的文献资料显示,视距链路使用 C 波段的有水手无人机(Mariner)、捕食者无人机(Predator)和牵牛星无人机(Altair)等大型无人机。而一些小型无人机的视距链路则使用 UHF 波段(300~1 000 MHz),比如扫描鹰无人机(ScanEagle)、地球漫游者无人机(Georanger)、子午线无人机(Meridian)、阴影无人机(Shadow)和大乌鸦无人机(Raven)。

在超视距链路类型中,数据链使用的频段包括 UHF 波段、L 波段(950~1 450 MHz)和 Ku 波段(12 MHz~18 GHz)。以全球鹰无人机(Global Hawk)、广域海上监视无人机(BAMS)和捕食者无人机(Predator)为代表的长航时无人机使用 Ku 波段作为超视距链路,其中上行链路为 11.7~12.7 GHz,下行链路为 14~14.5 GHz。而中、低航时的无人机的超视距链路一般使用 L 波段的卫星通信链路。

不同无人机平台视距链路和超视距链路使用的频段总结如表 6.1 所示。

表 6.1 视距链路和超视距无人机数据链使用的频段

频段	根据信息传输是否无线通视分类	
	视距	超视距
UHF	中小型无人机	—
L	—	中、低航时无人机
C	大型无人机	—
K_u	—	长航时无人机

对于公共空域使用的无人机来说,消费类无人机遵从国际通信联盟无线电通信局(ITU Radio Communication Sector,ITU-R)的 ISM(industrial scientific medical,工业化科学医疗)频段,13.56 MHz、27.12 MHz、40.68 MHz、433 MHz、915 MHz、2.4 GHz、5.8 GHz 都是 1 W 以内无需执照发射的。但 433 MHz 及以下频段通常很难满足传高清图的带宽要求,915 MHz 频段有一半已经被 GSM 占用;S 波段(2~4 GHz)的 2.4 GHz 也就成了 1080P 获得远距离的首选,但 4K 或者更高清晰度的图传设计者却很难在 S 波段的带宽上实现设计目标;C 波段(4~8 GHz)的 5.8 GHz 则可以做得更宽,不过相同发射功率和接收灵敏度下 5.8 GHz 与 2.4 GHz 相比通信距离仅为 41.4%,并且其衰减对水气更敏感,实际通信距离则不到 30%,两者各有利弊。

4. 无人机数据链的载波形式

从数据链使用的调制方式来分,无人机数据链分为单载波传输数据链和多载波传输数据链。

单载波传输数据链的发展过程中最早出现的数据链系统是由美国航空无线电公司(ARINC)于1978年发展出来的通信寻址与报告系统(ACARS)。ACARS最早并至今仍用于有人驾驶飞行器与地面控制站的通信中,后来被应用于无人机数据链系统。ACARS使用了幅度调制的模拟无线电信号并工作在高频(HF)、甚高频(VHF)和卫星通信(SATCOM)频段。在20世纪90年代,ACARS数据链系统应用了数字无线电并被称为甚高频数字链路(VDL)。VDL依次发展出了VDL1、VDL2、VDL3、VDL4四个版本,其中VDL1和VDL3并没有投入实际使用,而VDL2用于飞行器和地面控制站之前的通信,而VDL4可以用于飞行器与飞行器之间的通信。由于VHF波段比较拥挤,所以基于VDL2和VDL4,工作在L波段的LDL2和LDL4后来被学者提出。

1998年,休斯网络系统公司基于全球移动通信系统(GSM)发展了一种扩展时分多址(E-TDMA)数据链系统。这个数据链系统的关键技术是使用专用式时隙和请求式时隙的多个服务质量等级的应用,而这一关键技术被应用于采用时分双工(time division duplexing,TDD)技术的通用多信道航空通信系统(AMACS)和由欧洲空域航行安全组织(EUROCONTROL)提出的基于L波段的1型数字航空系统(L-DACS1)。

第三个单载波传输数据链系统是于2002年提出的通用接入收发系统(UAT),UAT工作在978 MHz频段并使用一个3 MHz的信道提供峰值速率为1 MHz的服务。UAT同样是一个TDMA系统。

第一个多载波传输数据链系统是由欧洲第六框架工作组(EP6)提出的宽带甚高频(B-VHF)系统,该系统工作在118~137 MHz的甚高频频段并使用多载波码分多址(MC-CDMA)、TDD和正交频分多路复用(orthogonal frequency division multiplexing,OFDM)技术,其中每个子载波的间隔是2 kHz。因为VHF频段比较拥挤,所以学者基于B-VHF发展了工作于L波段的宽带航空多载波(B-AMC)系统,B-AMC摒弃了CDMA技术而保留了OFDM技术,而考虑工作频率的增加使多普勒频移增加,每个子载波的间隔扩展为10 kHz,且考虑系统容量,B-AMC使用了应用频分双工(frequency division duplexing,FDD)技术的两个信道。

第二个多载波传输数据链是由电子工业协会(EIA)和通信工业协会(TIA)提出的用于公共安全无线电系统的P34数字通信标准。P34数字通信标准采用OFDM技术接入,QPSK/16QAM/64QAM调制,IMBE语言编码。

由EUROCONTROL提出的基于L波段的2型数字航空系统(L-DACS2)是以前两种多载波传输数据链系统所采用的技术和WiMAX为基础、应用OFDM技术的第三种多载波传输数据链。

6.2 民用无人机数据链

1. 民用无人机数据链的特点

民用无人机飞行高度低,飞行距离近,无远距离使用需求,目前大部分民用无人机作用距离不超过 30 km。

军用无人机数据链往往在野外使用,基本都在无人区作业,视距条件容易满足。民用数据链则恰恰相反,无人机往往工作在有人区域(比如公安、消防)、山区(比如巡线)等,或者工作在无遮挡区域但飞行高度不够,视距条件比较难满足。

民用数据链对上行链路不敏感(大部分是注入航线后自主飞行),对下行链路敏感(观察状态和图像),原有的体制可能要做出更改(由上行链路优先,更改为下行链路优先)。

民用数据链对抗干扰性、一站多机要求不多,但是对多机兼容要求比较高,经常在一个地方有很多无人机飞行,如何在频率资源有限的条件下,实现多机兼容工作是个比较大的挑战。

民用数据链更多地追求易用性,要求加电就能工作,飞行过程中,不需要太关注链路监控状态。

根据民用无人机数据链大部分需求,民用无人机数据链应该朝着短距离(30 km),具备抗多径效应能力(所谓多径效应,是指电磁波经不同路径传播后,各分量场到达接收端时间不同,按各自相位相互叠加而造成干扰,使得原来的信号失真,或者产生错误),同时能够实现空空中继功能的方向发展。为了能够灵活地实现各种场景应用,数据链还应具备地面接力能力。

2. 民用无人机数据链的常用模式

(1) 点对点模式

这种模式是常见的一种模式,即一个地面站控制一架无人机飞行,如图 6.2 所示。

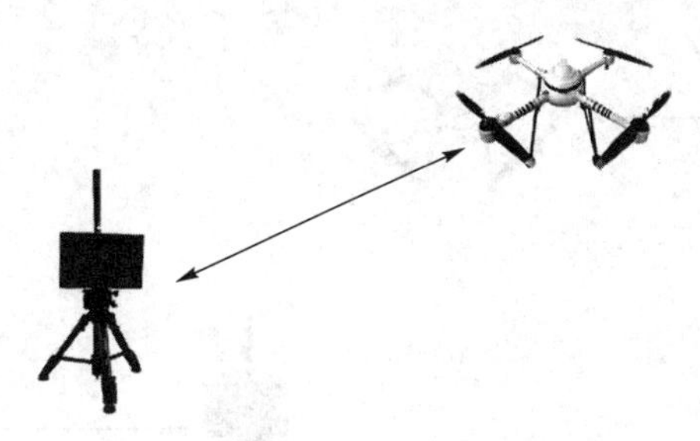

图 6.2 点对点模式

(2) 地面接力模式

无人机按照一定的航线飞行,由于遮挡或其他原因,一个地面站不能完成整个任务时,可以在地面架设 N 个地面站,进行地面站接力控制,如图 6.3 所示。这种方式常用于巡线、巡检石油管道等场合。

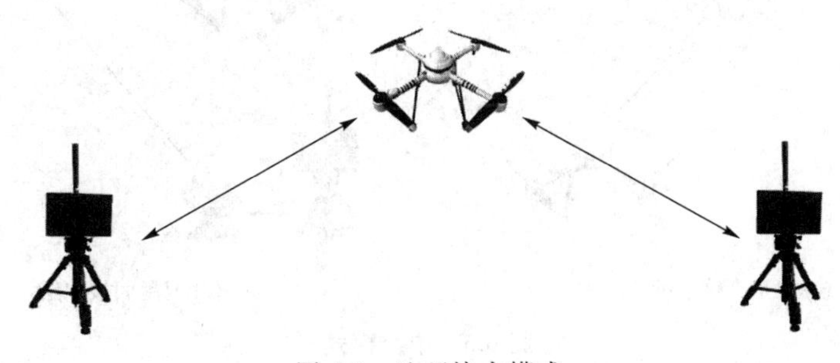

图 6.3 地面接力模式

（3）一站多机模式

一站多机模式经常用于多架飞机同时飞行，飞机任务分工不同，共同完成同一个任务，如图6.4所示。比如高空灭火，可以同时控制两架飞机，一架飞机用于灭火，另一架观察灭火情况，协同完成任务。

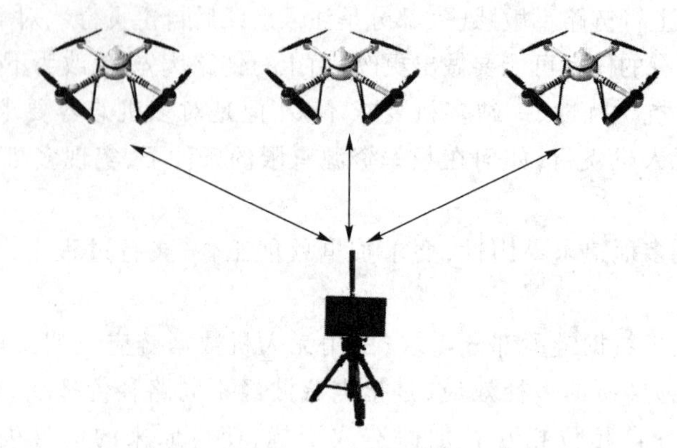

图6.4 一站多机模式

（4）中继模式

由于地形遮挡或其他原因，地面站不能够直接控制任务无人机，这时可以通过中继的方式进行。中继方式可以通过无人机中继、地面中继或卫星中继方式，如图6.5所示。

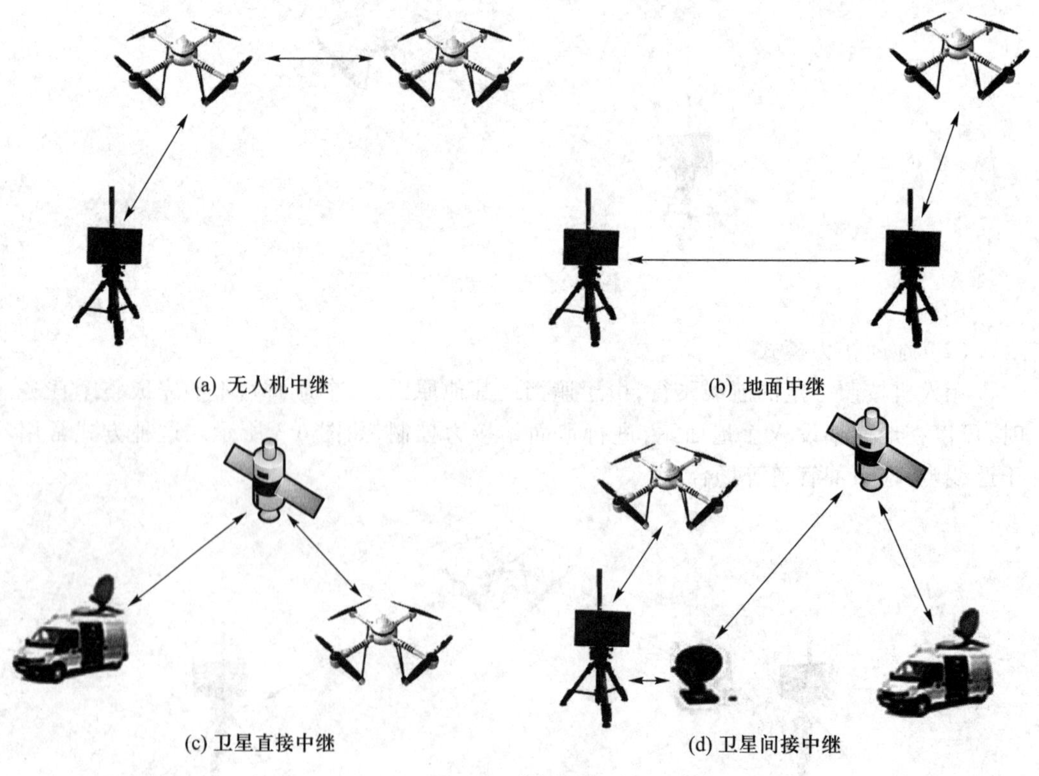

图6.5 中继模式

无人机中继方式可用于有建筑物遮挡或受地区曲率的影响难以通过地面站控制无人机,可以通过测控中继,实现对任务机的控制。

地面中继方式,如果地面站附近有山或其他建筑物遮挡,可以将中继站架设在建筑物顶端或铁塔上,地面站通过中继站进行控制飞机。

卫星直接中继方式可以通过卫星通信地面站直接控制飞机,常用大型无人机远距离作业。天通一号卫星的投入使用使未来此种方式将成为一种常用的方式。

卫星间接中继方式经常用于野外作业的无人机,需要将视频传回指挥大厅,此种方式可以覆盖全国使用。

6.3 无人机的广域网通信技术

1. 物联网通信

物联网(internet of things,简称 IoT)是指通过各种信息传感器、射频识别技术、全球定位系统、红外感应器、激光扫描器等各种装置与技术,实时采集任何需要监控、连接、互动的物体或过程,采集其声、光、热、电、力学、化学、生物、位置等各种需要的信息,通过各类可能的网络接入,实现物与物、物与人的泛在连接,实现对物品和过程的智能化感知、识别和管理,如图 6.6 所示。

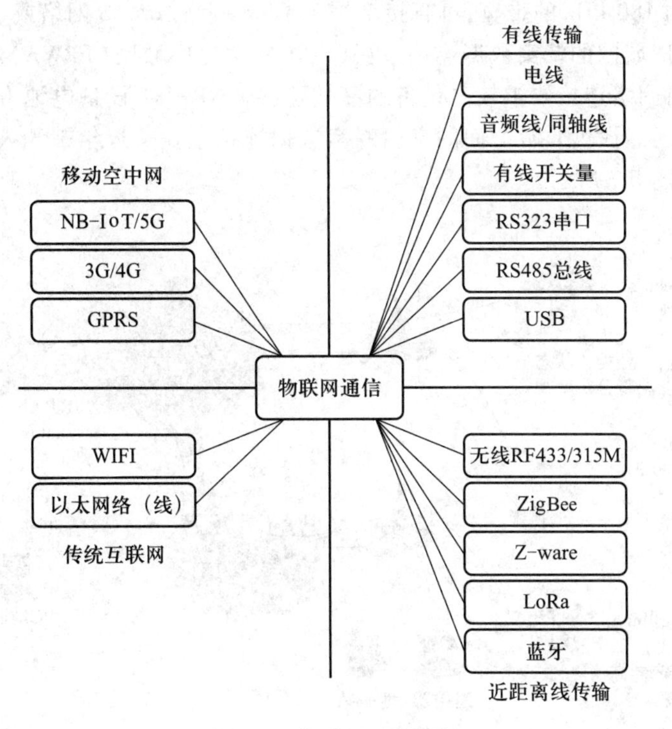

图 6.6 物联网通信框架

物联网是新一代信息技术的重要组成部分,是“万物相连的互联网”。这有两层意思:第一,物联网的核心和基础仍然是互联网,是在互联网基础上的延伸和扩展的网络;第二,其用户端延伸和扩展到了任何物品与物品之间进行信息交换和通信。因此,物联网的定义是通过射频识别、红外感应器、全球定位系统、激光扫描器等信息传感设备,按约定的协议,把任何物品与互联网相连接,进行信息交换和通信,以实现对物品的智能化识别、定位、跟踪、监控和管理的一种网络。

2. 移动无线通信

移动无线通信技术发展到现在,移动终端直接接入互联网世界。随着通信资费下降以及3G/4G无线模块成本下降,3G/4G可以很方便地直接与互联网通信,因此越来越多的无人机采用移动网技术。

GPRS(general packet radio service)是通用分组无线服务技术的简称,它是GSM移动电话用户可以用的一种移动数据业务,属于第二代移动通信中的数据传输技术,介于2G和3G之间的技术,也被称为2.5G,可说是GSM的延续。GPRS以封包(packet)方式来传输,传输速率可提升至56~114 kbit/s。

3G/4G为第三和第四代移动通信技术。4G是集3G与WLAN于一体,能够快速高质量地传输数据、图像、音频、视频等。4G可以在有线网没有覆盖的地方部署,能够以100 Mbit/s以上的速度下载,能够满足几乎所有用户对于无线服务的要求,具有不可比拟的优越性。4G移动系统网络结构可分为物理网络层、中间环境层、应用网络层三层。

基于蜂窝的窄带物联网(narrow band internet of things,简称NB-IoT)构建于蜂窝网络,只消耗大约180 kHz的带宽,可直接部署于GSM网络、UMTS网络或LTE网络,支持低功耗设备在广域网的蜂窝数据连接,也被叫作低功耗广域网(LPWA)。NB-IoT支持待机时间长、对网络连接要求较高设备的高效连接。NB-IoT设备电池寿命可以提高至少10年,同时还能提供非常全面的室内蜂窝数据连接覆盖。近年来无人机的广域网通信技术应用如图6.7所示。

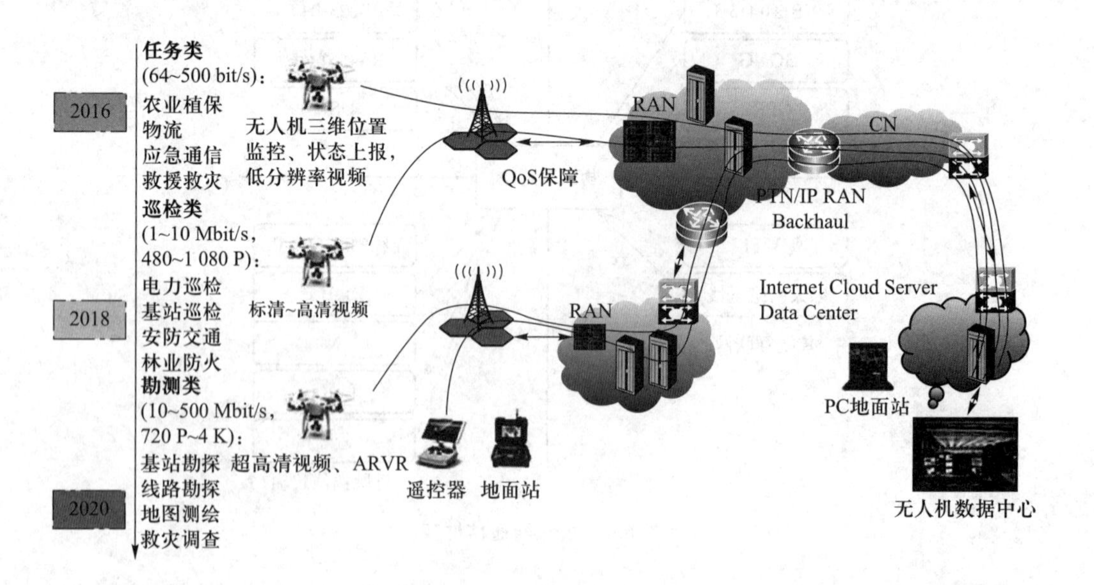

图6.7 无人机广域网通信技术的应用

6.4 基于 ZigBee 的无人机数据链

1. ZigBee 简介

ZigBee 是一种新兴的短距离、低复杂度、低功耗、低数据速率、低成本的无线网络技术,主要用于近距离无线连接。它依据 IEEE 802.15.4 标准,在数千个微小的传感器之间相互协调实现通信。Zigbee 是基于 IEEE 802.15.4 标准的低速、短距离、低功耗、双向无线通信技术的局域网通信协议,又称紫蜂协议。特点是近距离、低复杂度、自组织(自配置、自修复、自管理)、低功耗、低数据速率。ZigBee 协议栈由一组子层构成,每一层为它的上一层提供特定服务。每个服务实体通过一个服务接入点(service access point, SAP)为其上层提供服务接口,每个 SAP 提供了丰富的基本服务指令用来实现相应的功能。ZigBee 协议栈从下到上分别为物理层(PHY)、媒体访问控制层(MAC)、传输层(TL)、网络层(NWK)、应用层(APL)等,其中物理层和媒体访问控制层遵循 IEEE 802.15.4 标准的规定,主要用于传感控制应用。可工作在 2.4 GHz(全球流行)、868 MHz(欧洲流行)和 915 MHz(美国流行)3 个频段上,分别具有最高 250 kbit/s、20 kbit/s 和 40 kbit/s 的传输速率,单点传输距离为 10~75 m。ZigBee 是可由一个到 65 535 个无线数据传输模块组成的一个无线数据传输网络平台,在整个网络范围内,ZigBee 网络数据传输模块之间可以相互通信,从标准的 75m 距离进行无限扩展。

ZigBee 是一种高可靠的无线数据传输网络,类似于 CDMA 和 GSM 网络。与移动通信的 CDMA 网或 GSM 网不同的是,ZigBee 网络主要是为工业现场自动化控制数据传输而建立,因而它必须具有简单、使用方便、工作可靠、价格低的特点。而移动通信网主要是为语音通信建立,每个基站价值昂贵,而每个 ZigBee“基站”便宜得多。每个 ZigBee 网络节点不仅本身可以作为监控对象,例如其所连接的传感器直接进行数据采集和监控,还可以自动中转别的网络节点传过来的数据资料。除此之外,每一个 ZigBee 网络节点(FFD)还可在自己信号覆盖的范围内和多个不承担网络信息中转任务的孤立的子节点(RFD)无线连接。

IEEE 802.15.4 强调的就是省电、简单、成本又低的规格。其物理层(PHY)采用直接序列展频(direct sequence spread spectrum, DSSS)技术,以化整为零方式,将一个信号分为多个信号,再经由编码方式传送信号避免干扰。在媒体存取控制(MAC)层方面,主要是沿用 WLAN 中 802.11 系列标准的 CSMA/CA 方式,以提高系统兼容性。所谓的 CSMA/CA,是在传输之前会先检查信道是否有数据传输,若信道无数据传输,则开始进行数据传输动作,若有产生碰撞,则稍后重新再传。可使用的频段有 3 个,分别是 2.4 GHz的 ISM 频段、欧洲的 868 MHz 频段以及美国的 915 MHz 频段,而不同频段可使用的信道分别是 16、1、10 个。ZigBee 主要应用领域包括工业控制、消费性电子设备、汽车自动化、家庭和楼宇自动化、医用设备控制等。

ZigBee 技术在 ZigBee 联盟和 IEEE 802.15.4 的推动下,结合其他无线技术,可以实现无所不在的网络。它不仅在工业、农业、军事、环境、医疗等传统领域具有巨大的运用价值,在未来其应用可以涉及人类日常生活和社会生产活动的所有领域。随着 ZigBee 在无人机物联网的应用越来越广泛,国际主流 MCU 制造商 NXP、飞思卡尔、Ember、TI 等相继推出单芯片解决方案。

2. ZigBee 的特点

短时延。通信时延以及休眠状态激活时延都很短，通常在 15 ms 至 30 ms 之间。

高可靠性。采用了 CSMA/CA(碰撞避免)机制，而且为需要固定带宽的通信业务预留了专用的时隙，从而避免了发送数据时可能出现的竞争和冲突；节点模块间有自动动态组网功能，信息在整个 ZigBee 网络中是通过自动路由方式传输的，这样可以保证信息的可靠传输。

低数据率。数据传输率为 10~250 kbit/s。

低功耗。两节五号电池即可使用 6 个月至 2 年，免去了经常更换电池或者是充电的麻烦。

低成本。ZigBee 的低数据传输率、简单的协议都大大降低了成本，而且 ZigBee 协议是免专利费的。

有效范围大。可以覆盖的有效范围为 10~75 m，具体与实际工作环境和工作模式有关，基本可以满足普通家庭以及办公室环境的使用要求。

工作频段比较灵活。三个工作频段分别为 2.4 GHz(全球，具有 16 个速率为 250 kbit/s 的信道)、915 MHz(美国，具有 10 个 40 kbit/s 的信道)以及 868 MHz(欧洲，具有 1 个 20 kbit/s 的信道)，而这些频段均为免执照频段。

网络拓扑能力优良。ZigBee 有网络自愈能力，ZigBee 有星状、树状和网状三种网络结构。所以，通过 ZigBee 无线网络拓扑可以覆盖很大的区域。

高安全性。ZigBee 为我们提供了数据完整性检查功能以及鉴权功能，加密算法采用 AES-128，具有很好的保密性。

大网络容量。网络可支持多达 65 000 个节点。

3. ZigBee 网络拓扑

ZigBee 的设备类型包括协调器(coordinator)、路由器(router)以及终端设备(end device)。

终端设备的结构和功能是最简单的，采用电池供电，大部分时间都处于睡眠状态以节约电量，延长电池的使用寿命。

路由器需具备数据存储和转发能力以及路由发现的能力。除完成应用任务外，路由器还必须支持其子设备连接、数据转发、路由表维护等功能。

协调器是 ZigBee 网络的第一个设备或者是一个 ZigBee 网络的启动或者建立网络的设备。协调器节点需选择一个信道和唯一的网络标识符(PAN ID)，然后开始组建一个网络。协调器设备在网络中还有其他作用，比如建立安全机制、网络中的绑定等。

ZigBee 支持包含主、从设备的星状、树簇状和网状网络拓扑，如图 6.8 所示。每个网络中都会存在唯一的协调器，它相当于有线局域网中的服务器，对本网络进行管理。ZigBee 以独立的节点为依托，通过无线通信组成星状、树状或网状网络，因此不同的节点功能可能不同。为了降低成本就出现了全功能设备(full functional device，FFD)和精简功能设备(reduced functional device，RFD)之分，FFD 支持所有的网络拓扑在网络中可以充当任何设备(协调器、路由器及终端节点)，而且可以与所有设备进行通信；而 RFD 则在网络中只能作为子节点，不能有自己的子节点(即只能作为终端节点)，而且其只能与自己的父节点通信,RFD 功能是 FFD 功能的子集。

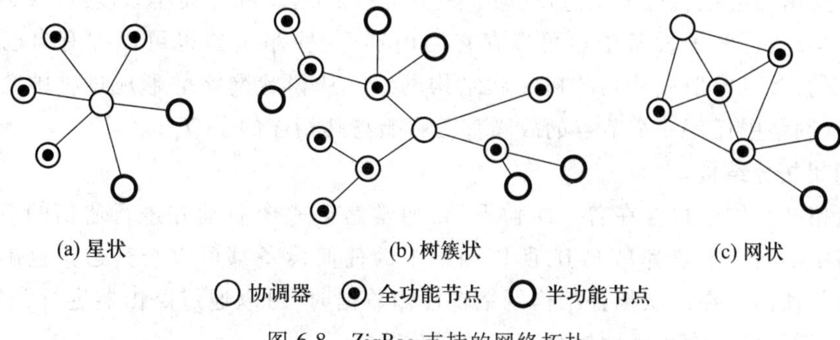

图 6.8 ZigBee 支持的网络拓扑

ZigBee 设备有两种地址:一个是唯一的 64 位的 IEEE 地址(绝对地址),可以使用这个 64 位地址在个人局域网(personal area network,PAN)中进行通信;一个是 16 位的短地址(相对地址),它是在设备与网络协调器建立连接后协调器为设备分配的 16 位的短地址,此短地址可用来在 PAN 内进行通信。

4. 星状拓扑结构

在一个星状拓扑结构网络中存在一个网络协调器以及若干个从设备。协调器的作用是建立和维护网络,它必须是 FFD,而且一般都会有稳定的电源供电,因此不用考虑能耗的问题。从设备可以是 FFD,也可以是 RFD,大部分情况下从设备都是用电池供电的 RFD,它只能与协调器直接通信,如果要与其他设备进行通信,则需要协调器进行转发。

当一个 FFD 设备上电或复位开始工作时,它会检测周围的通信环境,选择合适的信道并确定该网络唯一的 PAN 标识符,建立一个网络。PAN 标识符用来区分本网络与其他网络,网络内的从设备也是通过 PAN 标识符确定自己与协调器的从属关系的。网络建立后,协调器就允许其他设备与其建立连接、加入网络。这样,ZigBee 星状网络就建立起来了。

星状网络拓扑结构简单、容易实现而且管理方便,但不适合大规模的复杂网络,而且如果网络中某个节点断开就会影响其他节点的通信,这限制了无线网络的部署范围。

5. 树簇状拓扑结构

树簇状网络拓扑其实是对星状网络的扩充,树簇状拓扑结构适合于分布范围较大的网络中。如图 6.8b 所示,在网络最末端的节点成为“叶”节点,即终端设备;若干个“叶”节点与一个 FFD 设备节点相连接从而形成一个“簇”;而若干个“簇”连接就形成了“树”,所以称这种拓扑结构为树簇状拓扑结构。树簇状拓扑结构中的大部分设备是 FFD,RFD 只能作为“叶”节点(“叶”节点也可以是 FFD)。在树簇状网络中存在一个主协调器,主协调器拥有更多的资源、稳定而且可靠的供电等。

主协调器启动并建立 PAN 后,先选择一个 PAN 标识符,并把自己的短地址设置成 0,然后广播自己的信息,接受其他设备加入网络,建立第一级树,协调器与这些加入网络中的设备是父子关系。主协调器会给每个与其建立连接的设备分配一个 16 位的短地址。如果设备是作为终端设备接入网络的,协调器会分配给它一个唯一的 16 位短地址；而如果设备是作为路由器加入网络的，协调器则会分配给它一个包括若干短地址的地址块。路由器会把自己的信息广播出去，并允许其他设备与其建立连接，成为它的子设备。同样地，这些子设备中也可以存在路由器，这些路由器也可以拥有自己的子设备，这样下去就可以形成复杂的树簇状结构网络。从树状网络的形成过程中我们可以看出，树状网络中任何一个节点的故障都会影响与其相连的子节点。

6. 网状拓扑结构

网状拓扑结构中也存在着一个协调器，通常是第一个启动并进行通信的节点。但网状网络中的所有节点都是FFD，所以网络中的任何设备都可以与其通信范围内的其他设备进行通信。在网状拓扑结构网络中传输数据时，可以通过路由器进行转发，即多条传输，这样可以很大程度地提高网络的覆盖范围。

6.5 无人机卫星通信技术

卫星通信技术(satellite communication technology)是一种利用人造地球卫星作为中继站来转发无线电波而进行的两个或多个地球站之间的通信。自20世纪90年代以来，卫星移动通信的迅猛发展推动了天线技术的进步。卫星通信具有覆盖范围广、通信容量大、传输质量好、组网方便迅速、便于实现全球无缝链接等众多优点，被认为是建立无人机通信必不可少的一种重要手段。

卫星通信系统是由通信卫星和经该卫星连通的地球站两部分组成。静止通信卫星是目前全球卫星通信系统中最常用的星体，是将通信卫星发射到赤道上空35 860 km的高度上，使卫星运转方向与地球自转方向一致，并使卫星的运转周期正好等于地球的自转周期(24 h)，从而使卫星始终保持同步运行状态，故静止卫星也称为同步卫星。静止卫星天线波束最大覆盖面可以达到大于地球表面总面积的三分之一。因此，在静止轨道上，只要等间隔地放置三颗通信卫星，其天线波束就能基本上覆盖整个地球(除两极地区外)，实现全球范围的通信。当前使用的国际通信卫星系统，就是按照上述原理建立起来的，三颗卫星分别位于大西洋、太平洋和印度洋上空。

与其他通信手段相比，卫星通信具有许多优点：

1) 电波覆盖面积大，通信距离远，可实现多址通信。在卫星波束覆盖区内一跳的通信距离最远为18 000 km。覆盖区内的用户都可通过通信卫星实现多址连接，进行即时通信。

2) 传输频带宽，通信容量大。卫星通信一般使用1 ~10 kMHz的微波波段，有很宽的频率范围，可在两点间提供几百、几千甚至上万条话路，提供每秒几十Mbit甚至每秒一百多Mbit的中、高速数据通道，还可传输好几路电视。

3) 通信稳定性好、质量高。卫星链路大部分是在大气层以上的宇宙空间，属恒参信道，传输损耗小，电波传播稳定，不受通信两点间的各种自然环境和人为因素的影响，即便是在发生磁爆或核爆的情况下，也能维持正常通信。

针对目前国内多旋翼、固定翼无人机在可巡航距离与可控制距离有限的问题(一般最远控制半径为100 km)，提出基于卫星通信技术，小型化轻量型卫星移动通信“动中通”一体化系统，有效集成到固定翼无人机内部，使得卫星固定翼无人机可以在不受通信距离限制的情况下发挥远航程的优势,高效可靠地执行任务。这些新技术具有技术创新、应用广泛、可操作性强、小型化轻量型等优势,如表 6.2 所示。

表 6.2 卫星无人机与传统无人机的优势比较

	卫星无人机	传统无人机
飞行控制	卫星数据控制,最远传输距离在 5 000 km 以上	无线电遥控设备,最远传输距离在 100 km 以内
定位回传	可实时回传定位信息,运动轨迹可完全在平台显示	定向天线或无线电回传,当飞出可控范围时,只能进行预设定位飞行
图传	在 5 000 km 范围内,可将无人机所拍摄的实时影像传回地面站显示屏	受通信方式限制,一般最远 5 km
安装	直接集成在无人机内部。无须调试,直接控制	由于定向天线、无线电远程控制需要调试、架高等,安装麻烦

复习题

1. 无人机数据链系统由哪几部分组成?各有何作用?
2. 选择无人机数据链有哪些依据?
3. 视距链路和超视距链路各使用哪些频段?
4. 无人机数据链有哪些载波形式?
5. 民用无人机数据链有哪些特点?常用哪些传输模式?
6. 简述无人机广域网通信技术。
7. 基于 ZigBee 的无人机数据链有哪些拓扑结构?各有何特点?
8. 简述无人机卫星通信技术的优势。

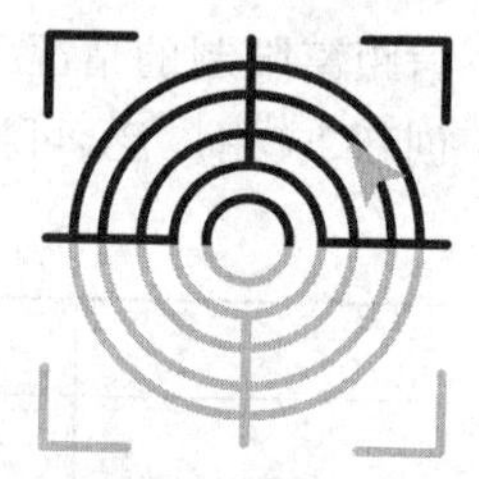

第7章　无人机的适航与监管

7.1　无人机适航管理

无人机系统是“特种航空器”的一种，包括民用无人机系统和军用无人机系统，分属于民用航空器和军用航空器，其适航定义上有所区别。民用航空器的适航是指航空器能在预期环境中安全飞行(包括起飞和着陆)的固有特性，其适航标准是最低安全标准，因此民用航空器适航审定的根本目的是对航空器的安全性进行评判和审查。军用航空器的适航是以保证实现军事用途下的安全运行为目标，最终目标是战斗力的最大化。因此，军用航空器审定的主要目的是验证航空器在规定的军事使用限制内满足安全运行的水平。可见无论是民用无人机系统还是军用无人机系统，其安全性分析都是适航研究的重点。

1. 无人机适航审定现状

近年来，民用无人机产业快速发展，在国内农业、电力、测绘、安防等领域得到广泛应用，成为先进生产力的重要载体。我国无人机制造行业发展迅猛，为世界所关注。

截至2018年底，无人机实名登记信息系统显示，我国已登记注册约28.5万架无人机(而截止同期，我国有人机共计7113架)，各类无人机型号多达3 720种。其中最大起飞质量25~150 kg的无人机为24 471架，150 kg以上的为571架，650 kg以上的为49架。用于个人娱乐的无人机约19.2万架，用于农业植保、电力巡线、遥感物探、货物递送等用途的无人机约9.3万架。国内无人机制造厂家和代理商注册数1 228家，地区分布前三位为中南、华东和华北地区。无人机制造厂商分布不同于有人机传统的设计制造区域，具有更多的IT厂家属性。

2018年，无人机云系统飞行小时达到98万小时。同时，无人机干扰民航运输的事件也时有发生，无人机安全管理问题凸显。

由上述统计可见，我国无人机数量、厂家数量均高于有人机同类指标，且用途更加多样，对适航审定提出了新的需求和挑战。主要包括以下几个方面：

1）运行风险多样。无人机用于不同用途时，运行场景不同，风险要素不同，运行风险存在等级差异，应当分级分类实施适航管理。

2）技术特点新颖。无人机操控模式不同于有人机，特有技术鲜明，应当有针对性地创建新适航标准，创立无人机特有的标准体系。

3）数量大、型号多。无人机数量庞大、型号众多，沿用有人机审定模式，势必不能满足无人机适航审定需要,必须创建新的无人机适航管理模式。

4）国内需求强烈。我国无人机产业链完整,设计制造企业众多,行业应用广泛,对无人机适航呼声高,需求强,急需中国民用航空局(简称民航局)出台无人机适航审定政策和标准。

5）国际社会关注。国际民航组织、各国局方均没有完整成熟的无人机适航管理办法和适航标准,有利于我国利用国内技术积累和产业经验,自主制定标准,并推动我国标准走向国际。

根据国务院、中央军委空中交通管制委员会(简称国家空管委)牵头编写的《无人机飞行管理条例》(草稿)的要求,最大起飞质量 25 kg 以上的无人机应进行适航管理。航空器上天一定要保证安全性,这是适航审定的重要意义。开展民用无人机适航审定,目的就是从设计制造源头确保民用无人机满足公众可接受的最低安全水平。

传统的有人机适航管理有设计型号批准、设计批准和单机适航批准等要求,需要民航局进行监管和审批,对局方人力资源有较大的需求。由于国内无人机生产厂家众多,民航局无法按照有人机的模式对无人机生产厂家进行监管,因此无人机适航审定必然与有人机适航审定有较大区别。在国家简政放权、鼓励产业发展的大环境下,为促进国内民用无人机产业健康成长,民航局航空器适航审定司根据我国无人机发展现状和国际上基于风险的审定发展趋势,提出基于运行风险的无人机适航审定,并于 2019 年 1 月 25 日印发《基于运行风险的无人机适航审定指导意见》,从无人机实名登记现状、适航管理思路、指导原则、实施路线图等多个方面,对基于运行风险的无人机适航审定进行了阐述,指导开展无人机适航审定工作。

开展基于运行风险的无人机适航审定,是对适航管理的一次重大创新,将为无人机安全融入民航运输体系提供有力保障,进而为经济社会发展服务,为加快实现民航强国贡献力量。同时,在无人机适航审定方面,我国立法定标能力、产品审定能力和技术验证能力将得到进一步提升,有助于提升我国民航在国际合作中的发言权和话语权。

随着技术进步、商业模式创新,无人机终将融入并深刻影响民航运输体系,无人机产业终将与有人机产业并驾齐驱,甚至将在某些领域替代有人机。

2. 基于运行风险的无人机适航管理模式

为进一步规范无人机管理,民航局已经建立了无人机实名登记制度,基本摸清了行业状况,为开展无人机适航管理乃至运行管理提供了有力支撑;启动了无人机适航审定试点,重点探索了货运无人机、巡线无人机、载人无人机的适航标准和审定办法,积累了实施经验;开展国际交流,在参与国际规则制定的同时,同各国各地区相关部门就无人机适航审定政策、适航标准进行了深入探讨。

通过对这些实践经验和成果的总结,民航局针对无人机运行场景丰富、运行风险多样的特点,将开展基于运行风险的民用无人机适航审定,从而形成一种方法、一个体系、一套标准、一份证件“四个一”的民用无人机适航管理模式,如图 7.1 所示。

“一种方法”是指采取风险等级划分方法,开展无人机适航审定分级管理。“一个体系”即民航局审查方式从条款审查向制造厂家体系审查转变,引导厂家建立、完善无人机设计生产企业适航体系,促使无人机制造厂家主动承担适航主体责任。“一套标准”

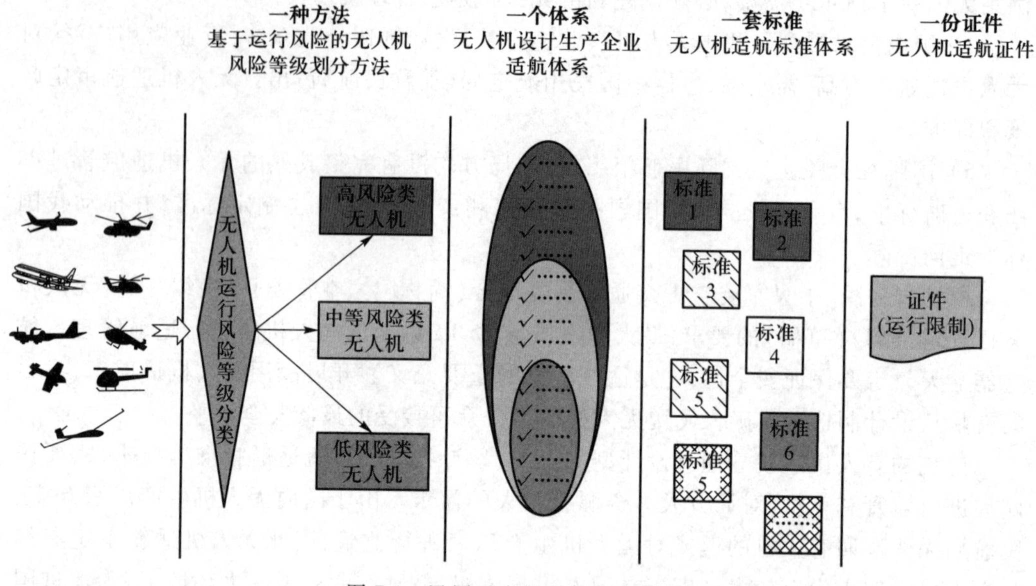

图 7.1 民用无人机适航管理模式

是指遵循正向思维制定适航标准,依照“工业标准→行业标准→适航标准”的路径,建立我国自主的无人机适航标准体系。“一份证件”就是说一旦厂家满足体系要求、无人机符合适航标准后,就可颁发无人机适航证件。

坚持走正向审定道路,是指从企业或者行业标准中提炼适航审定标准,进而形成规章,从而保证审定标准和规章能够与工业同步发展。航空器适航审定规章的基础来自工业标准,没有工业标准作为基础,审定规章就成为无本之木。也正是由于这个原因,在对具体项目审定时,就会经常出现工业方难以满足规章要求,从而造成审定周期长和成本高的情况。值得一提的是,我国无人机行业发展迅速,行业已经形成了一定的标准。因此,民航局从国内有代表性的无人机厂家中选取专家,研究从工业标准中提炼审定标准,进而形成民航局方审定要求和规章,避免造成审定规章和标准与工业实际情况脱节,为制造企业节省时间成本。

未来无人机适航管理将推行基于运行风险的无人机适航管理模式,利用物联网、大数据和区块链等新技术,向智慧化、数据化、生态化方向发展,创建新无人机适航管理体系和技术标准体系,促进无人机产业健康可持续发展。

3. 运行风险分级管理机制

民航局将根据无人机风险的不同,采取分级分类管理,引入“备案+事后监管”和“委任管理+承诺满足标准和诚信管理”的全新管理模式,鼓励厂商主动承担适航责任。在无人机审定中引入委任管理创新,通过厂家委任单位或委任代表开展大量审定工作,局方将更多关注厂家体系评估和风险监控。在对无人机厂家监管方面,将充分利用互联网技术,通过信息系统为平台开展监管。民航局还会依靠国内无人机厂商经验丰富的优势,创造工业界和局方良好互动的审定模式。

民用无人机运行风险等级分为低、中、高三个等级,如图 7.2 所示,图中纵坐标表示无人机能量,有关数据来自军用无人机型号的经验、无人机实名登记系统的数据、行业调研的反馈。图中横坐标表示无人机运行场景所在环境,有关信息来源于我国空域分类和地理环境。

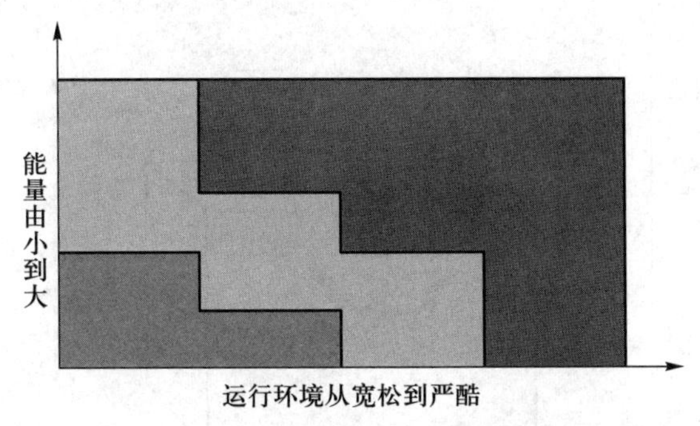

图 7.2 无人机运行风险等级矩阵

无人机的运行风险主要指失控导致的碰撞风险,包括:① 无人机撞击位于地面、与本次飞行无关的第三方,如人员、设施等,造成伤害;② 无人机碰撞处于空中、与本次飞行无关的第三方,如有人机、其他无人机等。此外,还有诸如财产损失、噪声对环境/人的影响等。

设计生产低、中、高风险无人机的制造厂家均应符合厂家适航体系要求,要求的内容依次由少到多,要求的程度由浅到深。

对于生产低运行风险无人机的厂家,通过民航局的体系审查后,并处于持续监管下,由制造厂家表明其产品对有关标准的符合性,向民航局提供符合性声明及证明材料并备案,民航局以事后监管为主。

对于生产高运行风险无人机的厂家,通过局方的体系审查后,并处于持续监管下,民航局对具体项目进行评估,确定介入程度。制造厂家可以完成部分标准符合性判定工作,出具符合性声明提交民航局,民航局不介入该部分具体审查。

对于生产中等运行风险无人机的厂家,通过局方的体系审查后,并处于持续监管下,局方审查的介入程度介于上述两者之间。

7.2 无人机监管

近年来,无人机市场空前繁荣,如何确保无人机安全和规范化使用,成为民用航空技术发展的重点。目前,无人机监管有三大技术:第一,无人机围栏;第二,无人机云;第三,无人机探测。本章介绍无人机围栏和无人机云,无人机探测技术将在下一章反制无人机技术中介绍。

7.2.1 无人机围栏

无人机围栏(fence of unmanned aircraft system)是指为保障区域安全,在相应地理范围中以电子信息模型画出其区域边界,在无人机系统或无人机云系统中,使用电子信息模型防止无人机飞入或者飞出特定区域的软、硬件系统。无人机围栏并非真实的围栏,而是一种电子围栏。

1. 无人机围栏模型

无人机围栏模型采用4维空间结构,如图7.3所示,包括平面地理区域的经度、纬度、限制高度、有效时间。

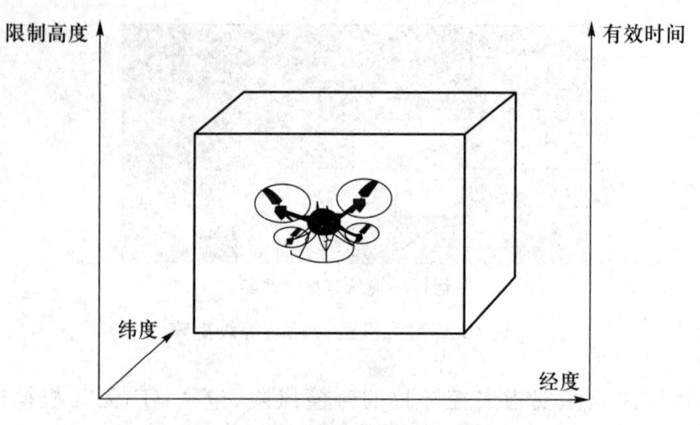

图7.3 无人机围栏模型示意图

无人机围栏所使用的经度和纬度坐标点,均为WGS84坐标。

无人机围栏所采用的时间为UTC时间。无人机围栏的有效时间是指禁止无人机在该空间范围里飞行的时间段(包括起始时间和结束时间),有效时间可以是多组时间段。每个无人机围栏均有有效时间。其中:① 无人机围栏起始时间使用UTC时间,格式为UTC YYYYMMDD TTMM(示例:UTC 20170101 1200),永久有效的无人机围栏在起始时间UTC后标注NONE;② 无人机围栏终止时间使用UTC时间,格式为UTC YYYYMMDD TTMM(示例:UTC 20170111 2400),永久有效的无人机围栏在终止时间UTC后标注9999。

2. 无人机围栏模型分类

无人机围栏模型按照其在水平面投影的几何形状可以分为以下三种:民用航空机场障碍物限制面、扇区形、多边形等。

(1) 民用航空机场障碍物限制面几何模型

民用航空机场障碍物限制面如图7.4所示。民用航空机场障碍物限制面保护范围为图7.4中依次连接A_1、A_2、C_2、B_2、B_3、C_3、A_3、A_4、C_4、B_4、B_1、C_1、A_1之间的直线段或圆弧所构成的区域内,圆弧半径均为7 070 m。这些面的顶面高度(相对高度)均为120 m。

(2) 多边形无人机围栏空间几何模型

多边形无人机围栏空间几何模型由不同海拔高度的底面和顶面组成的立方体构成,示意图如图7.5所示。空间几何模型的一个面是由同一平面上的N个空间点构成的闭合的空间区域,空间点以真北(也称为大地北,是沿着地球表面朝向地理北极的方向)为起点,在水平面上按顺时针依次命名。顶点顺序为顺时针方向。构成顶面和底面的顶点数量相等。

(3) 扇区形无人机围栏空间几何模型

扇区形无人机围栏空间几何模型是由不同海拔高度的扇区形底面和顶面组成的立方体构成,示意图如图7.6所示。一个空间的扇区面由同一平面上的扇区原点、扇区半径、扇区起止方位角(扇区开始真方向和扇区结束真方向)构成的闭合空间区域。扇区

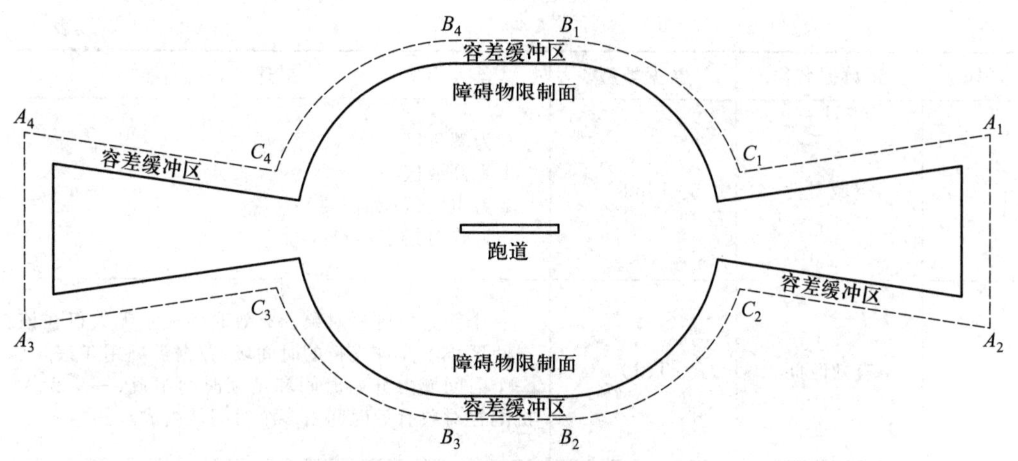

图 7.4　民用航空机场障碍物限制面保护范围及各边界点示意图

原点由该地理点的经、纬度定义。扇区半径以扇区原点为圆心,距离单位为 m。扇区起止方位是该扇区开始和结束的真方向。扇区高度是禁止进入该区域的相对高度范围。

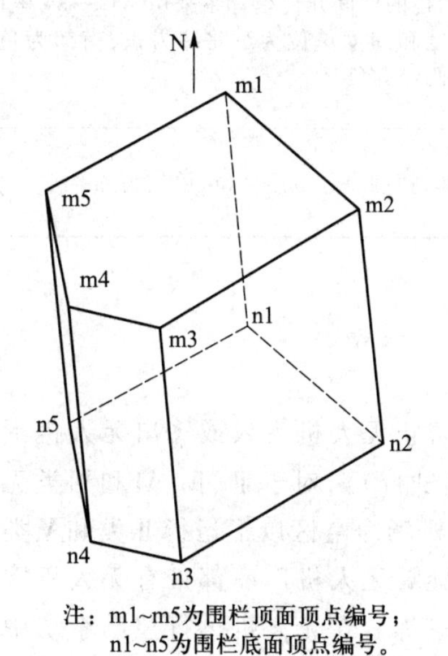

图 7.5　多边形无人机围栏示意图

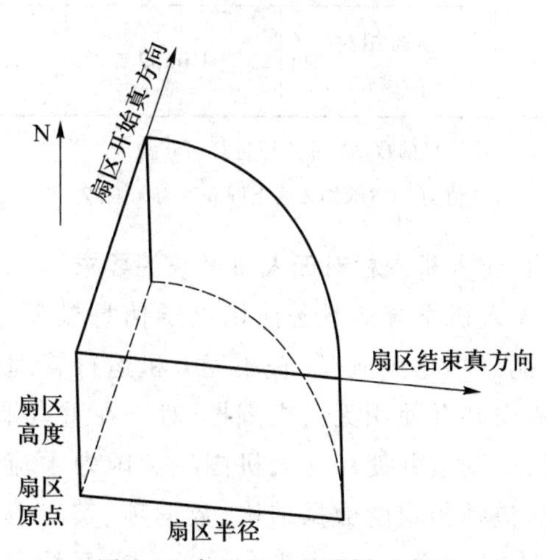

图 7.6　扇形无人机围栏示意图

3. 无人机围栏模型元数据数据结构

无人机围栏模型元数据数据结构如表 7.1 所示。

表 7.1　无人机围栏模型元数据数据结构说明

序号	元数据名称	数据类型	描述
1	无人机围栏编号[1]	UInt8(32)	发布数据机构(10 位)、发布日期(8 位)和当日流水号(4 位)、模块编号(3 位),剩余为保留位
2	水平面投影几何形状	UInt8	0 民用航空机场障碍物限制面; 1 为多边形; 2 为扇区形

续表

序号	元数据名称	数据类型	描述
3	空域属性	UInt8	0为禁飞区； 1为开放区； 2为申请区(如需要)； 3为临时指定用户区
4	有效时间	T(1)	一个无人机围栏对象的有效时间表示无人机在该空间区域不允许飞行的时间域,数据类型用T表示,一个时间域由开始时间和结束时间组成,一个无人机围栏对象有效时间由多个时间域组成
5	无人机围栏模型几何数据	A(1)/P(1)/S(1)	民用航空机场障碍物限制面几何模型数据类型用A表示,多边形面数据类型用P表示,扇形区面数据类型用S表示。 无人机围栏的空间几何坐标系采用WGS-84坐标系,其中经度和纬度单位为°;北纬为正,南纬为负;东经为正,西经为负
6	顶面相对高度[2]	UInt32	高度×100,精确小数点后2位,单位为m

[1]按照围栏的数据发布来源进行区分。

[2]若该值为NONE,则表明上限高度为无限高。

4. 无人机围栏对无人机系统的要求

无人机系统应具备使用电子信息模型,具有防止无人机飞入或飞出无人机围栏的功能。根据民航局《轻小无人机运行管理规定(试行)》,对于Ⅲ、Ⅳ、Ⅵ和Ⅶ类无人机,应安装并使用无人机围栏;对于在重点地区和机场净空区以下运行Ⅱ类和Ⅴ类无人机,应安装并使用无人机围栏。国内主流的多旋翼无人机厂商都带有无人机围栏系统,包括指定的数据结构、数据项、实时响应频率等。在无人机飞行控制系统中植入无人机围栏后,无人机会通过GPS系统等自动识别地理位置,在设有无人机围栏的区域会自动降落或返航。但由零散配件组装而来的产品不设无人机围栏,可以任意编写航迹规划,产品容易改装,不支持实时监视,飞行性能没有约束,因而存在较大安全隐患。

无人机系统应具备不同的安全能力等级来满足不同的无人机运行安全要求。无人机系统可以按照满足无人机围栏的功能和安全能力进行分级,如表7.2所示,从1级到6级,1级级别最低,6级级别最高,5级和6级预留。

民航局2017年10月20日发布的《无人机围栏》行业标准中指出,无人机围栏LBS服务是指通过电信移动运营商的蜂窝无线电通信网络获取移动终端用户的位置信息(地理坐标或大地坐标),并且无人机系统安全能力4级必须通过LBS校验测试。这需要电信移动运营商通过网络能力开放平台,提供可信位置校验API。

表 7.2 无人机系统安全能力等级

<table>
<tr><th colspan="2">功能</th><th>1 级</th><th>2 级</th><th>3 级</th><th>4 级</th><th>5 级</th><th>6 级</th></tr>
<tr><td colspan="2">无人机自动降落/悬停</td><td>√</td><td>√</td><td>√</td><td>√</td><td rowspan="9">—</td><td rowspan="9">—</td></tr>
<tr><td colspan="2">无人机自动返航</td><td></td><td>√</td><td>√</td><td>√</td></tr>
<tr><td colspan="2">无人机不能启动</td><td></td><td>√</td><td>√</td><td>√</td></tr>
<tr><td rowspan="3">信号提示与重复</td><td>无人机与无人机围栏发生冲突前 60 s</td><td>√</td><td>√</td><td>√</td><td>√</td></tr>
<tr><td>无人机与无人机围栏发生冲突前 30 s</td><td></td><td>√</td><td>√</td><td>√</td></tr>
<tr><td>无人机处于围栏内</td><td></td><td>√</td><td>√</td><td>√</td></tr>
<tr><td colspan="2">数据更新</td><td></td><td>√</td><td>√</td><td>√</td></tr>
<tr><td colspan="2">在线授权</td><td></td><td></td><td>√</td><td>√</td></tr>
<tr><td colspan="2">位置服务(LBS)校验</td><td></td><td></td><td></td><td>√</td></tr>
</table>

5. 无人机围栏对无人机云系统的要求

无人机云系统应具备无人机围栏的功能,加入云系统的无人机在接近和侵入无人机围栏时,无人机云系统应具备触发各种提示或警示等功能。

6. 无人机围栏触发条件

无人机与无人机围栏发生冲突时,无人机系统或无人机云系统应触发提示或警示,无人机围栏提示与重复触发条件如表 7.3 所示。

表 7.3 无人机围栏提示与重复触发条件对照

触发条件	提示与重复
无人机与无人机围栏发生冲突前 60 s	现有灯闪烁,每 5 s 循环一次,并伴有地面站或无人机云系统三声“滴”提示音,每 7 s 重复一次,或地面站操作界面(如手机 APP)显示报警或震动提示等
无人机与无人机围栏发生冲突前 30 s	现有灯闪烁,每 5 s 循环一次,并伴有地面站或无人机云系统急促“滴”提示音,不间断重复,或地面站操作界面(如手机 APP)显示报警或震动提示等
无人机处于围栏内	现有灯闪烁,每 5 s 循环一次,并伴有地面站或无人机云系统长“滴”提示音,常响不停,或地面站操作界面(如手机 APP)显示报警或震动提示等

7.2.2 无人机云系统

无人机系统和无人机云系统按照民航局 2017 年 10 月 20 日发布的《无人机云系统接口数据规范》行业标准要求的数据接口进行双向通信,通信内容应包含注册信息、动态信息、数据类型、差异数据等。无人机用户可以根据运行需求选择加入无人机云系统,无人机云系统可以向无人机用户提供航行服务、气象服务等,对无人机运行数据进行实时监测(类似于无人机的“黑匣子”)。无人机系统应将飞行数据及时上报,无人机云系统对加入的无人机可实现无人机围栏触发报警等功能。

无人机云系统既是一种服务手段,也是一种重要的监管方式。民航局在《轻小无人机运行规定(试行)》中要求,对于重点地区和机场净空区以下使用的Ⅱ类和Ⅴ类的民用无人机,应接入无人机云系统,或者仅将其地面操控设备位置信息接入无人机云,报告频率最少每分钟一次;对于Ⅲ、Ⅳ、Ⅵ和Ⅶ类的民用无人机应接入无人机云系统,在人口稠密区报告频率最少每秒一次,在非人口稠密区报告频率最少每30 s一次。

无人机系统应具备有线或无线通信功能。接入无人机云系统的无人机系统应严格按照《轻小无人机运行规定(试行)》要求的发送间隔传输数据,一旦出现网络中断,具备数据暂存机制,待网络恢复后立即进行数据续传,实时记录无人机飞行轨迹。

1. 无人机系统向无人机云系统传输的数据

注册信息是无人机系统向无人机云系统传输无人机相关身份标识的信息以及无人机云系统为无人机生成的编码。应至少包括以下信息:

产品序列号(MSN) 由各无人机厂家自行定义无人机系统的出厂编号,由多位字符组成,产品序列号要求与实名认证系统注册的一致。

飞行控制系统序列号(FCSN) 由各生产商自行定义的飞行控制系统编号,由多个字符组成。

国籍登记标志或实名注册编码(REG) 该登记号由适航审定部门确定。

无人机云运营商在云系统中为无人机生成的编号(CPN) 由多个字符组成,仅对前六个字符进行要求。这六个字符里的前三个字符为运营商编码,第四至第六字符代表无人机所属类别。第四字符代表无人机运行管理分类中的类别,即Ⅰ~Ⅶ,其对应关系如表7.4所示;第五字符对应无人机所属的类别,具体如表7.5所示,第六字符为保留位。CPN编码规则如图7.7所示。

表7.4 CPN中第四字段说明

第四字符数值	无人机运行管理类别
1	Ⅰ
2	Ⅱ
3	Ⅲ
4	Ⅳ
5	Ⅴ
6	Ⅵ
7	Ⅶ
8	保留

表 7.5 CPN 中第五字段说明

第五字符	无人机类别
A	多旋翼
B	固定翼
C	直升机
D	倾转旋翼
E	自转旋翼
F	飞艇
G	其他

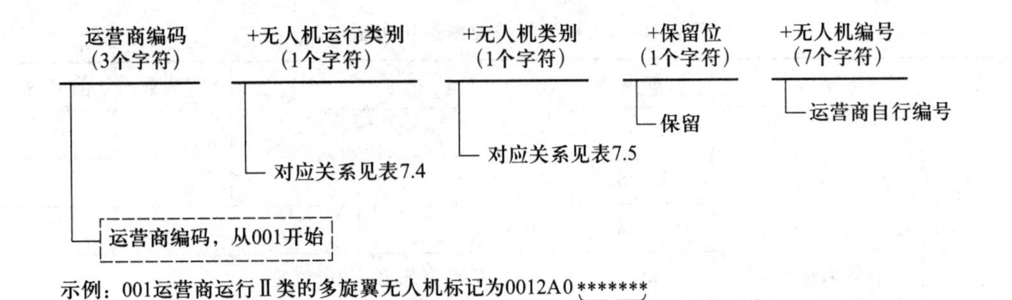

图 7.7 CPN 编码规则

2. 动态信息标准格式

动态信息是表征无人机实时运行状况的信息,如表 7.6 所示。

表 7.6 动态信息所包含数据信息

序号	数据名称	单位或描述	数据处理
0	CPN[1]		
1	经度	°(度)	精确到小数点后 7 位
2	纬度	°(度)	精确到小数点后 7 位
3	高度[2]	m(米)	精确到小数点后 2 位
4	时间[3]	s(秒)	精确到小数点后 3 位
5	地速	m/s(米/秒)	精确到小数点后 1 位
6	航向[4]	°(度)	精确到整数位
7	定位精度[5]	m(米)	精确到小数点后 2 位
8	有效数据长度	—	—
9	系统状态位	0—无人机处于正常状态, 异常置相应位	—

续表

序号	数据名称	单位或描述	数据处理
10	保留字节长度	描述保留字段的长度	—
11	保留字段	自行定义	—

[1] CPN可采用匹配的方式获取；

[2] 星基高度(GNSS高度)；

[3] UTC,世界时(coordinated universal time)；

[4] 真航向；

[5] 水平定位精度(Hdop)。

3. 无人机云系统数据信息类型

无人机云系统数据信息类型说明如表7.7所示。

表7.7 无人机云系统数据信息类型说明

序号	字段	数据类型	描述	字节数	偏移量
1	消息头	UInt8	0xAA	1	0
		UInt8	0x44	1	1
		UInt8	0x16	1	2
2	有效数据长度	Int16	不包括消息头和CRC校验值	2	3
3	REG	UInt8(13)	国籍登记标志或实名注册编码	13	5
4	CPN	UInt8(13)	运营商在云系统中为无人机生成的编号	13	18
5	操作者ID	UInt8(13)	操作者的身份识别	13	31
6	经度	Int32	纬度×10^7(单位为°)	4	44
7	纬度	Int32	经度×10^7(单位为°)	4	48
8	高度(星基高度)	Int32	GPS海拔高度×1 000(单位为m)	4	52
9	时间	UInt64	UTC时间,单位为ms	8	56
10	地速	Int16	地速×10(单位为m/s)	2	64
11	航向	Int16	1°(单位为°)	2	66
12	定位精度	UInt16	单位为cm	2	68
13	系统状态位	UInt8	0—无人机处于正常状态； 异常置相应位： bit0—请求救援； bit1—最低油量/电量； bit2—无定位信号/定位信号异常； bit3—紧急指令	1	70

续表

序号	字段	数据类型	描述	字节数	偏移量
14	保留长度	UInt8	描述保留字段的长度	1	71
15	保留字段	UInt8(n)	自行定义	5	72
16	CRC 校验值[1]	UInt16	校验码,低位在前,高位在后	2	77

[1] 循环冗余校验码(CRC16)校验多项式为 $x^{16}+x^{15}+x^2+1$。

为提高数据传输的效率,当传输数据量较大时,在满足数据更新率要求的前提下,按照更新的时间单位只提供与前一数据包中有差异的数据项。根据动态信息和静态信息的特点,差异数据仅包括但不完全包括接口上行数据中动态信息。

4. 无人机云系统向无人机系统传输数据接口要求

在无人机系统应具备有线或无线通信功能,同时无人机云系统与无人机系统传输的数据应包含以下内容(公认的返航、自毁指令):

1) 指令一,编码为:MAYDAYMAYDAYMAYDAY,表示无人机接到该指令后,在指定区域内的无人机需立即降落。

2) 指令二,编码为:PANPANPANPANPANPAN,表示无人机接到该指令后,在 1 h 之内离开指定区域,无法离开的完成返航备降。

3) 指令三,编码为:CLEANCLEANCLEAN,表示无人机接到该指令后,在 3 h 之内离开指定区域,无法离开的完成返航备降。

4) 指令四和五,为备用指令。

具体数据接口说明如表 7.8 所示。

表 7.8 无人机数据接口要求

序号	名称	数据类型	描述	字节数	偏移量
0	消息头	UInt8	0xAA	1	0
		UInt8	0x44	1	1
		UInt8	0x16	1	2
1	有效数据长度	Int16	不包括消息头和 CRC 校验值	2	3
2	消息编码	UInt32	消息流水号,会话号	4	5
3	运营商信息	UInt16	运营商的身份	2	9
4	指令内容	UInt8	0:指令一; 1:指令二; 2:指令三; 3:指令四; 4:指令五	1	11
5	CRC 校验值[1]	UInt16	校验码,低位在前,高位在后	2	12

[1] 循环冗余校验码(CRC16)校验多项式为 $x^{16}+x^{15}+x^2+1$。

7.3 无人机的安全飞行

1. 无人机安全飞行的重要性

随着无人机产业与技术的迅速发展，民用和消费级无人机大规模投入使用，不规范使用无人机的问题也越来越多。例如，2017年4月，成都双流国际机场遭遇多次无人机扰航，导致众多航班备降西安、重庆、贵阳和绵阳机场，几十架飞机返航，数万旅客出行受阻，滞留机场。

由于目前市面上的民用无人机均使用公开标准的GPS模块，地面站和无人机间采用点对点低安全通信方式，因此带来了各种不安全的风险：① 接管并修改GPS数据/模块；② 模拟另一个更强的假GPS信号；③ 破解无人机与遥控器之间的空口协议；④ 破解无人机应用软件程序，从而破解禁飞区限制等。例如，2017年6月，某国黑客公司公然销售安装了破解无人机围栏的无人机，让消费者不再受政府设立的禁飞区限制；2017年8月，某品牌代理商直接销售破解了GPS模块的无人机。

这一系列事件和问题造成了非常恶劣的影响，需要尽快建立完善的无人机安全飞行机制来确保无人机"看得见、管得住、查得着"。既要保障空域安全，也要尽可能多地给予无人机用户自由飞行的权益，促进无人机行业的健康发展。

2. 无人机安全飞行需求

人们普遍认识到，对无人机，尤其是占大多数的低（高度低）、慢（速度慢）、小（质量小）无人机需要加强飞行管理，主要的安全飞行需求如表7.9所示。

表7.9 无人机安全飞行的主要需求

序号	需求	说明
1	飞行审批简化	当前无人机飞行计划、飞行空域申请周期过长，需要分级分类简化流程。具备一定实时联网报告能力的无人机，尤其是民用轻小型无人机，无须申请或即时申请飞行计划
2	实名登记便捷	实现操作便捷化、实时在线验证，通过民航局网站和相关APP自助注册，确保无人机拥有者身份、联系方式、无人机设备等信息准确性达到100%
3	动态围栏更新与警告	起飞前实时刷新无人机围栏，做到按需、按时服务，如果更新失败，不得起飞；同时显示围栏位置，通知用户有序飞行。飞行中支持无人机围栏位置检测与警告
4	可信位置校验	解决无人机自主上报位置信息准确性问题，GPS信号由于地形地貌不稳定，甚至被破解等导致的无人机上报位置不可信；位置校验失败，不得起飞
5	可靠、实时的通信链路	满足不同级别、不同类型无人机管理链路服务质量（quality of service，QoS）保障；满足无人机管理链路中不同级别的状态数据、管理命令QoS保障；满足民航局《轻小无人机运行规定》中要求的报告频率最少每秒1次，时延小于1 s的实时报告需求
6	广域低成本安全管理	满足民用无人机尤其是消费级无人机等随时随地的飞行需求，并且成本低廉；通过技术手段，实现整体业务数据安全和管理安全，确保系统侵入性破坏不会造成重大人员伤害

无人机安全飞行通信链路指标需求如表 7.10 所示。

表 7.10 安全飞行链路指标需求

链路介绍	速率	蜂窝网时延	E2E 时延	可靠性	覆盖高度
UL:状态信息	30 ~50 kbit/s	50 ~100 ms	<1 s	10^{-3}	0 ~1 000 m
DL:管理指令	5 ~10 kbit/s	20 ~50 ms	<300 ms	10^{-3}~10^{-6}	

3. 无人机安全飞行体系

经过实际测试,目前移动蜂窝网可以满足 120 m 以下绝大部分场景的无人机行业应用需求,以及 300 m 以下绝大部分区域的无人机安全飞行业务链路指标需求。空地融合蜂窝通信 300 m 以下(4G)、1 000 m 以下(5G)全覆盖;专用对空蜂窝通信可覆盖 10 000 m 以下特定航路空域。基于全国的蜂窝移动通信网络(4G/5G 技术),可以帮助无人机产业建设高效低成本的安全飞行体系,如图 7.8 所示,实现无人机分级、分类、分区域连续管理的目标。在信号干扰、弱覆盖等极端情况下,还可以通过优化天线配置、上下行功率控制、AI 自动消除干扰、多基站协同、增加站点等手段,保证蜂窝通信质量。

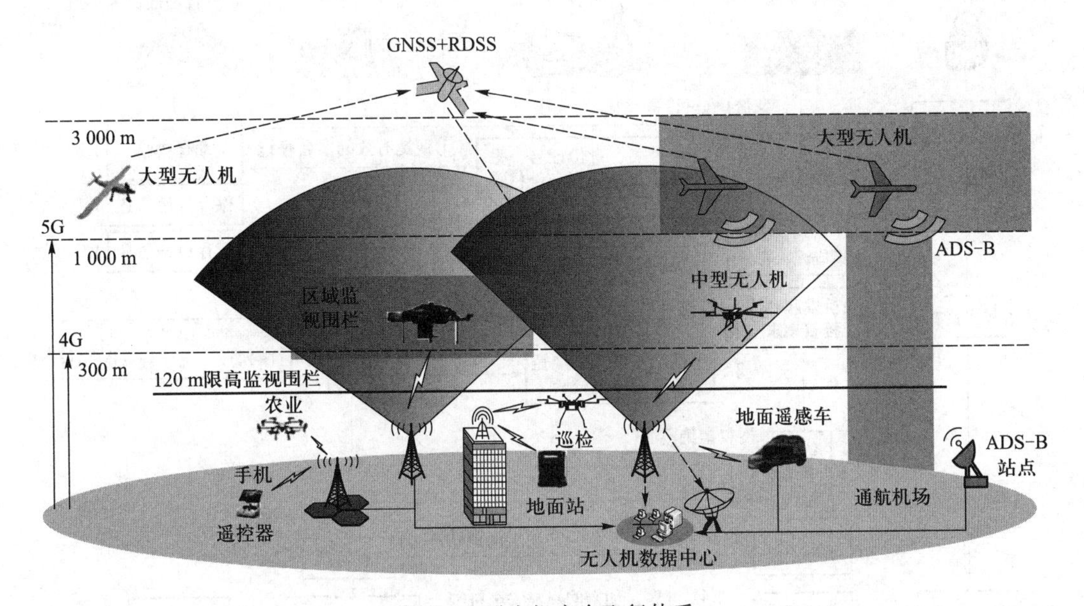

图 7.8 无人机安全飞行体系

通过蜂窝联网,实现无人机便捷实名登记、可信位置校验、实时可靠数据传输,并通过一体化的、完善的管理流程与加密认证技术实现整体业务安全等,达到事前可预警、事中可监控、事后可追踪。联网无人机安全飞行架构如图 7.9 所示。

联网无人机安全飞行的主要业务流程如图 7.10 所示。

当前 4G 蜂窝网络可以为无人机安全飞行提供实时的数据传输,依据无人机所处小区的位置(近点、中点、远点、高度),信道干扰等情况,以平均上报 100 Byte 的数据包测算,端到端的数据时延为 50 ~300 ms,其中空口时延为 8 ~50 ms。

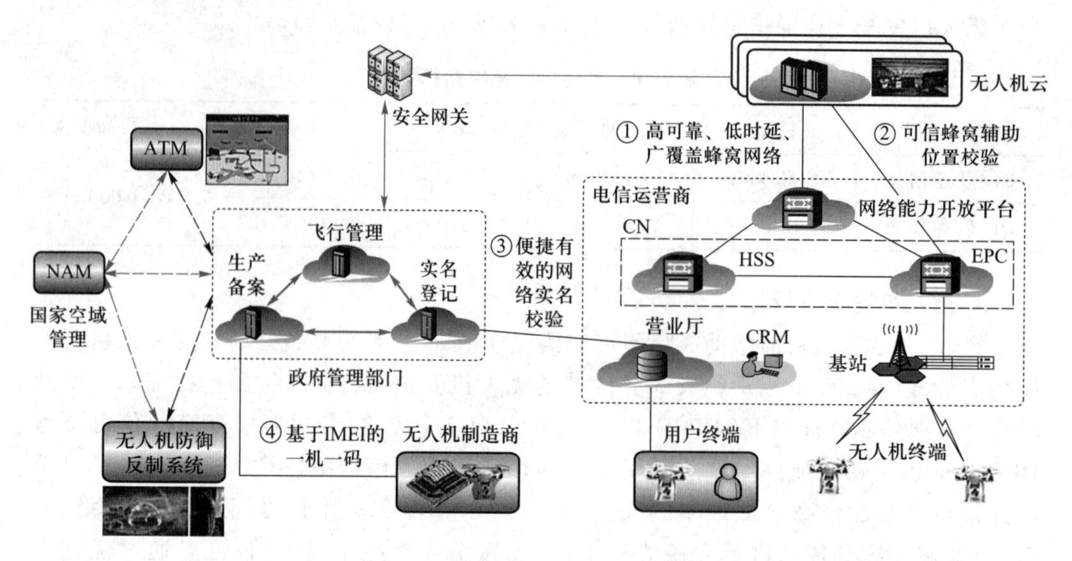

图 7.9 联网无人机安全飞行架构

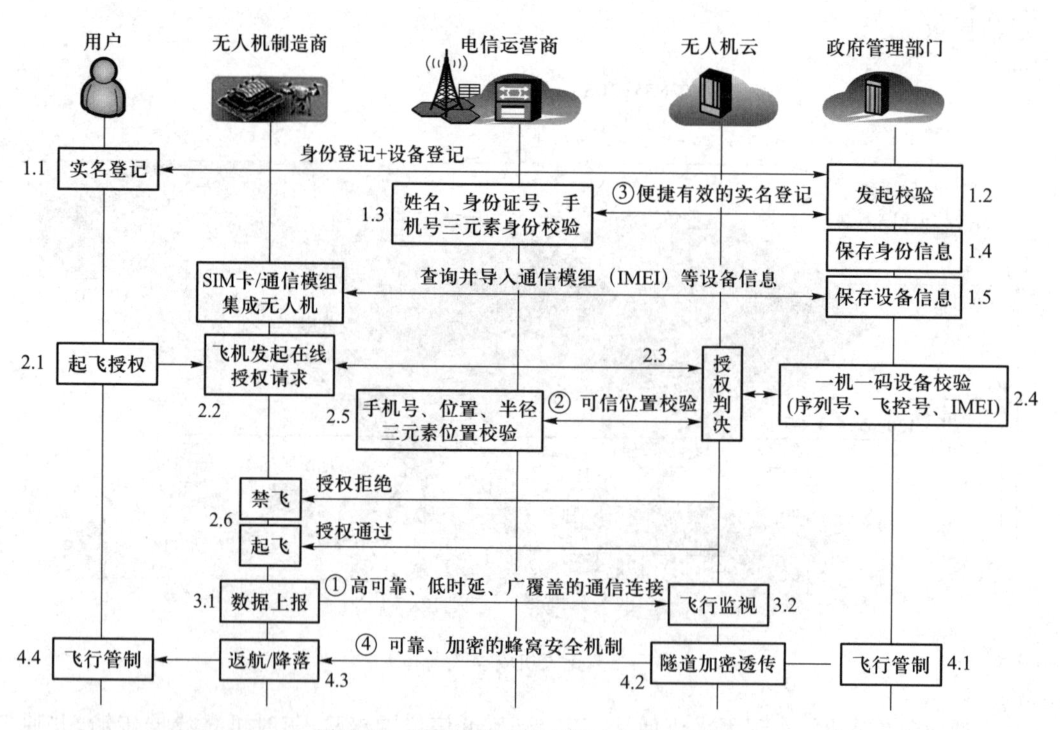

图 7.10 无人机安全飞行的主要业务流程

4. 无人机整体安全

如图 7.11 所示，通过各业务利益相关方整合，端到端的完整方案设计，实现对生产、使用、飞行的全面感知和管理，包括无人机生产备案、购买后实名登记、飞行前在线授权、飞行中实时数据上报/心跳保活/管制命令、飞行后数据报告/查询等，实现无人机各功能的协同工作，环环相扣，紧密连接政府管理部门、无人机云、无人机、无人机使用者和拥有者各个环节，在整体业务流程上保证安全性，防止异常数据和信令攻击。

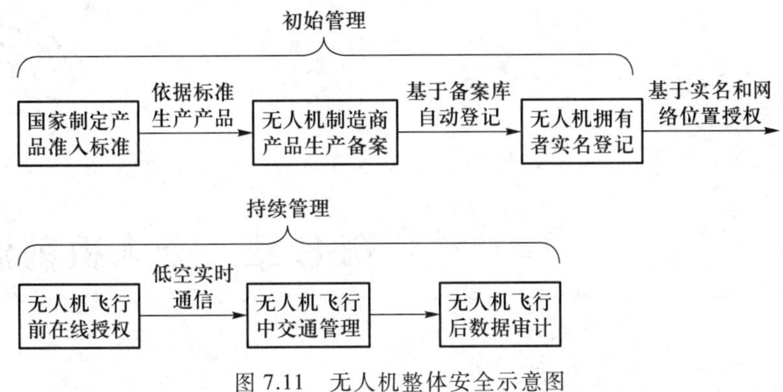

图 7.11　无人机整体安全示意图

未来 5G 是个开放的网络,实现万物联网,也给 5G 安全带来了新的挑战。对于无人机、机器人等垂直行业,5G 进一步采取如下技术,实现无人机业务的整体安全性:

1) 网络功能虚拟化(NFV)技术　通过软、硬件解耦,采用通用硬件冗余,通过虚拟化操作系统,实现软、硬件资源的虚拟化,实现资源的动态部署和调度。对每种电信网络功能进行安全隔离、冗余备份,实现设备的安全可靠性增强,满足包括无人机、机器人、工业制造等垂直行业应用的安全性需求。

2) 网络切片技术(network slicing)技术　每个切片(例如分级分类的无人机)配置不同等级的安全保护,实现切片安全,即服务 SaaS,使运营商能为垂直行业提供差异化、可定制的安全套餐(包括加密算法、参数、配置黑白名单、认证方法、隔离强度等),并监测安全套餐性能,及时调整增强套餐或删除部分配套、调整资源配置,有效防止外部攻击,提升整体业务端到端(E2E)安全性。

3) 安全能力开放平台(security application enable platform)　5G 将安全能力同网络能力一样开放给垂直行业使用,实现行业应用:身份免鉴权、认证免鉴权和免秘钥管理等。5G 网络内的安全功能以模块化的方式部署,通过相应接口方便调用。通过组合不同的安全功能,可以快速提供安全能力以满足多种业务的端到端安全需求。

复习题

1. 适航的定义是什么?
2. 什么是基于运行风险的无人机适航管理模式?
3. 目前有哪些无人机监管技术?
4. 什么是无人机围栏? 无人机围栏模型包含哪些内容?
5. 无人机围栏模型有哪几种类型? 各有何特点?
6. 无人机云系统有哪些作用?
7. 简述如何构建无人机安全飞行体系。

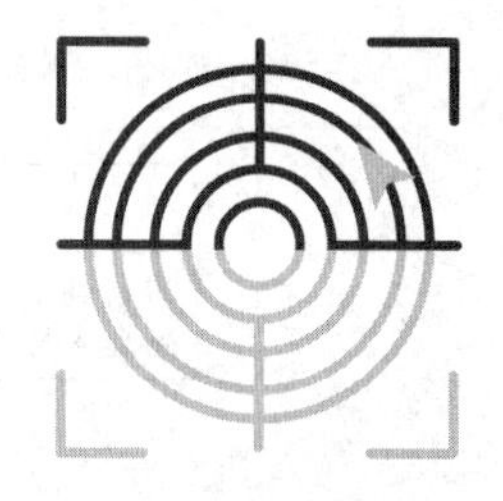

第8章 无人机前沿技术

无人机因其相对造价低、设计思想活跃、相对体积小、施展空间广阔、军民应用前景好，其发展速度之快超过其他飞行器。无人机的应用追求更长的航时、更多的任务功能、更强的作战能力、更大的承载能力和更安全的运行能力。在技术上无人机系统向智能化、微小型化、协同化、信息化、网络化发展，无人机各种先进技术尚处于发展之中。我们相信，未来形形色色的无人机将更多地造福于人类。

当然，无人机正处在迅速发展阶段，新技术不断涌现，所谓前沿技术也在发展变化中，以下就几个方面作简要介绍。

8.1 无人机的智能化

8.1.1 智能无人机概念

无人机平台上无人驾驶，因此仿人工智能的感知环境和操控无人机的“智能化”技术，必然是无人机的发展方向。目前，无人机真正的“智能化”还处于初步研究发展阶段。从技术水平方面，当前无人机单纯按照人预先设计程序的“自动控制与导航”功能，尚不能说就是“智能化”。当然，无人机程序中加入了少量的“人工智能”算法，或者加入一些对环境感知的传感器，应该说，是在朝着“智能化”方向前进。

真正的“智能无人机(Intelligent UAV)”，除了能按照预订程序自主作业外，应能精确感知环境的状态；能够根据外界条件的变化，在一定范围内自主调整程序、重新规划作业；能够自主识别故障、自动消除故障重新安全飞行等。无人机面向高动态、实时的任务环境，应当具备环境感知与规避、自动目标识别、鲁棒控制、自主决策、路径规划、语义交互等能力。智能化技术主要体现在以下几方面：

1）智能感知与规避，通过智能方法(模糊算法和神经网络算法)对无人机各种传感器收集到的数据进行处理、识别、决策等。

2）智能故障识别，通过智能方法自动监测故障，自动辨识故障度，自动隔离故障，并通过飞行控制系统重构方法和技术，实现无人机控制自修复。

3）智能路径规划，使用智能算法，重新规划最优的路径。

4）智能飞行控制，利用神经网络技术应用于飞行控制上，使其产生智能的控制飞行效果。

智能无人机的发展大致可分三个阶段：① 初级智能无人机，指具有一定的感受、识别、推理和判断能力,可以根据外界条件的变化,在一定范围内自行修改程序、自主控制的无人机;② 专用智能无人机,指对于一定专门任务要求研制的智能无人机,能够在执行任务过程中,根据环境变化,自动调整航线和控制任务设备,独立完成专门作业任务;③ 高级智能无人机,指不但具有感觉、识别、推理和判断能力,而且根据所感知的外界条件的变化,自行修改程序的原则不是由人规定的,而是无人机自己通过学习、总结经验来获得修改程序的原则。智能无人机通常运用人工智能技术及模拟人的思维方法,即具有与人脑的思维过程有一定相似性的求解过程,如神经网络技术等。高级智能无人机应具有故障自动监测、故障辨识的自修复控制技术,具有自学习、自组织、自适应控制能力。

8.1.2 智能无人机的感知能力

智能无人机除了自主控制本身的运动外,具有感知环境与对环境的适应能力,是未来无人机发展的重要方面。无人机要提高对环境的感知能力,包括:

1) 视觉(光、色、图像、夜视、光流、物体、三维视觉、变焦),无人机对环境的“第一视觉”感知和识别能力;

2) 触觉(接触、压觉、滑动觉),无人机对碰撞、起飞、着陆、滑跑的感知与量级测算能力;

3) 力觉(力、力矩),无人机对大气压力、空气动力力矩的感知与测量能力;

4) 接近觉(接近感知、距离),无人机对障碍物的相对距离和接近速度的感知与测量能力;

5) 外部环境感知觉(温度、风力、雨水、雾霾),无人机适应热、冷能力,抗风能力,抗雨水能力,雾霾识别能力;

6) 环境地理识别觉(地理位置、地理特性),无人机对所飞行经过点的地理三维坐标、相对高度的测量能力,对地理环境的特性(如平原、山脉、河流、海洋、森林)的感知能力。

要实现上述感知能力,无人机需要感知视觉、接近、距离等的非接触型传感器和能感知力、压觉、触觉、温度等的接触型传感器,还需要各种综合和特殊感知设备,诸如摄像机、图像传感器、超声波传感器、激光器、温度感知器、压电元件、气动元件、雷达测距、卫星导航传感器等元器件来实现。多数无人机需要经过融合的多传感器系统才能够精确地反映和感知环境对象的特性。

8.1.3 无人机自主避障技术

1. 无人机常用测距传感器

无人机自主避障依赖于无人机相对于障碍物或飞行物之间距离的及时、精确的测量,这就需要测距传感器。下面介绍常用的无人机测距传感器。

(1) 红外测距传感器

红外测距传感器是一种用红外线为介质的传感装置和测量系统。红外测距仪主要由调制光发射单元、接收单元、测相单元、计数显示单元、逻辑控制单元和电源变换器等部分组成。红外测距传感器具有一对红外信号发射与接收二极管,利用红外测距传感器发射一束红外光，在照射到物体后形成一个反射的过程，反射到传感器后接收信号，然后利用CCD图像处理发射与接收的时间差的数据。经信号处理器处理后计算物体的距离。

微型红外测距仪测量距离从几十厘米到几十米；较大型红外测距仪测量距离可达3 000米。由于红外传感器具有远距离测量能力，在无反光板和反射率低的情况下也能测量较远的距离，测量范围广，响应时间短，因此已广泛应用于现代科技、国防和工农业领域。

（2）激光测距传感器

激光是20世纪60年代发展起来的一项技术。激光是一种自然界原本不存在的，因受激而发出的具有方向性好、亮度高、单色性好和相干性好等特性的光。激光测距仪是利用激光进行测距的一种仪器，其作用原理是：通过测定激光开始发射到激光从目标反射回来的时间来测定距离。基于激光测距的原理，设计能够转动扫描的激光扫描测距仪，对无人机外部物体的测量就扩大了范围，而且更适于无人机避障。可转动扫描的激光测距仪有时简称为“激光扫描仪”。因为激光扫描测距仪与雷达扫描测距的作用形式类似，也有人称之为“激光扫描雷达”。

激光扫描测距仪结构紧凑，低重量，低功耗，不受强光影响，在黑暗中亦能工作，非接触式测量，已被广泛用于防撞、测量、导航、安防等，如设备防撞、散货体积测量、车型检测、自行小车导航、敏感区域防护等。

（3）光流传感器

光流的概念通常定义为一个图像序列中的图像亮度模式的表观运动，即空间物体表面上点的运动速度在视觉传感器的成像平面上的表达。光流的研究发展为利用图像序列中像素强度数据的时域变化和相关性来确定各自像素位置的“运动”，即研究图像灰度在时间上的变化与景象中物体结构及其运动的关系。光流是指空间运动的物体在成像面上的像素运动的瞬时速度，它表征了二维图像的灰度变化和场景中物体及其运动的关系，它根据像素灰度的时域变化和相关性来确定各个像素点的运动速度。因此，光流可被用来确定相对目标的运动情况。光流传感器可以用来感知周围的环境，起避障的作用。

（4）超声波测距传感器

超声波是声波的一部分，超声波是指振动频率大于20 kHz以上的，其每秒的振动次数（频率）甚高，超出了人耳听觉能听到的声波频率的一般上限（20 kHz），人们将这种听不见的声波称为超声波。它和声波有共同之处，即都是由物质振动而产生的，并且只能在介质中传播；同时，它也广泛地存在于自然界，有的动物也能发射和接收超声波，其中以蝙蝠最为突出，它能利用微弱的超声回波在黑暗中飞行并捕捉食物。

超声波测距仪通常由超声波发射器和超声波接收器。当超声波发射器向某一方向发射超声波，在发射的同时开始计时。超声波在空气中传播，途中碰到障碍物就立即返回来，超声波接收器收到反射波就立即停止计时。超声波在15 ℃的空气中的传播速度为 $c=340$ m/s，根据计时器记录的时间 t，就可以计算出发射点距障碍物的距离 L，即 $L=ct/2$。超声波测距仪测量的距离比较近，微型超声波测距仪的测量距离一般在4 m左右。

（5）微波测距

微波测距原理与其他雷达测距相似，设微波发射器和微波接收器架设在相距为 d 的位置，当发射器发出移动功率的微波信号，微波信号遇到障碍物时反射微波信号，功率发生变化的该微波信号被接收器接收，通过发与收之间的时间差以及三角几何关系，就可换算出该障碍物面到微波发射器的距离 h。

由于微波测距具有测量精度高、反应速度快、定向性好、非接触的优点，微波可屏蔽尘埃、烟雾和蒸汽对其测量精度的影响，具有良好的传输信息的特性，这使其应用领域非常广泛，比如航空和军事上的微波雷达测距，交通上微波雷达测速、测距，航海定位、地形测量等。

（6）视觉避障

由于视觉避障具有直观效果，目前受到广泛关注。视觉避障方法主要分为单目视觉和双目视觉两类。

单目视觉方法用于测量高度与深度，通常采用相继的两帧或多帧图像的分析方法，即“运动测距法”。运动测距法是用单目摄像头在不同时间或不同的空间位置获取连续的目标图像，通过目标在二维图像序列的时间和空间变化计算目标的距离和其他参数。运动测距需要在不同图像中寻找对应点，寻找目标的对应特征，并计算出它们之间的偏差量，以此来计算目标的距离和尺寸参数。

双目视觉的高程和距离测量方法是吸取人的双眼观察外界时的立体感原理。双目成像时可以同时获取两幅图像，并且双目摄像机有严格的几何关系（通常光轴平行），因此计算精度好。双目立体视觉基于视差，由三角法原理进行三维信息的获取，即由两个摄像机的图像平面和观察物体之间构成一个三角形，如图 8.1 所示。基于两个摄像机之间的位置关系，通过图像特征点的检索，找到左、右摄像机图像上对应的匹配点，就完全可以求出特征点所对应的实物点的三维坐标。

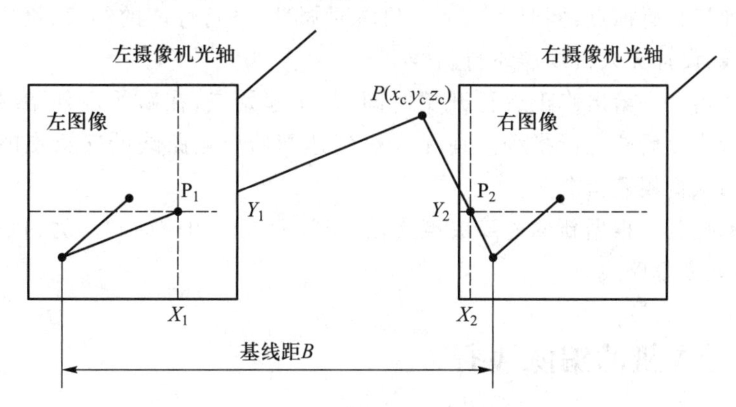

图 8.1　双目摄像原理示意图

2. 无人机感知与规避系统

无人机感知与规避系统包含感知系统、决策系统和航迹规划系统。无人机感知与规避的实现主要是由无人机控制系统来完成的。当无人机在预定航线上运行的过程中遇有障碍物或飞行物冲突可能时，就需要重新规划航线，完成如图 8.2 所示的过程控制。

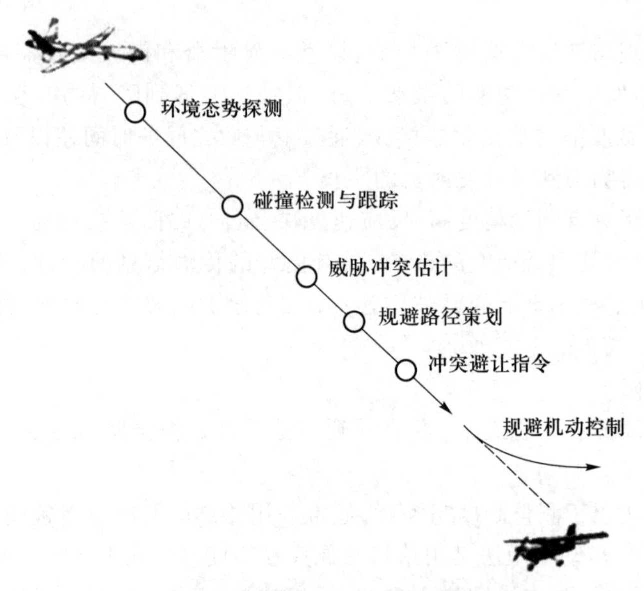

图 8.2 无人机自身轨迹重新规划与控制

环境态势探测。无人机飞行应实时探测周围空间环境态势,检测航线途中是否有静态或动态障碍。

碰撞检测与跟踪。发现目标体的相对位置或轨迹,通过感知信息,根据目标跟踪算法,实现对可能冲突物体运动状态估计和轨迹预测。

威胁冲突估计。根据可能碰撞目标的跟踪信息(位置和相对轨迹)判断所跟踪目标是否存在碰撞威胁,评估无人机的飞行是否符合安全距离标准。

规避路径策划。根据可能碰撞目标的测量数据,包括遭遇场景可能碰撞的几何关系、可能碰撞时间、碰撞点,同时考虑无人机本身属性、飞行性能的约束,给出规避路径,重新修正航线,设计无人机规避飞行路线。

冲突避让指令。给出修正运行开始时间、修正起始点,在新的规划路线引导下,无人机开始执行修改后的运行指令。在无人机到达开始修正路线的转折点时,启动飞行控制系统开始执行规避指令。

规避机动控制。根据新的避障决策路径,控制无人机的舵面和动力,执行转弯规避机动,直至进入恢复路线。

8.2 无人机的编队飞行

8.2.1 编队无人机的用途

人们经常在夜晚看见由成百上千架无人机编队表演的、满天闪烁的五彩缤纷的图案和醒目的文字,如图 8.3 所示。当人们惊叹一晚上千架小型无人机表演的经济效益高达上千万元时,其实无人机编队的真正"价值"并不在此,由于无人机体积小和成本低,可以通过多无人机编队执行价值更高的任务。

无论单架无人机的功能和效用如何提高,单机自身的性能(载荷量、续航时间、探测

图 8.3　800 架无人机编队表演

视野等)毕竟有限。对于某些任务,多架无人机协作可以弥补单机性能的不足。例如,当执行某项任务需要数种携带不同传感器的无人机时,单架无人机由于载重有限不可能完成,而如果让携带不同传感器的多架无人机协同完成这一任务,就可以同时执行不同目标的探测或可由无人机机群中的其他无人机继续完成任务。

无人机机群的想法来自蜂群和鸟群等自然群体带来的启发。无人机机群作用更多地体现在军事上带来的好处。借助人类手动操控是无法让无人机机群以特定的编队飞行。无人机机群能够为我们提供单架无人机无法实现的潜在用途。无人机机群能够形成复杂的系统,帮助我们完成新的任务和使命,比如说搜寻、探索、救援、监督、追击和基础设施配置等。鉴于无人机比军用飞机成本低得多和生产周期短的特点,无人机协同作战已是各国十分关注未来战争模式的探索新技术。从作战应用来看,无人机协同作战能有效克服单架无人机行动时出现故障或战斗损坏、观测角度的限制以及执行攻击任务成功率低等问题。为弥补单架无人机的不足,国内外都提出了各种各样的无人机编队飞行概念。随着技术的不断发展,又提出了协同作战理论。无人机协同作战主要优势有:扩大搜索范围、提高侦查精度、提升整体作战能力以及减小飞行阻力,增加飞行距离等。无人机协同编队飞行执行任务,可以在一定程度上提高单机单次作战任务的成功概率。在军事侦察、目标打击、通信中继、电子对抗、战场评估和干扰诱骗等方面,无人机协同编队飞行可以提高单次完成任务的效率,因而无人机协同作战成为重要的发展趋势。

无人机在编队飞行执行任务时,不仅需要解决单架无人机飞行过程中必需的通信、数据融合、飞行控制等技术问题,还需要解决队形保持、防撞避障、航迹规划等问题;需要协调整体编队的执行任务的效率和可靠性。

8.2.2 编队的实现技术

1. 无人机的队形结构形式

为了使无人机的队形结构在编队飞行过程中必须保持一定的形式,这就需要考虑编队飞行的基本思路和控制策略。目前编队飞行基本形式有:① 相邻无人机保持距离队形,即机群中每一架无人机对与其相邻的(包括前、后、左、右)无人机保持一定的距离,避免无人机之间的碰撞,如图 8.4 所示,这是一种比较宽松的组织形式,保持一定的队形。②“长机-僚机”编队,如图8.5所示,这种队形是将无人机机群分为长机和僚机,以“长机带僚机”来预设的编队结构,通过对长机的航向速度、航向角和高度的跟踪来调整僚机,达到保持编队队形的目的。③ 美国 Saber 等人从编队队形快速定位和队形稳定的角度考虑,提出了基于虚拟长机和几何中心的编队结构,虚拟结构的编队方式一般多采用虚拟长机的办法来协调其他飞机,这种方式可以避免“长机-僚机”方式的干扰问题,也避免了在编队飞行过程中出现故障或战斗损失时需要重新计算所有编队飞机位置的麻烦,但合成虚拟长机和传输其位置,需要高通信质量和高计算能力。

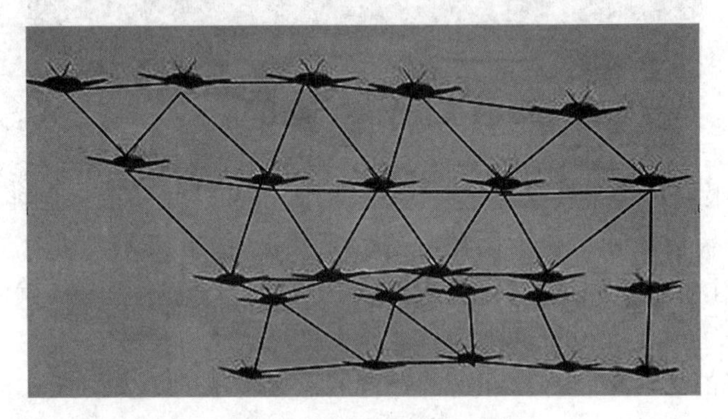

图8.4 相邻制约编队形式

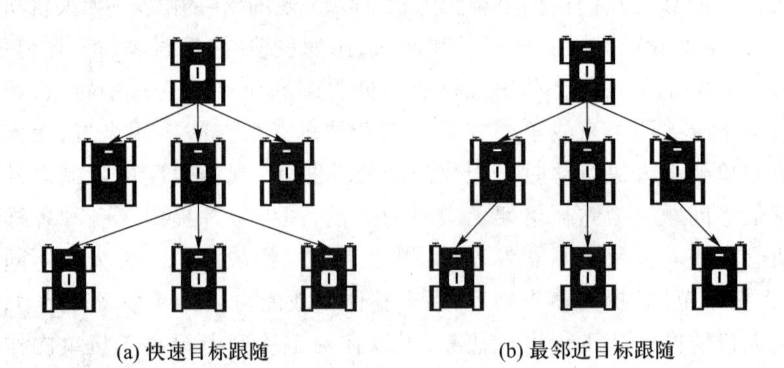

(a) 快速目标跟随　　(b) 最邻近目标跟随

图8.5 “长机-僚机”队形的跟随形式

2. 无人机协同编队的控制技术

编队无人机的航迹规划是基于每一架无人机(大部分是相同的)的飞行性能、能源量、任务装备性能以及自然地理环境等条件下,考虑编队飞行时队形保持、碰撞避免、安全飞行等各种约束条件,计算并选择最优或次优的飞行航迹,尽最大可能地提升协同编队作战的优势,完成预期作战任务。

固定翼无人机的航迹规划涉及空气动力学、飞行力学、自动控制、导航、环境测试等诸多交叉学科和专业,而编队无人机的航迹规划还涉及无人机机群在立体空间的分布和变化。无人机编队飞行中出现突发事件,如遭攻击或遇障碍物等,需研究怎样对编队飞行中的个体随时调整位置,进行整体队形的重新配置,力求安全完成任务。目前研究,有以“长机”航迹或“编队中心”航迹规划为主的各种规划算法(如遗传算法、改进粒子群优化算法等)进行航路规划设计。一些研究通过将威胁域作为一个能够被探知的比例增加域，且允许飞越来构建概率地图进行航迹规划，使航迹规划更能符合实际需求。

多架无人机编队、稳定安全飞行，在很大程度上取决于各无人机之间的信息交换和处理。通过导航系统和各种形式的传感器设备，机群中的各无人机就能够建立起跟随目标的位置信息及其飞行的环境信息，而这种信息的传递交换主要是借助于各无人机间的无线电网络进行。在实际工程中需要将编队飞行控制系统和无线通信网络的信息网络化技术结合起来，才可能实现无人机整体编队飞行和执行任务。

无人机机群与地面站之间信息传输，可以针对每项任务，创建一个任务管理器和定制的任务规划器，形成自主无人机机群的执行任务规划。由任务管理器执行群推理，并与请求任务的无人机任务设备进行通信，而各无人机平台及其任务设备执行个体推理，并在任务群之间进行通信。

要想保持无人机编队飞行时的队形，需要进行编队飞行控制。为了解决编队中相邻无人机之间的耦合，可以对传统控制器进行改进。如对无人机编队的控制方式进行重新建模，分成解耦部分和关联部分。对解耦部分直接采用传统控制器；而对关联部分则采用改进的分布式控制器，通过结合两个控制器来实现对编队的控制，实现有效编队保持。图 8.6 所示为有人飞机引导无人机机群的作战形式。

图 8.6 有人飞机引导无人机机群的作战形式

8.3 反制无人机技术

反制无人机技术最先是从军事上提出的。近年来，大量消费级无人机的快速增长，成为普通民众手中的娱乐玩具，也带来了安全和隐私方面的隐患。更严重的是多次无人机飞行邻近机场而造成延误飞机航班的事件发生。另外，要防范恐怖分子或其他犯罪分子利用无人机进行破坏行为。因此，反制无人机技术受到各国的高度重视。

8.3.1 无人机自我约束控制技术

中国空管和民航管理条例规定：无人驾驶的航空器，不允许在国家重要目标和国家重大活动场所上空从事通用航空飞行。无人机需在野外(含水面)临时起降且不涉及永久设施建设的,临时起降场地由实施通用航空飞行的单位或者个人自行勘选,连同飞行计划一并报所在飞行管制分区。临时起降场地的选择和飞行空域必须避开民航机场、飞行繁忙地区、军事禁区、军事管理区、国家相关禁飞区,不得影响飞行安全和重要目标安全。对飞行活动严重干扰空中交通秩序、威胁航空安全的,还可能因涉嫌危害公共安全罪被追究刑事责任。

另外,对于生产无人机企业,《工业和信息化部关于促进和规范民用无人机制造业发展的指导意见》提出:围绕加强无人机飞行安全使用,提出强化产品质量性能,完善安全管控技术,建立"国家—省级—企业"三级管控平台,着力解决产业中存在的突出问题,实现生产端的安全管控。

无人机生产、销售和培训企业,在产品研制、产品销售和产品使用培训的过程中,应该严格按国家对于无人机使用的相关规定执行,要向用户说明应遵守的国家相关无人机飞行管理各种条例法规。同时,无人机研发生产单位,应该在无人机运行技术中逐步发展自我约束控制技术,如安装与国家相关无人机管理部门无线信息通信的模块,每次无人机飞行,无人机管理部门都能知道该无人机的起降地点、飞行轨迹和飞行状况。无人机在自身的导航控制软件中,也可以增加电子围栏,把民航机场、国家相关禁飞区预先设置为"无人机避开飞行区域"。一旦无人机接近这些区域,无人机会自动转向避开飞行或自行返回。

8.3.2 反制无人机探测技术

无人机比起其他飞行器来,体积小、噪声小、种类繁多,这给识别和反击带来困难。所以,反制无人机技术首先是解决如何发现的问题。针对不同用途、不同环境和不同大小的无人机,反制无人机的探测手段也不同。

1. 对于高空无人机的探测技术

高空长航时无人机通常飞行在约两万米高空,因此常规探测手段很难发现。目前,对于高空长航时无人机通常采用的探察手段有:① 卫星探测技术,卫星具有侦察范围广、运行速度快等特点,多轨道、不同运行周期位置点的侦察卫星可以通过先进雷达侦察设备和高分辨率光电侦察设备探测高空无人机。② 飞机预警技术,这里指有人驾驶预警飞机和无人驾驶预警机,通常装备整套远程警戒雷达系统可搜索、监视高空无人机,具备了良好的识别能力和目标定位能力。

2. 无线电侦测无人机技术

通常设计工作频段宽、波形适应能量强、可扩展性好、能捕捉多种通信信号的无线电侦察设备,设计具有多频天线阵的无线电测向系统。利用计算机编制软件实时分析频域、时域、空域、码域和调制域的宽带信号、猝发信号和间隙信号,发现中小型无人机。

3. 光电侦测无人机技术

由于对复合材料结构的小型无人机用无线电探测信号困难,通常采用光电侦察设备。光学传感可以直接识别目标,运用自动识别跟踪目标控制转台的光电侦测跟踪系统,还可以对目标进行及时定位并锁定跟踪。

4. **声波侦测无人机技术**

对于近距离无人机，其动力装置（主要指油动发动机）和螺旋桨噪声不可避免。用声波探测也不失为一种特殊手段。

5. **综合侦测无人机技术**

为了提高对于无人机的探测效果，综合侦测系统受到普遍重视。通常将无线电监测设备与可见光侦察设备调配组合成综合侦测系统，以提高对于中小型无人机的发现、精确定位和实时跟踪能力。

8.3.3 反制无人机拦击技术

1. **电子干扰反制无人机技术**

电子干扰方法是通过探测入侵无人机本身产生的电磁信号，由地面（或空中）电磁波发射装置对无人机实施有效电子干扰，如图 8.7 所示。目前，电子干扰攻击有两类：一类是“盲”电子干扰，这类干扰装置不具备探测和定位来犯无人机位置的功能，但具有发射宽带射频的电磁干扰能力；当干扰装置面对可能入侵无人机方位扫描时，一旦干扰电磁波作用于无人机时，会使无人机的关键电子部件失灵，从而阻断无人机继续执行任务。另一类电子干扰装置，设置有干扰天线阵，有探测入侵无人机本身产生的电磁信号的功能，有的还能测出无人机电磁信号的频率和位置，通过控制干扰器跟踪无人机，实施干扰攻击。这类干扰器精度高，干扰效果好，如英国“蒂奴皮”干扰系统 E1000MP 总输出功率超过 100 W，有 5 个频段，可涵盖大部分常见的无人机。

(a) 手持电子干扰器

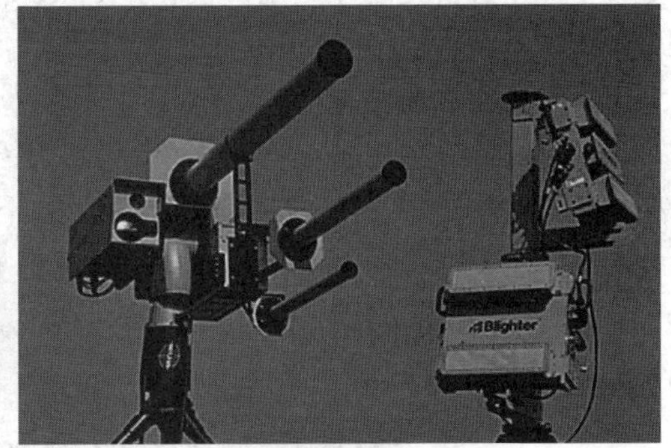

(b) 拦击无人机电子干扰器

图 8.7 电子干扰器

对付军用无人机常用微波武器反制，可利用高功率微波来毁坏敌方电子设备，对无人机测控和导航信号进行强电干扰阻断，迫使无人机失控降落或返航。

2. **无线电劫持无人机技术**

对于不少小型无人机常采用开源控制硬件和公开的控制软件。因此，研究常见小型民用无人机的频段并发出与该类小型无人机一致的“遥控”传输信号，且其信号强度能覆盖原始无人机遥控器的电子信号，从而获得对该无人机的控制权和有效的干扰能力。

3. 模拟 GPS 电子欺骗反制无人机技术

国内外无人机多半采用 GPS 或其他卫星导航信号作为无人机基本导航依据。GPS 卫星导航信号实质上也是一种无线电通信信号。GPS 电子欺骗反制无人机系统就是发出模拟 GPS 卫星导航电子信号,向无人机的导航控制系统发送虚假的 GPS 地理位置坐标信息,从而诱导无人机飞向指定的地点。

4. 高射枪炮反制无人机技术

高射枪炮是传统的防空武器,相对成本低,被用来反击军用无人机和其他危害性大的无人机仍然是一种有效的手段。对于已经发现(如光学瞄准器)的近距离小型无人机,单兵用狙击步枪直接摧毁无人机,也不失为一种有效方式。

5. 导弹反制无人机技术

防空导弹可被用来攻击大型军用无人机。为了提高攻击无人机的精度,这种防空导弹常采用"近炸+碰炸引信和电动舵"的精确末端制导技术,以提高命中精度。

6. 激光反制无人机技术

激光反制无人机技术是一种利用定向发射的激光束直接毁伤目标或使之失效的反制无人机技术。用高能的激光可以对远距离的无人机进行精确射击,具有快速、灵活、精确、抗电磁干扰等优点。

7. 声波反制无人机技术

由于不少无人机的机载飞行控制系统的核心电子器件是微型惯性传感器(MEMS 陀螺、MEMS 加速度计)和其他微型传感器等,这些微型传感器对振动和强噪声声波很敏感。研究人员发现可利用声波使 MEMS 传感器发生共振,而使传感器不能正常工作或输出错误信息。

8. 网捕无人机技术

利用射网直接捕捉小型无人机,可以减少无人机坠落可能造成对地面人和物的意外伤害,如图 8.8 所示。捕网通常装置在一个弹舱中,由发射枪或发射筒射出装有捕网的弹体。发射的动力分为火药推进(空包弹)和气体动力(压缩气体)两种。为了使射出的捕网张开,通常设计了若干个"牵引头"。牵引头在发射气体的作用下迅速带动捕网张开,并扑向和裹袭小型无人机。

图 8.8 网捕小型无人机

8.4 无人机的新构型

无人机由于成本低、相对体积小、无重大事故,因此引起更多的人思考、设计和创造新形式的飞行器,图 8.9 所示为各种构型的无人机。

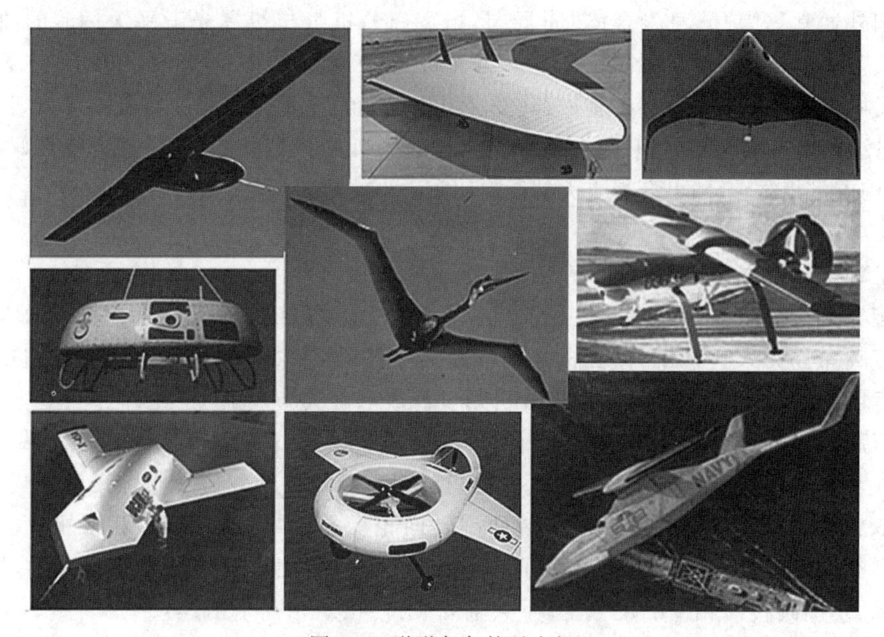

图 8.9 形形色色的无人机

8.4.1 非常规布局固定翼无人机

所谓常规布局,就是指平尾和垂尾后置的固定翼无人机布局。目前,有人驾驶和无人驾驶的大型飞行器,多采用这种布局。这是因为常规布局的平尾和垂尾可以起到良好纵向稳定性和航向稳定性的作用。常规布局也有不同形式,如垂尾就有单垂尾、双垂尾和多垂尾形式;平尾根据其相对于机身的位置又有中平尾、高平尾、斜垂尾、T 形尾、V 形尾等不同形式。机身有单机身、双机身和双尾撑等形式。

下面介绍的是非常规布局的形式。

1. 平尾前置布局

平尾前置(又叫鸭翼)布局,通常垂尾后置或无垂尾。鸭翼布局又有远距鸭翼布局和近距鸭翼布局之分,后者鸭翼对主翼具有近距耦合有利的气动干扰作用,减小主翼大迎角气流分离。鸭翼布局又叫"抬式布局",主要好处是非机动飞行时升力效果好,还有拉升操纵机动性好和升阻比大等优点,但是降低了纵向稳定性,需要提高自动控制水平。

2. 无尾式布局

无尾式布局通常是指无平尾布局,仍有垂尾。由于减去了平尾引起的配平阻力,提高了升阻比,并减轻了无人机的重量,但是起降性能不如有尾布局。

3. **多翼布局**

多翼布局通常是指在垂直方向或前后方向上设置两个或多个机翼的形式,早期低速飞机的上、下双翼设计是为了增加升力。串列翼式布局是指前、后双翼形式,有点类似平尾前置布局,但前翼的翼展较长,好处是升力增大,缺点是机动性差。

4. **飞翼式布局**

国外通常称为"翼身融合体"布局,是指宽扁的机身与机翼光滑平缓过渡的曲面融合形式。有的则没有明显的机身,是一种无机身、无尾翼的单一机翼式布局。飞翼式布局的飞机机身与内部系统高度集成,其浸湿面积也大大小于同量级的传统布局飞机,因此与同量级传统布局的飞机相比较,飞翼式布局的飞机具有更轻的重量,升力特性好,阻力小,结构重量相对较轻,可获得更大的升阻比和更小的能源消耗,并且雷达隐身特性好。

8.4.2 非常规布局旋翼无人机

旋翼无人机包括无人直升机和多旋翼无人机。常规布局的无人直升机即通常所见的单旋翼布局无人直升机,需在机身尾部安装垂直尾桨,以提供平衡旋翼的反扭矩和控制机身航向。非常规布局的无人直升机则设计成双旋翼布局。

双旋翼无人直升机为了自动平衡旋翼的反扭矩设置了两个相反转动的旋翼。双旋翼无人直升机又有纵列双旋翼布局、横列双旋翼布局和共轴双旋翼布局三种布局方式。纵列双旋翼布局是指沿机身纵向安装两副转向相反的旋翼,使反扭矩相互平衡。横列双旋翼布局是指在机体横向安装两副转向相反的旋翼,使反扭矩相互平衡。共轴双旋翼布局,是两副转向相反的旋翼上、下共轴安装,使扭矩相互平衡。

多旋翼无人机通常设计为偶数轴螺旋桨的形式,如四轴螺旋桨形式、六轴螺旋桨形式、八轴螺旋桨形式。在这类设计中,正、反转动的螺旋桨数目相同,从而多螺旋桨的反扭矩得到平衡。奇数个螺旋桨的多旋翼无人机则比较少见,这是因为配置奇数个螺旋桨的多旋翼无人机需采用抵消反扭力矩的措施。这需要飞控提供特别的支持,或者像共轴双旋翼无人机一样在一个轴上安装两副转向相反的螺旋桨,使扭矩相互平衡。目前可见的奇数个螺旋桨的多旋翼无人机只有三旋翼无人机一种。

8.4.3 垂直起降组合式无人机

垂直起降组合式无人机具有固定翼与旋翼的复合式布局。通常在固定翼无人机上安装四个(或其他个数)的旋翼(常用直径较小的螺旋桨)。起降时,由多个螺旋桨带动产生升力。

前进时螺旋桨停止转动,由固定翼推进装置(如螺旋桨)提供推进力,再由速度在机翼上所产生的升力来维持无人机的重量。这时的无人机就是一架固定翼无人机。

这种组合式无人机,最大的特点是可以垂直起降,控制也比较容易,但是前进时垂直螺旋桨及其电动机不起作用,而且增加了重量和能源消耗。

8.4.4 倾转旋翼无人机

倾转旋翼无人机也是为了解决垂直起降问题,但其旋翼可以两用,如图 8.10 所示。在起降时,旋翼的轴处于垂直方向,无人机可以像直升机一样垂直起飞和着陆;当无人机巡航时,旋翼的轴转到水平方向,无人机可以像固定翼飞机一样飞行。

图 8.10 倾转旋翼无人机

倾转旋翼无人机上旋翼的形式分两类:一类是旋翼安装在机翼上,机翼连同旋翼一同绕机翼轴线倾转;起飞时旋翼呈水平位置,机翼呈垂直位置,像直升机一样垂直起飞和悬停,而旋翼转至垂直位置则可像固定翼飞机一样飞行,如美国的“鹰眼”无人机。另一类是机翼相对于机身固定不动,旋翼只在起降时呈水平状态,直接产生升力,前进时旋翼转至垂直状态,产生拉力,由机翼提供升力。还有一种固定翼无人机,起飞时无人机垂直安放,螺旋桨拉力向上垂直起飞;起飞后,整个无人机转至水平位置,像飞机一样飞行,通常这种形式只适用于小型无人机。

上述三种倾转旋翼无人机形式都存在如何保证旋翼倾转过程中的配平、前进速度的增加和转换过程的稳定性控制。

8.4.5 自旋翼无人机

这种无人机的主旋翼并无动力驱动,而是依赖无人机前进(通常安装有一个尾推螺旋桨)时的阻力带动旋翼自转。由于自转旋翼相对于空气有气流速度和迎角,从而旋翼产生类似于机翼的升力。但是这种自旋翼无人机并不能垂直起飞,而要依赖前进螺旋桨推动,旋翼前进过程中转动产生升力而起飞。这种无人机在下降时,其旋翼可自旋产生一定升力,从而减少直接坠毁危险。

8.4.6 微型无人机

微型无人机又称微型飞行器(MAV),通常指小于 15 cm 或质量小于 250 g、并具有自主控制导航能力、可执行一定任务的无人机。这类无人机又分为固定翼型微型飞行器、扑翼型微型飞行器和旋翼型微型飞行器,如图 8.11 所示。

由于微型无人机体积很小、隐蔽性好,可以执行在特殊环境中和室内侦察等任务,如图 8.12 所示。因为微型无人机具有小尺寸运动体的低雷诺数空气动力特性,其设计与控制不同于常规尺寸的无人机。尤其是扑翼型微型无人机,更多地采用仿小鸟和仿昆虫的运动模式。而较大尺寸的扑翼无人机,其运动模式又不同于小鸟和昆虫,例如仿大鸟的扑翼飞行器,其扑翼有更多的柔性变化和复杂的扑动形态。这种较大尺寸的扑翼无人机的类型也可划分为小型无人机。

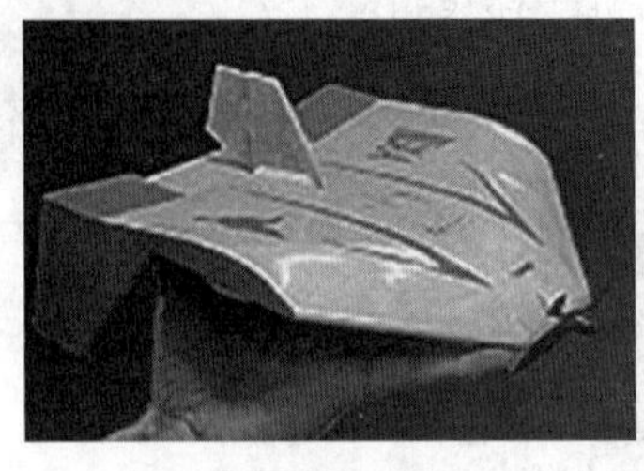
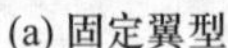
(a) 固定翼型

(b) 扑翼型(仿海鸥)

(c) 旋翼型

图 8.11 南京航空航天大学制作的微型飞行器(MAV)

(a) “大乌鸦”无人侦察机

(b) “影子”无人侦察机

(c) WASP-I无人机

图 8.12 美国微小型无人侦察机

8.5 无人机在行业的新应用

无人机从军用向民用发展,尽管时间不长,但是发展很快,其应用范围也从消费性娱乐航拍向专业性行业应用发展,如航拍、航测、农业植保、空中巡查、电力巡检、桥梁检测、管道检测、灾情监控、消防、环境污染采集、大气分析、物流空运、森林防火等。

专业无人机与通用或消费级无人机最重要的不同点,就在于满足特殊的专业任务需求。随着无人机在各专业领域的用途被认识和扩展,专业无人机在行业应用中将会有很大的发展前景。这里,仅就目前无人机已经开始进入和将有较大发展的行业应用作简要概述。

8.5.1 倾斜航空摄影

倾斜航空摄影在航空测绘领域中的应用越来越广泛。航空测绘与人们熟悉的无人机“航拍”并不是一回事。航空测绘过去主要依靠卫星、飞机和直升机对地面进行地图、地形、状态和植被进行测量与绘图。由于无人机执行航空测绘任务会更加便捷、灵活,且作业成本低,无人机航测越来越受到重视。无人机航测与卫星遥感影像相比,具有机动灵活、实时数据、图像分辨率高等优点。

航空测绘与航拍的主要区别是:① 航测地图要求几何尺寸准确,不能使用广角镜头,有的对于普通相机镜头还需作镜头畸变修正;② 航测要求更精细的分辨率;③ 航测地图,通常需要作图像匹配和图像拼接处理;④ 相机镜头轴线垂直向下;⑤ 等高作业飞行。

无人机航测任务不仅包括控制拍摄信息的采集,也包括地面对航测图像的处理。无人机飞行过程中航拍的图像会有各种变形误差,包括镜头和光电传感器引起的静态变形误差,以及无人机运动和云台控制过程中造成的动态图像变形。因此,需要对航测的图像进行几何畸变的校正。如需要进一步获得地理面貌的全局性图像,还需要对所拍摄的一帧帧图像进行拼接。对于序列图像的拼接,需要提取不同图像的相同特征进行匹配,还要提取共有的特征"边缘"才能实现图像拼接,如图 8.13 所示。无人机航测还可以通过获取超高分辨率数字影像和高精度定位数据生成高程(DEM)、三维正射影像图、三维景观模型或三维地表模型等。

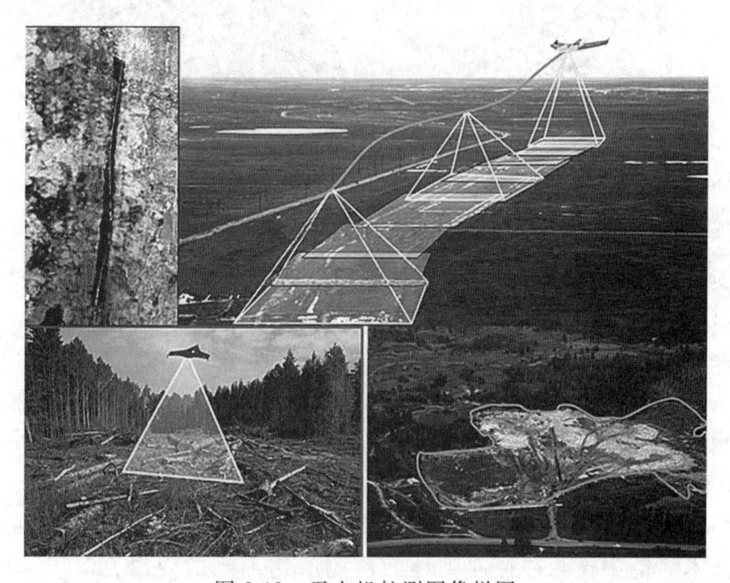

图 8.13 无人机航测图像拼图

目前立体摄影成像成为航空测量的新技术,即多机倾斜摄影三维成像摄影技术。倾斜航空摄影技术通常采用五个镜头或更多的镜头。如果采用五个镜头,可同时获取下部和前、后、左、右四个倾斜方向(如倾斜角均为 40°)的影像数据,配合惯性导航系统获取高精度的位置和姿态信息。五个镜头并非同时曝光,而是按照不同的重叠度设置生成不同的曝光顺序,以一定顺序依次曝光。在采集每个目标体的四个角度倾斜影像后,将经过处理的惯性导航数据赋予每张倾斜影像,使得它们具有在虚拟三维空间中的位置和姿态数据,可以进行测量计算。再通过对影像进行质量检查、影像纠正、测量同名点、正射矫正、大地面镶嵌、创建数据仓库等步骤后,将所有的影像纳入一个统一的实景影像系统中,如图 8.14 所示。最近又出现九个镜头倾斜摄影立体成像装置,其中 8 个镜头以 45°倾斜和中间镜头垂直,集成成像。立体摄影成像不仅是增加立体感,而且可以测量目标体的高度和体积,这对于建设工程是一种新型航空测量技术。

8.5.2 环境污染检测

环境污染会给生态系统造成直接的破坏和影响,如土地荒漠化与沙漠化、森林破坏,也会给生态系统和人类社会造成间接的危害。例如,温室效应、酸雨、臭氧层破坏等就是由大气污染衍生出的环境效应。环境污染的最直接、最容易被人所感受的后果是

图 8.14 倾斜摄影立体成像

使人类环境的质量下降,影响人类的生活质量、身体健康和生产活动。例如城市的空气污染造成空气污浊,人们的发病率上升等;水污染使水环境质量恶化,饮用水源的质量普遍下降,威胁人的身体健康,引起胎儿早产或畸形等。严重的污染事件不仅带来健康问题,也造成社会问题。

环境污染源主要有以下几方面:工厂排出的废烟、废气、废水、废渣和噪声,人们生活中排出的废烟、废气、噪声、脏水、垃圾,交通工具(所有的燃油车辆、轮船、飞机等)排出的废气和噪声,大量使用化肥、杀虫剂、除草剂等化学物质的农田灌溉后流出的水,矿山废水、废渣等。

针对环境污染事故,现有手段存在取证难、鉴定难、认定难等问题,由此提出空中检测环境污染技术。空中检测往往起到地面检测所达不到的效果,如工厂高层烟囱的烟污染,空中酸雨气体源头,大范围的水污染,矿山废水、废渣,地面交通很难到达的污染地域等,采用无人机空中检测是一种新型有效的方法。

无人机空中气体检测装置应具备的功能有:自动识别各种不同化学成分的气体类型;实时监测有害气体及其浓度;空中检测装置具有防水、防风、防尘、防撞性能;实时向地面站传输监测数据,同时提供无人机所处经、纬度,高度以及温度,湿度等;检测精度应达到 ppb 级;尺寸小型化,重量轻型化。

无人机地面监测系统应具备的功能包括:实时显示监测数据,实时报告有害气体成分与比例;实时报告大气雾霾程度;记录和分析气体变化曲线,并以图表样式显示;具有数据融合分析软件,并支持多探测器同步数据回传和处理功能。

随着经济社会的快速发展和农村、城市建设过程中造成的人为水土大量流失,水土保持监测是我国自然资源保持和水土流失预防及治理的重要基础。传统水土保持监测技术手段无法满足水土监测的准确性、及时性和完整性的要求。利用无人机从空中作精确航测,具备高精度、实时性和全局性的特点。

无人机可以携带高清可见光摄像、红外热像仪、合成孔径雷达等设备,能够对大面积水域(如大江河、湖水、水库)水质作宏观监控,通过颜色、温度、水图像等分析水污染的情况。目前发展的多光谱、高光谱水图像采集和分析技术,可以更加定性和定量地作全局性水质变化分析和监控。

利用无人机对大地域的水、空气、生态环境状况进行实时监测,为我国环境保护提供了新手段。

8.5.3 交通监控

经济发展与交通发展是相辅相成的,尤其是城市交通和高速公路交通越来越繁忙,交通事故频繁发生。然而,由于车辆太多,交通堵塞,警务人员及车辆很难第一时间赶到现场,因此往往交通事故的延时处理引起更大的交通堵塞。

目前,公安交通管理部门正尝试用无人机辅助交通监控和管理。图 8.15 所示是南京钟山苑航空技术有限公司的无人机用于城市交通监控和无人机对高速公路违规车辆由指挥部喊话执行任务的情景(辽宁卫视截图)。

(a) 城市交通监控

(b) 无人机对违法车辆喊话

图 8.15 无人机辅助交通监控

无人机用于交通管理将会发挥的作用包括:高速公路交通堵塞的空中监控和疏导,高速公路路面状况的检测,高速公路违规停靠的及时发现、警告和取证,交通事故现场图像的及时采集,犯规车辆的跟踪和牌照获取,城市交通要口的交通数据分析与管理等。

8.5.4 桥梁检测

我国桥梁建设数量之多、规格之高、跨度之大已处于世界之先。大量桥梁需要日常维护监控和维修检测。传统的桥梁检测主要依赖人工手持仪器检测。桥上的高架和桥下的桥墩、桥梁都是人员操作难以到达的地方,而且存在人工作业危险。

目前,需要检测的桥梁有两大类:一类是跨海、跨河、跨山谷大桥,另一类是大量的高速公路高架桥。

跨河/谷大桥,桥上部通常都有高耸的塔架。拉索桥还有大量的斜拉钢索。人员很难爬上高架或钢索检测,而且作业位置很危险。大桥的下表面、桥墩、桥梁也都是人员很难检测的地方。长期以来一直没有适当的作业工具检测桥上高处部件和桥下部件。利用无人机飞临桥上高架附近作近距离检测,是一种灵活便捷的方法。2016 年,ZSY“空中哨兵”无人机运用携带的高倍变焦摄像吊舱对港珠澳大桥进行了一次成功的大桥施工现场检测,如图 8.16a 所示。桥上检测通常包括高塔架破损、连接件松紧、腐蚀、锈蚀等情况;还有拉索缆线是否破损、端头连接情况和松紧度等。桥下检测,同样要检查破损、连接件松紧、腐蚀、锈蚀等。

高速公路高架桥遍布全国,大量车辆不分昼夜地奔驰。因此,高架桥使用一定期限后必须做定期检测和维修,尤其是高架桥下隐藏的裂纹在车辆反复作用下会扩大,甚至可能造成重大事故。高架桥通常离地面较高,设立在地面的设备无法精细检测到桥下表面的情况。人员更是难以达到高架桥下表面附近。传统的桥下检测设备是一种大型变体桁梁机构,不但影响桥上高速交通,而且人员爬到桥下桁梁上作业很危险。用无人机采用上部高分辨率摄像作高架桥下检测是一种十分有效方法,如图 8.16b 所示。

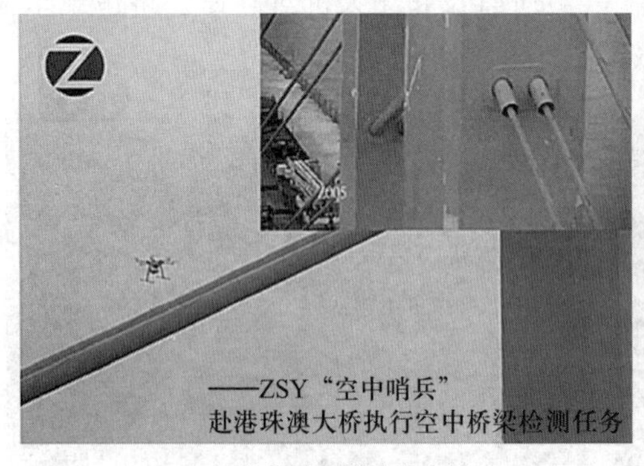

(a) 无人机检测港珠澳大桥

(b) 无人机检测高速公路高架桥下

图 8.16 无人机辅助桥梁检测

技术上特殊需要的是,桥下无人机作业时,常规基于 GPS 等卫星导航仪的自主导航方法已不适用,因为桥面遮挡住了卫星信号。这时,必须采用特殊的导航方法实现无人机自主飞行。常见的有用激光扫描、超声波测距和微波雷达测距等方法,进行与桥下表面作等距飞行,同时无人机应具有对桥下天花板面、桥梁、桥墩自主避障功能。

此外,无人机还应具有实时识别故障处(如裂纹),并同时记录下故障图像和对应的桥位置,以便后期维修。

8.5.5 消防灭火

1. 无人机森林消防灭火

改革开放以来,我国不断完善中国特色森林防火制度体系,全国专业、半专业森林消防队伍由 1987 年的不足 1 万人,发展到 61.6 万人;森林部队由 3 个总队 1 万人,增加到 9 个总队 2.5 万人,驻防省区扩大到 14 个;开展航空护林的省(区)由 6 个增加到 19 个,租用飞机数量由 57 架次增加到 262 架次,大、中型飞机数量不断增多,空中灭火手段更加丰富,直接灭火能力明显提升。由于有人驾驶飞机与直升机的数量少,需要起降机场和复杂的维护人员与设备,远远不能满足森林防火和灭火的需求。

无人机系统对于森林防火有很好的应用前景。无人机比有人飞行器具有更大的灵活性,通常不需要专门机场。大型固定翼无人机起飞和降落也只需要简易跑道或平地就可以了。无人机携带也很便利。

首先,利用无人机作大面积森林的防火监视可以大大节省人工巡视劳力,扩大巡视范围,加快巡查速度。通常,大面积的森林防火监测利用飞行距离远的固定翼无人机比较适合,因为固定翼无人机续航时间长,巡航范围广,如图 8.17a 所示。无人直升机或多旋翼无人机比较适合作小范围森林监测或定点监测。大载荷的无人机也可以喷洒灭火剂进行辅助灭火,如图 8.17b 所示。

(a) 无人机森林巡查

(b) 无人机喷洒灭火剂

图 8.17 无人机森林消防灭火

2. 无人机城市消防灭火

随着社会的发展和城市化水平的日益提高,城市的数量和规模都得到了明显提高。面对城市的作用和地位日益突出的形势,城市的安全,尤其消防安全,越来越引起了人们的广泛关注,而从近年我国城市火灾的形势看,城市火灾情况十分严峻。截至 2007 年底,我国有城市 662 个,其中直辖市 4 个,地级市 265 个,县级市 393 个。城市建设取得了辉煌的成就。但是,在城市建设快速发展的同时,我国城市火灾危害也呈上升趋势。

尤其是大、中城市,高层和超高层建筑越来越多。据消防部门资料,现有的消防水罐车喷水灭火能够达到的高度是 8 层左右,城市配备的举高最高的消防车能够到 15 层左右的高度,实际操作很难。因此,对于那些十几层以上的高楼大厦,现有的消防设备还是“鞭长莫及”。高层建筑的火灾隐患成为消防的最痛!“高层建筑火灾扑救是全世界消防界面临的最大隐患,一旦发生火灾,极易造成惨重的人员伤亡。……不少城区建筑密度大、通道狭窄,消防车辆通行困难,缺乏市政消防栓,一旦发生火灾,扑救工作极为艰难。”仅上海市高层建筑总量已达 6 000 多幢,其中 100 m 以上的超高层建筑多达 200 多幢。2010 年 11 月 15 日 14 时,上海一栋高层教师公寓起火。起火点位于 10 层与 12 层之间,整栋楼都被大火包围。至 11 月 19 日 10 时 20 分,大火已导致 58 人遇难,另有 70 余人受伤。2017 年 12 月 1 日凌晨,位于天津市河西区友谊路与平江道交口的城市大厦 38 层发生火灾,共有 10 人死亡,多人受伤。

我国也正在探索用无人机进行到高层建筑辅助灭火技术。重庆国飞通用航空设备制造有限公司研发一种灭火消防无人机,如图 8.18a 所示,可以由细管喷出灭火粉作用于火点,但作用距离有限。天长航空技术有限公司研发出一种以火箭推进大口径特种灭火剂弹的无人机系统,如图 8.18b 所示,可以通过地面自动瞄准装置从窗户精确射入室内,作用距离远。

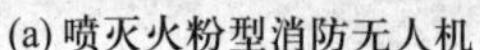
(a) 喷灭火粉型消防无人机

(b) 火箭推进灭火弹型消防无人机

图 8.18 新型消防无人机

8.5.6 物流

传统的物流运输是由火车、汽车和飞机来承担的。随着网购商业模式的迅速发展，大量零星的小商品分散送到千家万户，目前最后的物流多半由人工运用摩托车或小货车运送。对于一些交通不便的地方，如没有大路的山区、崎岖山顶的哨所、河流阻隔的村落、湖海中的小岛，普通交通工具很难到达，而无人机的机动灵活、起降方便、无需道路交通等特性，正适合承担这一任务的新型运输工具。

2013 年，美国 Matternet 公司和中国的顺丰公司开始进行用无人机运送快递的探索试验。2017 年 3 月，美国 Amazon Prime Air 公司完成首次无人机包裹快递（7 罐防晒霜，总计质量约为 1.81 kg）实际运作，如图 8.19 所示，标志无人机的空中快递业务打开了新的领域。作为美国电商巨头，Amazon 提出无人机的参与物流目的十分明确，就是为顾客提供最快速的服务。“Prime Air”无人机计划希望实现 30 min 内将产品送到顾客手中。

(a) 快递无人机在装载物箱

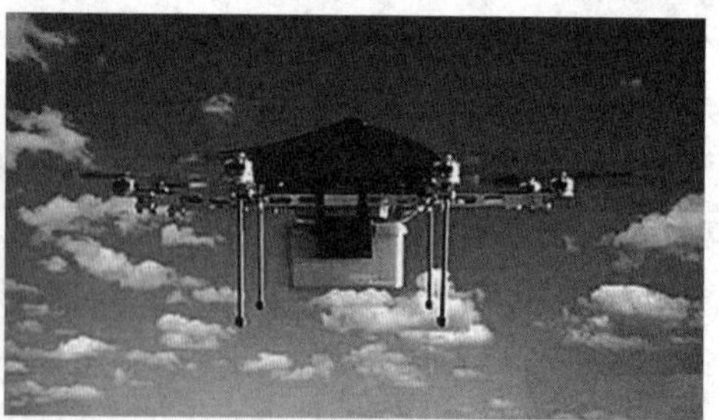
(b) 运行中的快递无人机

图 8.19 快递无人机

快递无人机除了具有常规的控制导航性能外，还配有黑匣子以记录状态信息。同时，无人机还具有失控保护功能，当无人机进入失控状态时将自动保持精确悬停，失控超时将就近飞往快递集散分点。快递无人机时刻保持与物流无人机业务调度中心的网络联系。

物流无人机调度中心通常与多个自助快递柜及相应的无人机互相联系，并向它们发出相关指令。调度中心统一管理本区域所有快递的接收与投放,同时对无人机进行调度。调度中心同时监测无人机运行状态和自助快递柜运行状态,对其出现的异常或拥塞根据策略及时地发送相应指令。自助快递柜承担安排无人机装载、充电和到达目的地的任务。自助快递柜配备有调度计算机系统,通常包含无人机排队决策系统、快递管理系统、无人机定位系统、无人机着陆引导系统和一整套机械传送系统等。自助快递柜的所有停机台都具有快速充电功能。无人机向快递柜发送着陆请求、本机任务报告和本机运行状态报告后,快递柜将无人机编号、该机任务以及任务优先权等信息输入系统,由排队决策系统分配停机平台,再由无人机着陆引导系统引导无人机降落,或者向无人机发出悬停等待指令。无人机收到快递柜接受着陆指令后,将持续地将本机位置信号回传给快递柜。快递柜将精确掌握无人机坐标信息,并引导无人机精准着陆。快递柜实时地向调度中心发送该柜的快递列表信息,包括快递基本信息、快递优先权、快递接收时间。快递柜将根据无人机任务报告和快递盒记忆模块中的信息核实快递,并向用户发送手机短信,提醒快递已经抵达,并给出取件密码和温馨提示。

快递柜不但可以执行发货中心的送货任务,还可以承担接收客户发送物品的任务。用户可以通过快递柜投送快递:当用户按下投件按钮后,用户从快递盒架上取出一个快递盒,并将需要快递的物品放入快递盒内。投件显示器将检测快递是否符合要求,包括重量、危险度等方面的检测,如果检测达标,将提示用户输入投递信息和投递等级,在确认目的地可达以后,将根据快递重量、送件距离和投递优先级给出价格,用户可现场支付,也可以根据需求由快递系统收取网上支付或者货到付款。

自动化无人机快递系统利用无人机替代人工投送快递,只有不断提高快递投送的自动化、无人化、信息化和智能化技术,才能提升快递的投递效率和服务质量,降低快件的延误率、损毁率、丢失率和快递投诉率,同时还能降低运营成本。物流无人机的一个更加重要和始终要关注的关键问题,那就是无人机运行过程的安全问题、对人可能造成的伤害和对其他物体的损害问题以及服从空域管理的问题。

8.5.7 军用无人攻击机

军用无人攻击机是指携带并能发射攻击性武器的军用无人机。

1. 反辐射无人机

反辐射无人机是指在空中可以自动搜索地面敌方雷达的辐射信号,继而能对敌目标雷达直接实施攻击的无人机。如图 8.20 所示的“哈比”无人机,就是以色列飞机工业公司所研制的一种具有准确度高、全天候作战反辐射无人机。早期的“哈比”无人机通常实施自杀性的攻击,改进型可以发射导弹后回收。

2. 无人察-打一体机

这种无人机通常会携带多种侦察设备,它可以在侦察已知或未知敌方目标后发射自身携带的导弹等攻击性武器直接打击敌方目标。图 8.21 所示为中国翼龙-Ⅱ无人察-打一体机和美国捕食者无人察-打一体机。

3. 无人战斗机

无人战斗机通常是指与有人驾驶战斗机作用比较接近的作战无人机。无人战斗机

图 8.20 反辐射无人机

(a) 中国翼龙-Ⅱ

(b) 美国捕食者

图 8.21 无人察-打一体机

不但具有较强的侦察、通信和敌我识别能力，尤其具有较强的攻击能力（包括对空和对地攻击）。通常无人战斗机还具有突防隐身性能。如图 8.22 所示的美国无人作战飞机 X-47B（又称 X-47B 无人轰炸机）就具有舰载起降能力、先进的隐身能力和空中被加油能力。

图 8.22 X-47B 无人轰炸机

复习题

1. 无人机智能化主要实现哪些能力？这些能力的实现需要哪些技术？
2. 编队无人机有何意义？
3. 为什么要研制反制无人机技术？有哪些反制无人机的方法？
4. 你能说出几种非常规形式和布局的无人机？你能设计出一种不同于上述的无人机吗？
5. 你了解哪些无人机的新用途？
6. 你认为未来无人机将会有什么样的发展？

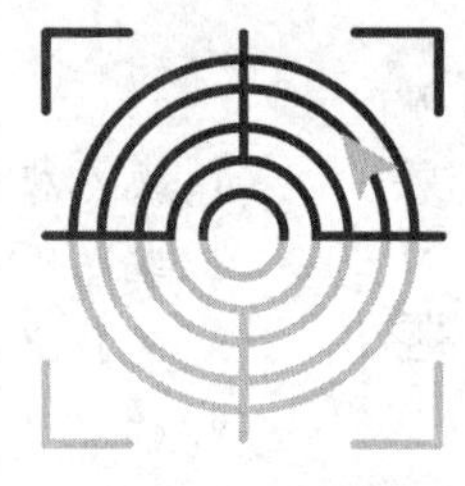

参考文献

[1] 昂海松,童明波,余雄庆. 航空航天概论[M].2 版.北京:科学出版社,2015.

[2] 章澄昌.飞行气象学[M].北京:气象出版社,2000.

[3] 方振平.飞机飞行动力学[M].北京:北京航空航天大学出版社,2005.

[4] 比施根斯.飞行动力学[M].北京:国防工业出版社,2017.

[5] 王永虎.直升机飞行原理[M].成都:西南交通大学出版社,2017.

[6] 全权.多旋翼飞行器设计与控制[M].北京:电子工业出版社,2018.

[7] 甄云卉,路平.无人机相关技术与发展趋势[J].兵工自动化,2009,28(1):14-16.

[8] 曾丽兰,王道波,郭才根,等.无人驾驶直升机飞行控制技术综述[J].控制与决策,2006,21(4):361-366.

[9] 宋子善,沈为群.无人直升机综合飞行控制系统设计[J].北京航空航天大学学报,1999, 25(3):280-283.

[10] 熊治国,董新民.程序调参飞行控制律的研究与展望[J].飞行力学, 2003,21(4):9-13.

[11] 王美仙,李明,张子军.飞行器控制律设计方法发展综述[J].飞行力学,2007, 25(2):1-4.

[12] 陈欣,杨一栋,张民.一种无人机姿态智能 PID 控制研究[J].南京航空航天大学学报,2003,35(6):611-615.

[13] 王英勋,蔡志浩.无人机的自主飞行控制[J].航空制造技术,2009 (8):26-31.

[14] 姜长生,王丕宏.一种直升机的组合智能飞行控制系统的设计[J].南京航空航天大学学报,1999,31(2):185-191.

[15] 樊琼剑,杨忠, 方挺,等.多无人机协同编队飞行控制的研究现状[J].航空学报,2009,30(4):683-691.

[16] 刘小雄,章卫国,李广文,等.无人机自主编队飞行控制的技术问题[J].电光与控制, 2006,13(6): 28-31.

[17] 高晖,陈欣,夏云程.无人机航路规划研究[J].南京航空航天大学学报,2001,33(2):135-138.

[18] 马云红,周德云.基于遗传算法的无人机航路规划[J].电光与控制,2005,12(5):24-27.

[19] 李季,孙秀霞.基于改进 A-Star 算法的无人机航迹规划算法研究[J].兵工学报,

2008,29(7):788-792.

[20] 白俊强,柳长安.基于蚁群算法的无人机航路规划[J].飞行力学,2005,23(2):35-38.

[21] 孙汉昌,朱华勇.基于概率地图方法的无人机路径规划研究[J].系统仿真学报,2006,18(11):3050-3054.

[22] 周绍磊,康宇航,万兵,等.多无人机协同编队控制的研究现状与发展前景[J].飞航导弹,2016(1):78-83.

[23] 宗群,王丹丹,邵士凯,等.多无人机协同编队飞行控制研究现状及发展[J].哈尔滨工业大学学报,2017, 49(3):1-14.

郑重声明